アグリバイオビジネス
―その魅力と技術動向―

Agribiobusiness:The Attractive Evolution
and The Technical Innovation

《普及版／Popular Edition》

監修 美濃部侑三

シーエムシー出版

第 1 編第 2 章　写真 1

第 1 編第 2 章　写真 2

アグリバイオビジネス—その魅力と技術動向—

第 1 編第 4 章　図 5

第 1 編第 4 章　図 8

第 1 編第 4 章　図 10

はじめに —アグリバイオビジネスの魅力—

1 バイオテクノロジーという言葉

　バイオテクノロジーという言葉は1980年代初頭に生物工学とか生物技術などと訳されて紹介されて以来，盛んにテレビや新聞に登場し，なじみ易い言葉になった。バイオなどと省略されて何にでも使用されるようになった。生物の機能を利用して生み出されてきたものは医薬，食品，化粧品，衣料などにすでに及んでいるのだからこのような拡張解釈があながち的外れともいえないが，バイオテクノロジーという言葉は遺伝子工学や細胞培養技術などこれまでにない先進的な技術を指していて，それ故注目すべき新しいビジネスの登場が期待されていたのである。それにもかかわらず，わが国では行政も研究者たちもこれまでの育種技術，発酵技術，創薬全般にまで拡大解釈する傾向があった。1986年に開かれたヨーロッパバイオテクノロジー会議の冒頭報告で議長を務めたパスツール研究所長は各国の研究開発投資に言及し，「アメリカは当然のことながら第一位であるが，第二位は日本である。ヨーロッパ全域を結集しても日本にさえ及ばない。4年後のバイオテクノロジーオリンピックにはせめて日本を抜いて銀メダルを獲得しよう」と呼びかけた。

　この報告書を見て，とても日本が当時このような状態にあるとは思えなかった。わが国の発表には相当の嵩上げがあったのではないかと思われる。民間投資の90％が製薬企業の研究投資でその他の研究投資についても実態とはかけ離れた数字が集計されていたようだ。研究の中身ではなく，研究室の一部でDNA研究を行っていればその研究費の総額を計上していたのかもしれない。誤解とはいえ世界中が日本のバイオ研究の成果に注目していることは事実である。今日でもバイオテクノロジーという言葉は本来の先進技術を必ずしも意味していない。

　証券業界では技術の内容に踏み込むことをしない慣習があるようだ。技術そのものを売るとすればサービス業，育種は種子を販売するならば種苗業，生産物ならば食品業，バイオは創薬と創薬支援に限定すると決めている。新興市場は革新的な技術やビジネスモデルに期待してつくられた分野であるとすれば技術の内容やレベルを評価することが前提である。

　新興市場とは革新的な技術による新たなビジネスの創設が期待されるところでなければならない。

2 バイオの時代

バイオテクノロジーとはそもそも細胞培養技術やDNA研究によって誕生した画期的な技術であり，微生物，動物，植物の研究に共通して利用できる技術である。したがって，医療，農業，食品，化粧品など各種の産業分野にまたがる壮大な技術を意味しているのである。

遺伝子の本体はDNAであることが確認され，DNAからタンパク質にいたる遺伝暗号はすべての生物に共通する言語であることが判明して以来，瞬く間に人為的な遺伝子組換え技術をはじめとする様々な技術が開発された。80年代には早くもこの技術を利用したタンパク質製剤の製品化に成功している。タンパク質製剤は低分子化学物質と異なり，正確に標的を捉え，副作用も比較的少ないことからその後の創薬の急成長分野になった。タンパク質製剤だけでなく，低分子化合物の標的となるタンパク質をDNAから多量に生産することもできるため創薬そのものにも大きな変化をもたらしてきた。

農業分野では植物へのDNAの導入法が開発されて，本来，交配できない他の種の性質を導入することができるようになり，育種の障壁を一挙に破る画期的な手法として期待された。90年代初頭から安全性確認の考え方が国際機関で検討され，90年代中ごろにはすでに遺伝子組換え食品が市場に登場した。いろいろな組換え体が開発されたが早期に開発された除草剤耐性や害虫耐性が圧倒的に栽培面積を拡大してきた。モンサント社のような農薬企業が種苗会社に変身し，主役となり大きな収益を得ている。

3 ゲノムベンチャーの登場

80年代末期から90年代初頭にかけて遺伝情報のすべてが書き込まれている「ゲノム」全域を解読することを目的にするゲノム研究が開始された。この研究は膨大なデータ処理やデータアクセスが必須であることからDNA研究者とインフォマティック，DNA解析機器の開発，ナノテクノロジーなどこれまでにない広い分野の連携を必要とした。ヒトやイネのように多細胞生物では個体レベルの遺伝形質の解析が研究対象となり，従来の遺伝学との連携が必要になってきた。インターネットの普及や解析機器の開発などゲノム研究自体が周辺に大きな産業を生み出してきた。当初から新しい産業を生み出すことが予期されていた研究であった。90年代中頃にはネイチャージェネティック誌の主催でゲノムベンチャーフォーラムがわが国でも開催された。これまでのバイオテクノロジーとは異なり，情報，ナノテクノロジーなどと一体になった第2期のバイオテクノロジー時代が訪れたのである。その権利関係も遺伝子特許時代より複雑である。個々の遺伝子特許よりもその背景にある膨大なデータが重要であり，このデータをもとにDNA解析を

行い，創薬や新品種の開発を進めるというビジネスプランが提起されてきた。医療ではアメリカでセレーラ社が登場し，わが国でもオンコセラフィー社が公開された。

　農業分野では新品種の育成にゲノム解析が有効であることが予想されたが系統的な育種体系が進められているのまだイネだけである。

4　アグリバイオの魅力

　バイオはDNA技術など革新的な技術を背景にしていることから創薬とアグリバイオは同じ背景を持つ技術に裏打ちされている。創薬の場合も品種開発の場合もニーズを十分調査していなければ，いかに高い技術を持っていても大きなビジネスには発展しない。また，ニーズは時間とともに変化するので，いかに早く開発できるかも成否のカギになってくる。

　医薬ではインスリンの開発，種苗では除草剤耐性，虫害耐性などの開発で一人勝ちに近い成果が上げられた。しかし，第2，第3の成功例はなかなか生まれない。組換え作物ではその後，安全性に関する論議が起こり，停滞した時期があったが再び栽培面積は急増し，今日にいたっている。この研究開発に参加した多くのベンチャー企業は買収されて姿を消したが開発された商品の中にその成果は認められる。実際に事業化が始まって以来，すでに10年以上経過しているがこの間，新たな画期的な品種は登場していない。穀類の中で米は特殊な位置を占めているのか，いまだ正式には組換えイネの商品化は進んでいない。イネはわが国の代表的な農産物で高い技術と高品質，高価格で世界的な注目を浴びているが生産高は2%にも達していない。国際的な種苗市場でも中国が開発したハイブリットイネが主として普及している。イネ以外にも各種農産物の市場は国際的に見ればわが国のシェアーは大きくない。わが国の農産物のニーズに注目することは当然のことであるがバイオベンチャーとして世界に挑戦する意欲を持つべきであろう。ゲノムベンチャー時代に入り，やっと真似事でない技術が誕生しつつある。国際的な企業との連携にいずれは進展することになるだろう。特にアグリバイオビジネスの世界への挑戦は，はるかに大きな市場への参入を意味している。

2008年12月

美濃部侑三

普及版の刊行にあたって

本書は2008年に『アグリバイオビジネス―その魅力と技術動向―』として刊行されました。普及版の刊行にあたり，内容は当時のままであり加筆・訂正などの手は加えておりませんので，ご了承ください。

2014年7月

シーエムシー出版　編集部

執筆者一覧（執筆順）

美濃部 侑三	㈱植物ゲノムセンター　代表取締役社長	
	日本モンサント㈱　バイオ作物情報部	
田中 良和	サントリー㈱　植物科学研究所　所長	
中島 綾子	BASFアグロ㈱　開発登録本部	
岡村 正愛	キリンアグリバイオ㈱　植物開発研究所　主任研究員	
安東 郁男	㈲農業・食品産業技術総合研究機構　作物研究所　稲マーカー育種研究チーム　チーム長	
門 奈理佐	㈱植物ゲノムセンター　分子遺伝グループ　プロジェクトリーダー	
王 子軒	㈱植物ゲノムセンター　研究部　部長	
北澤 則之	㈱植物ゲノムセンター　研究部　遺伝資源グループ　サブリーダー	
川畑 真人	㈳農林水産先端技術産業振興センター　研究開発部　係長	
廣澤 孝保	㈳農林水産先端技術産業振興センター　研究開発部　理事・研究開発部長	
田部井 豊	㈲農業生物資源研究所　遺伝子組換え研究推進室　室長	
津志田藤二郎	㈲農業・食品産業技術総合研究機構　食品総合研究所　食品機能研究領域　食品機能研究領域長	
大賀 圭治	日本大学　生物資源科学部　食品経済学科　教授	

執筆者の所属表記は，2008年当時のものを使用しております．

目　　次

【第1編　さまざまな革新的育種技術】

第1章　モンサント・カンパニーの取り組み　　　日本モンサント㈱　バイオ作物情報部

1　モンサント・カンパニーの概要 …… 3
2　モンサント・カンパニーの主な遺伝子組み換え種子製品 …………… 3
  2.1　除草剤耐性作物 ……………… 3
  2.2　害虫抵抗性作物 ……………… 4
3　モンサント・カンパニーの種子製品開発技術 ……………………… 5
  3.1　大豆メガチッパーによるチッピング技術 …………………………… 6
  3.2　近赤外線解析 ………………… 6
  3.3　核磁気共鳴（MRI）による解析 … 6
4　モンサント・カンパニーの今後の主要な種子製品開発パイプライン …… 6
  4.1　乾燥耐性トウモロコシ ……… 7
  4.2　窒素有効利用トウモロコシ …… 7
  4.3　第二世代除草剤耐性大豆 ……… 7
  4.4　ステアリドン酸産生大豆 ……… 9
  4.5　低リノレン酸・高オレイン酸大豆 ……………………………… 9
  4.6　高ステアリン酸大豆 ………… 10
5　モンサント・カンパニーの複合的商品開発戦略 …………………… 10
  5.1　8種類の性質をあわせ持つスタック品種 ……………………… 10
  5.2　基幹技術との複合による商品開発 ……………………………… 11
  5.3　高収量の作物開発 ………… 11
6　モンサント・カンパニーの研究開発ビジョン ……………………… 11
  6.1　より良い種子の開発 ……… 13
  6.2　資源の保全 ………………… 13
  6.3　農業生産者の生活改善支援 … 14

第2章　サントリーの取り組み：遺伝子組換えと新技術　　　田中良和

1　サントリーにおけるアグリビジネス ……………………………… 16
2　花きの品種開発の特徴 …………… 16
3　遺伝子組換えによる育種の特徴とそれに必要な要素技術 …………… 17
4　花の色 ……………………………… 17
  4.1　花の色の成分 ……………… 18
  4.2　白いトレニアやペチュニアの作製 ……………………………… 20
  4.3　黄色い花を作る …………… 20
  4.4　赤い花を作る ……………… 21
  4.5　青い花を作る ……………… 22

4.6 青いカーネーション「ムーンダスト」の開発 ………… 23	6 サントリーの新しい取り組み ……… 26
4.7 青いバラの開発 …………… 24	6.1 環境浄化植物の開発 ………… 26
5 日持ちのよいカーネーションの開発 ………………………………… 25	6.2 環境緑化事業 ……………… 27
	7 おわりに ……………………… 27

第3章　BASFプラントサイエンス社の取り組み　　中島綾子

1 BASFについて ……………… 29	………………………………… 31
2 BASFプラントバイオテクノロジーの基本方針 ………………… 29	5.1 ジャガイモ疫病耐性遺伝子を野生種から単離 ……………… 31
3 BASFプラントサイエンス社について ……………………… 29	5.2 多価不飽和脂肪酸ナタネ ……… 31
4 BASFプラントサイエンス社の研究拠点の紹介 ……………… 30	5.3 有用物質生産の場としての農作物 ………………………………… 31
4.1 メタノミクス社 ……………… 30	5.4 従来の育種法によって選抜されたイミダゾリノン系除草剤耐性作物 ……………………………… 32
4.2 サンジーン社 ………………… 31	
4.3 クロップデザイン社 ………… 31	6 イミダゾリノン系除草剤耐性ダイズの日本での野外栽培試験を開始 …… 32
5 BASFプラントサイエンス社の研究	

第4章　イオンビームによる植物の育種　　岡村正愛

1 はじめに ……………………… 34	3 イオンビーム育種の進展（キリンアグリバイオ・JAEA共同研究から）… 38
2 イオンビームにより引き起こされる突然変異についての基礎的研究 …… 35	3.1 自然界の進化と品種改良 ……… 38
2.1 TIARAの設立と，基礎研究の充実 …………………………… 35	3.2 開発の経緯：イオンビームと細胞組織培養系の融合 ……………… 39
2.2 イオンビーム照射方法 ……… 36	3.3 組織培養系利用イオンビーム育種：カーネーション品種シリーズ ………………………………… 40
2.3 イオンビームにより誘導される突然変異の特徴 ……………… 37	
2.3.1 突然変異頻度 ……………… 37	3.4 花培養系利用イオンビーム育種：スプレーギク品種シリーズ化 … 42
2.3.2 突然変異のスペクトル ……… 37	

3.5 イオンビームの生物効果 ……… 43
3.6 複合抵抗性をもつキクへのイオン
    ビーム照射によるシリーズ化 … 43
4 イオンビームの生物利用が可能な照
  射施設と主な応用事例 ………………… 45
  4.1 日本原子力研究開発機構イオン照
      射研究施設（TIARA）…………… 45
    4.1.1 省力化栽培キクの育成 ……… 45
    4.1.2 環境浄化能植物 ……………… 46
    4.1.3 植物が紫外線に強くなる新た
          な仕組みを発見―植物は葉や
          茎の細胞内のDNA量を増や
          すことで紫外線に強くなれる
          ― ………………………………… 47
    4.1.4 微生物への応用 ……………… 47
  4.2 理化学研究所の加速器研究施設
      （RARF）…………………………… 48
  4.3 若狭湾エネルギー研究センター
      （WERC）…………………………… 49
  4.4 放射線医学総合研究所の重粒子が
      ん治療装置（HIMAC）………… 50
    4.4.1 植物へのイオンビーム照射影
          響の調査 ……………………… 50
    4.4.2 HIMACイオンビームにより
          出現する突然変異形質の調査
          と品種候補の獲得……………… 50
5 おわりに ……………………………………… 51
  5.1 産業の発展 ……………………………… 51
  5.2 科学技術の進歩 ……………………… 51

第5章 新形質米品種の育種　　安東郁男

1 アミロース含有率の改変 …………… 54
  1.1 低アミロース米 ……………………… 54
    1.1.1 彩 ………………………………… 57
    1.1.2 あやひめ ……………………… 58
    1.1.3 ミルキークイーン …………… 58
    1.1.4 ミルキープリンセス ………… 58
    1.1.5 スノーパール ………………… 58
    1.1.6 おぼろづき …………………… 59
  1.2 高アミロース米 ……………………… 59
    1.2.1 ホシユタカ …………………… 60
    1.2.2 夢十色 ………………………… 60
    1.2.3 ホシニシキ …………………… 61
    1.2.4 北陸207号 …………………… 61
2 タンパク質変異米 ……………………… 61
  2.1 低グルテリン米 ……………………… 63
    2.1.1 エルジーシー1 ………………… 63
    2.1.2 春陽 ……………………………… 63
    2.1.3 LGCソフト …………………… 63
    2.1.4 みずほのか …………………… 63
    2.1.5 LGC活，LGC潤 ……………… 64
  2.2 低アレルゲン米 ……………………… 64
3 有色素米 …………………………………… 64
  3.1 紫黒米 …………………………………… 66
    3.1.1 朝紫 ……………………………… 66
    3.1.2 おくのむらさき ……………… 66
  3.2 赤米 ……………………………………… 66
    3.2.1 ベニロマン・紅染めもち …… 66
    3.2.2 紅衣・夕やけもち …………… 66

3.3 黄色米 …………………… 66	6.4 きたあおば ………………… 71
4 香り米 …………………………… 67	7 その他の新形質米 ……………… 71
4.1 はぎのかおり ……………… 68	7.1 大粒米 …………………… 72
4.2 サリークィーン …………… 68	7.2 小粒米 …………………… 73
4.3 プリンセスサリー ………… 68	7.3 細長粒米 ………………… 73
5 巨大胚米 ………………………… 68	7.4 糖質米 …………………… 73
6 超多収米 ………………………… 69	7.5 脂質代謝改変米 ………… 74
6.1 ふくひびき ………………… 70	7.6 粉質米 …………………… 74
6.2 タカナリ …………………… 70	7.7 観賞用稲 ………………… 74
6.3 北陸193号 ………………… 70	8 新形質米の展望 ………………… 74

第6章　ゲノム育種

1 ゲノム育種とは何か…美濃部侑三… 77	のDNA多型との関係……… 87
1.1 はじめに …………………… 77	2.1.4 タイピングの仕方………… 89
1.2 従来の育種法 ……………… 77	2.2 PGCにおけるイネSNPs解析 … 93
1.3 DNAマーカー選抜育種 …… 78	2.2.1 イネでSNPを探す意義 … 93
1.4 DNAマーカー（SNPs）選抜から　ゲノム育種へ …………… 79	2.2.2 イネSNPsの探し方 ……… 94
1.4.1 近縁交雑から遠縁交雑 ……… 79	2.2.3 イネSNPs探索の結果 …… 95
1.4.2 圃場選抜から温室内選抜 …… 79	2.2.4 アレル共有という概念 …… 97
1.4.3 育種期間の短縮 ……………… 81	2.3 有用形質の解析とSNPsマーカー …………………………… 99
1.4.4 準同質系統の育成 ………… 81	2.3.1 有用遺伝子の単離・同定の実際 ……………………… 99
1.5 重要遺伝子：量的遺伝子座の解析 …………………………… 83	2.3.2 SNPsマーカーと「ゲノム育種」 ………………………… 100
2 有用形質の解析とSNPsマーカー …………………門奈理佐… 85	2.3.3 「ゲノム育種」に最適なSNPsタイピング法の開発………… 101
2.1 はじめに ～SNPs（一塩基多型）について～ ………………… 85	2.4 おわりに …………………… 102
2.1.1 SNPsとは何か …………… 85	3 選抜育種の実例I「コシヒカリつくばSD1号」の育成と事業展開
2.1.2 SNPsの活用 ……………… 86	…………………王　子軒… 103
2.1.3 RFLP, CAPS, SSRなど既存	

3.1 はじめに ……………………… 103
3.2 育成経過 ……………………… 104
3.3 「コシヒカリつくばSD1号」の特性 …………………………… 108
3.4 日本全国各地における適性試験栽培 ………………………… 110
3.5 種籾生産 ……………………… 112
3.6 実用品種としてのデビュー …… 112
3.7 本格的な事業化 ……………… 113
3.8 今後の展開 …………………… 115
4 選抜育種の実例Ⅱ―開花期の異なる系統群の育成― ……… 北澤則之 … 116
　4.1 日本の栽培イネにおける開花期の多様性 …………………… 116
　4.2 イネの開花期を改良する育種戦略 …………………………… 118
　4.3 イネの開花期を改良する方法 … 121
　4.4 北海道品種の極早生性を規定している遺伝子の解明 ……… 123
　4.5 ゲノム育種に必要な基盤の整備 …………………………… 123
　4.6 ゲノム育種法によるコシヒカリへの出穂期関連遺伝子座の導入 … 125
　4.7 開花期の異なるコシヒカリ系統群 …………………………… 129
　4.8 今後の展開について ………… 131

【第2編　アグリバイオビジネスの現状と可能性】

第1章　国内アグリバイオビジネスの現状と国際化への課題　　川畑真人, 廣澤孝保

1 はじめに ……………………… 137
2 国のユニークな国際展開支援事業の一例 ……………………… 140
3 育種・種苗の海外展開にかかる知的財産関連の国際条約の現状について …………………………… 142
　3.1 生物多様性条約（CBD）………… 143
　3.2 食料農業植物遺伝資源条約（ITPGR）……………………… 144
　3.3 現状と今後に向けての日本の立場 …………………………… 146
4 種苗法における自家増殖について … 147
　4.1 種苗法における自家増殖の扱い ……………………………… 148
　4.2 政府における自家増殖の扱いに関する検討の経緯 …………… 148
　　4.2.1 植物新品種の保護に関する研究会報告（平成16年12月）…… 148
　　4.2.2 植物新品種の保護の強化及び活用の促進に関する検討会報告（平成18年12月）……… 150
　4.3 各国の対応 …………………… 150
　4.4 種苗産業・農家に与える影響 … 151
　4.5 育成者権者の対応 …………… 151
　4.6 まとめ ………………………… 152

第2章　遺伝子組換え農作物の安全性評価　　田部井　豊

1 はじめに―遺伝子組換え農作物の利用の現状― ……………………… 153
2 遺伝子組換え生物に関する安全性評価の規制の経緯 ………………… 154
3 遺伝子組換え農作物の生物多様性影響評価 …………………………… 156
 3.1 カルタヘナ法の概要 …………… 156
 3.2 第二種使用等 …………………… 157
  3.2.1 研究開発等 ………………… 157
  3.2.2 産業利用等 ………………… 158
 3.3 第一種使用等 …………………… 158
  3.3.1 生物多様性影響評価の考え方 ……………………………… 158
  3.3.2 生物多様性影響に必要な情報 ……………………………… 158
 3.4 生物多様性影響評価の手順 …… 159
4 遺伝子組換え農作物の食品としての安全性評価 ……………………… 161
 4.1 遺伝子組換え農作物の食品としての安全性評価の考え方 ………… 161
 4.2 遺伝子組換え農作物の食品としての安全性評価のポイントと評価法の概要 ……………………………… 163
 4.3 ダイズ構成成分の分析項目例 … 163
 4.4 スタック系統の増加と掛け合わせについての安全性評価の考え方 ………………………………… 164
 4.5 遺伝子組換え飼料又は飼料添加物を摂取した家畜の畜産物がヒトの健康影響へ及ぼす評価 ………… 164
5 遺伝子組換え飼料及び飼料添加物の安全性評価 ……………………… 165
 5.1 安全性評価の申請 ……………… 165
 5.2 申請から安全確認まで ………… 166
 5.3 安全性審査基準 ………………… 166
6 その他の規制 ………………………… 168
 6.1 農林水産省「第一種使用規程承認組換え作物栽培実験指針」……… 168
  6.1.1 交雑防止策 ………………… 168
  6.1.2 混入防止措置 ……………… 168
  6.1.3 情報提供 …………………… 169
 6.2 地方自治体の規制 ……………… 169
7 おわりに ……………………………… 169

第3章　機能性食品からみたアグリバイオビジネス　　津志田藤二郎

1 はじめに ……………………………… 172
2 特定保健用食品の開発に向けた食素材 ………………………………… 172
 2.1 規格基準型の特定保健用食品 … 173
 2.2 コレステロールを低減する食素材 ……………………………… 174
 2.3 高血圧を改善する食素材 ……… 175
 2.4 ミネラル吸収を促進する食品成分 ……………………………… 176
 2.5 血糖値改善作用を示す食品成分 … 177

- 2.6 中性脂肪,体脂肪値を改善する食品成分 …………………………… 177
- 3 各種農産物の機能性の概要と高機能作物の開発 ………………… 178
  - 3.1 穀類 ……………………………… 178
    - 3.1.1 米 …………………………… 178
    - 3.1.2 麦類 ………………………… 180
    - 3.1.3 ソバ,雑穀類 ……………… 180
  - 3.2 豆類 ……………………………… 181
    - 3.2.1 大豆の健康機能成分とヘルスクレーム ………………… 181
    - 3.2.2 イソフラボンの機能性と安全性 ………………………… 182
    - 3.2.3 その他の成分の機能性と安全性 ………………………… 183
  - 3.3 イモ類 …………………………… 184
    - 3.3.1 バレイショ ………………… 184
    - 3.3.2 サツマイモ ………………… 184
  - 3.4 果実 ……………………………… 185
    - 3.4.1 柑橘果実 …………………… 185
    - 3.4.2 リンゴ果実 ………………… 186
    - 3.4.3 ブドウ果実 ………………… 186
    - 3.4.4 ベリー類 …………………… 187
    - 3.4.5 その他の果実 ……………… 187
  - 3.5 野菜 ……………………………… 188
    - 3.5.1 野菜のポリフェノール …… 188
    - 3.5.2 野菜のカロテノイド ……… 189
    - 3.5.3 野菜のイソチオシアネート … 190
- 4 アグリバイオビジネスへの展開 …… 190

第4章　穀物,大豆の国際価格と市場　　大賀圭治

1. はじめに ………………………… 192
2. 穀物,大豆の国際価格の動向 ……… 192
3. 世界の食糧需給の新局面 …………… 197
4. バイオ燃料―食糧・飼料とエネルギーの競合 ……………………… 198
5. アメリカのバイオマス燃料推進計画 ……………………………… 200
6. 350億ガロンの衝撃：20 in 10 ……… 201
7. アイオワ州立大学による原油価格高騰の穀物価格への影響予測 ………… 202
8. ブラジルのエタノール政策と砂糖の需給 ……………………………… 203
9. 世界のバイオディーゼル生産 ……… 205
10. 中国,EU,開発途上国のバイオマス燃料政策 ……………………… 205
11. おわりに ………………………… 207

第1編
さまざまな革新的育種技術

第1章　モンサント・カンパニーの取り組み

日本モンサント㈱　バイオ作物情報部

1　モンサント・カンパニーの概要

モンサント・カンパニー（本社：米国ミズーリ州セントルイス）は1901年に設立され，1980年代より植物バイオテクノロジーを次世代のビジネスの柱として位置づけ，農業生産に貢献する企業として，種々の新しい種子の開発と農薬の開発に携わってきた[1]。新しい種子開発の一環として，モンサント・カンパニーは1996年に除草剤ラウンドアップ耐性の遺伝子組み換え作物種子の販売を開始した。それ以来，除草剤ラウンドアップ耐性，Btタンパク質を利用した害虫抵抗性を持つ遺伝子組み換え作物を製品として世に送り出してきた。

現在，モンサント・カンパニーでは，トウモロコシ・大豆・ワタ・ナタネに加え，野菜・果物の種子開発と，ラウンドアップ除草剤などの化学製品を販売しているが，その2007年度の売上高は，それぞれ50億ドルと36億ドルに上っている。モンサント・カンパニーは遺伝子組み換え技術を用いないで育種開発した種子も多く扱っているが，種子製品の売り上げには遺伝子組み換え種子の技術料収入も含んでいる。

モンサント・カンパニーは世界350ヵ所に拠点を持ち，従業員約19,000人を擁する農業に特化した企業として，顧客である世界中の農業生産者の生産性・収益性を高め，その生産現場への貢献を通じて，関連産業界・消費者にメリットを与え，そして環境や食糧供給といった地球規模の諸問題の解決に役立つビジネス展開を目指している。

2　モンサント・カンパニーの主な遺伝子組み換え種子製品

2.1　除草剤耐性作物

モンサント・カンパニーの除草剤耐性作物は，除草剤ラウンドアップ（有効成分グリホサート）の影響を受けずに生育する作物である。グリホサートは安全性が比較的高く分解性にも優れている除草剤成分であるが，植物に非選択的に作用するため，作物が生育中の耕地に用いることができない。しかし，作物がグリホサートの作用を受けなければ，不要な植物，すなわち雑草のみを除くことが可能になる。グリホサートは，芳香族アミノ酸合成経路であるシキミ酸経路中の5-エノールピルビルシキミ酸-3-リン酸合成酵素（EPSPS）と特異的に結合してその活性を阻害

する。その結果，植物は必要なアミノ酸を生産できずに枯死する。ラウンドアップ・レディー作物は土壌中，および植物根圏に存在する微生物である*Agrobacterium* CP4株由来のEPSPS（CP4 EPSPS）を導入している。このCP4 EPSPSはグリホサートによる阻害を受けないため，作物に除草剤グリホサート耐性を付与する。ヒトや動物はこのシキミ酸経路を持たず，その産物である芳香族アミノ酸を植物など由来の食品および飼料から摂取する。ヒトや動物に対するグリホサートの安全性が高いのは，このようにヒトや動物がグリホサートの標的酵素であるEPSPSを持たないためである。モンサント・カンパニーでは，このラウンドアップ・レディー作物として，大豆，トウモロコシ，ワタ，ナタネ，アルファルファを開発している。また，テンサイについても，商品化が近い。

ラウンドアップ・レディー作物の導入により，除草のためのコストや労力が大きく削減された。特に，播種後にラウンドアップによる除草ができるため，播種前の耕起による除草が不要になり，表層土壌の流亡を抑えることが可能になり，また，作物生育中の除草も，基本的に一定時期に一度のラウンドアップ散布による除草で十分になるという利点がある。

2.2 害虫抵抗性作物

モンサント・カンパニーでは，細菌*Bacillus thuringiensis*の生産する殺虫活性タンパク質（Btタンパク質）をコードする遺伝子を作物に導入することにより，作物自身が害虫に抵抗性を示す害虫抵抗性作物を開発している。現在，作物としては，トウモロコシとワタにBtタンパク質が導入され，各作物の標的とする害虫への殺虫効果を示す。このBtタンパク質はBt菌が芽胞形成期に入る際にタンパク質性結晶状封入体として生産される。この結晶状封入体は標的昆虫に経口摂取されると，消化管内の中腸上皮に存在する特異的受容体と結合し，陽イオン選択的小孔を形成する。その結果，消化プロセスが阻害され，その昆虫は死に至る。非標的昆虫や，ヒトを含む他の生物に対しては，この受容体を持たず，したがって，Btタンパク質に対する感受性を持たないため安全である。

Bt菌はその種類により異なるBtタンパク質を生産し，異なるBtタンパク質の標的昆虫はそれぞれ異なる。このため，異なるBtタンパク質遺伝子を導入することにより，異なる害虫を標的とする害虫抵抗性作物を得ることが可能である。モンサント・カンパニーでは，トウモロコシではチョウ目の害虫であるアワノメイガ，コウチュウ目の害虫であるネキリムシにそれぞれ抵抗性の遺伝子組み換え作物，ワタではチョウ目の害虫であるオオタバコガに抵抗性の遺伝子組み換え作物を，それぞれの害虫に殺虫作用のあるBtタンパク質遺伝子の導入により得ている。

Btタンパク質は以上にも説明したように，標的昆虫以外の生物には作用しないため，古くから生物農薬として用いられてきた。しかし，生物農薬としてのBt菌，およびBtタンパク質は

第1章 モンサント・カンパニーの取り組み

外から散布した場合の安定性が低く，また内部にまで侵入した害虫に対する殺虫効果は得られない。このような安全性の高い生物農薬を植物に生産させることによって，時期を選ばない殺虫効果が得られることから，生産者の精神的負担を減らすとともに，殺虫剤散布コストや労力の削減になっている。また，チョウ目害虫による被害を受けないため，収穫の歩留まりも改善され，食害を受けないために，食害部からのカビの発生によるカビ毒の生産が抑制されることによる食品や飼料としての安全性向上も期待できる。また，コウチュウ目害虫による根の被害が抑制されるため，土壌中からの水分，栄養分の吸収の効率が高くなり，高い収穫量が得られるという利点もある。

3 モンサント・カンパニーの種子製品開発技術

モンサント・カンパニーの種子開発は，優秀な遺伝的性質を持つ胚（germplasm）と優秀な遺伝的形質（trait）に，従来育種技術と遺伝子組み換え技術をはじめとするバイオテクノロジーを有機的に組み合わせて応用することにより行われている（図1）。

世界各地から優れた性質を持つ germplasm を集め，それらを掛け合わせることにより，さらに優良な遺伝的性質を持つ品種を開発し，選抜をしている。その選抜には，従来の植物体の観察のほかに，いくつかの先進的な技術が使われている。

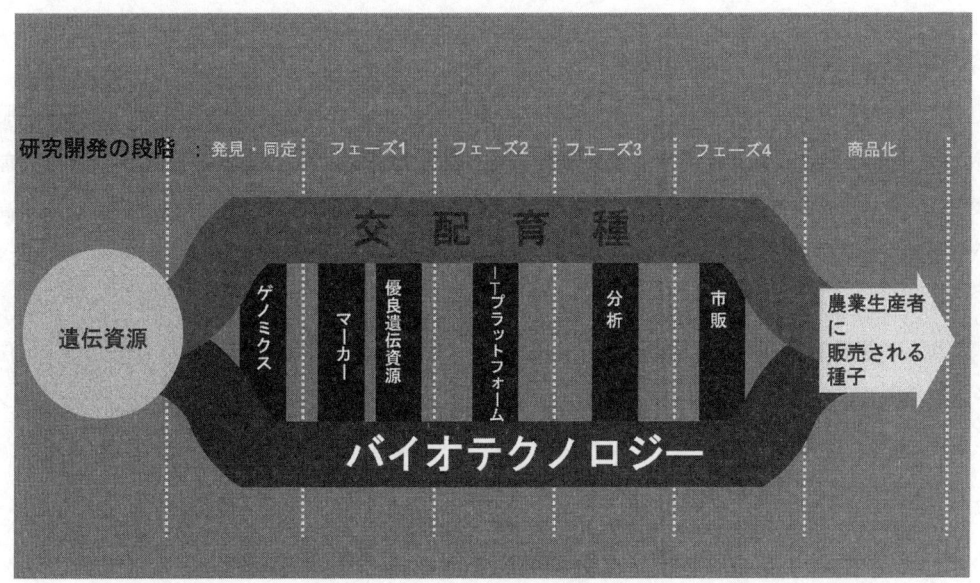

図1 モンサント・カンパニーの種子開発への育種とバイオテクノロジーの利用
（モンサント・カンパニー資料）

3.1 大豆メガチッパーによるチッピング技術

異なる大豆品種は異なる遺伝形質の組み合わせを持っており，その組み合わせから目的とする遺伝特性を持つ種子を見つけることは1兆分の1という低い確率になってしまう。モンサント・カンパニーでは，種子の生きる能力を失うことなく，分析のために一部を取り出す種子チッピング技術を開発したことにより，以前は，すべての株から葉のサンプルを取り組織を分析することにより，一日に解析できる試料は1500ほどであったのに対し，1日でその10倍のサンプルを集めることを可能とした。DNA分析によってチッピング試料の遺伝的構成を明らかにすることにより，新たな遺伝形質を持つ系統をかつてない速さで作り出すことが可能となった。このモンサント・カンパニー独自のチッピング技術は，最も収量の良い，地域，天候，栽培状況にあわせて開発された。また，遺伝的により優れた種子を開発することを可能とした。

3.2 近赤外線解析

穀物の品質を検査する重要な方法にタンパク質，でんぷん，水分の含有量などを測定する近赤外分光法がある。モンサント・カンパニーにおける育種プログラムでも，高オイルまたは高タンパク質含有の種子など，独自の特徴を持つ種子を迅速に選択するために近赤外分光法を使用している。一般の分光計にはひとつの検出器しかないのに対して，カメラを用いるため，80,000の異なるデータを一時に集めることを可能にしている。この技術により，トウモロコシ，大豆の種子の脂肪酸，油脂，タンパク質含有量を瞬時に種子を傷つけずに行うことが可能となった。

3.3 核磁気共鳴 (MRI) による解析

モンサント・カンパニーは，トウモロコシの種子のオイル含有量の測定に大規模な磁気共鳴 (MRI) 映像を用いることにより，短時間に大量の種子を破壊せずに処理，測定することを可能とした。このMRI技術によってオイル含有量が最も多い種子を，より速く，効率的に，より高い信頼性をもって行うことが可能となった。

これらの解析手段を用いて優れたgermplasmのスクリーニング選抜を可能にした上で，遺伝子組み換え技術を用いて外来遺伝子を導入することにより，育種の幅は大きく広がる。モンサント・カンパニーでは，これら技術の応用を通じて以下のような農作物の開発を進めている。

4 モンサント・カンパニーの今後の主要な種子製品開発パイプライン

先に述べた種子開発ビジョンのもとに，遺伝子組み換え技術や最新の分析技術などの新しい技

第1章　モンサント・カンパニーの取り組み

術を組み合わせて，モンサント・カンパニーの製品開発が行われている。それらの製品パイプラインを図2にまとめた。そのうちのいくつかについて，以下に概要を述べる。

4.1　乾燥耐性トウモロコシ

　農業は世界の水資源取水量の3分の2を占めると推定されている。また，1961年から2004年までの間に，全世界の穀物の収穫量は2.4倍になったが，農地面積は10%しか増えていない。この農業生産量の増加は単位面積あたりの穀物の収量が2.3倍になったためであり，この伸びを支えたのは灌漑面積の倍増と取水量の増加によるものである[2]。しかし，今後はこのような取水量の伸びは望めず，水不足の環境下での単収増加を図る必要がある。モンサント・カンパニーでは，乾燥状態でも収穫量の低下をもたらさない乾燥耐性トウモロコシの開発を行っている。この乾燥耐性のトウモロコシは，4年にわたる全米各地での乾燥ストレス環境下での試験の結果から従来のトウモロコシと比較して6.7～14.3%の収穫量の増加が認められた。また，米国ネブラスカ州周辺の乾燥地域での試験結果では，従来トウモロコシに比べ13～15%の収量増が観察された[3]。今後はさらに乾燥条件下での安定した収量増を目指した第二世代の乾燥耐性トウモロコシや，他の作物の乾燥耐性の開発にも取り組んでいる。また，この乾燥耐性トウモロコシの開発にはBASF社の技術的な共同開発を行っている。

4.2　窒素有効利用トウモロコシ

　窒素は植物の生育に必須であり，肥料として耕作地に投入される。窒素を有効に利用できる作物の開発をすることにより，施肥量を削減し，効率の良い農業生産を行うことが可能となる。モンサント・カンパニーでは，正常窒素条件下で収量を増加させるまたは低窒素環境で一定収量を得ることのできる窒素有効利用トウモロコシを開発中である。この窒素有効利用トウモロコシでは，正常の窒素存在条件下での収量増の試験結果が得られており，今後は窒素量制限下での安定した収穫が得られることを目指して開発中である[3]。

4.3　第二世代除草剤耐性大豆

　モンサント・カンパニーの代表的な商品として，除草剤ラウンドアップに耐性の大豆，「ラウンドアップ・レディー」があるが，その収量をさらに7～11%高めた「ラウンドアップ・レディー2イールド」大豆が第二世代の除草剤耐性大豆として2009年からの商品化を目指している。この第二世代「ラウンドアップ・レディー2イールド」大豆は，その遺伝子導入にアグロバクテリウム法を用いることにより，耐性遺伝子導入部位の近傍のDNA配列へのダメージを減らすと同時に，遺伝子マッピングにより特定された高収量を担うDNA領域に耐性遺伝子を挿入した。

作物	フェーズ I	フェーズ II	フェーズ III	フェーズ IV
トウモロコシ 私たちは収量増加、害虫防除効果の向上、ストレス耐性強化により農業生産者にベネフィットをもたらすトウモロコシ製品を持っています。更に、より高品質の飼料や、食品または燃料用として、より多く油脂を含むトウモロコシを提供することにより、産業界もベネフィットをもたらすことを目指しています。	■ イールドガードVT トリプル[5] ■ 茎害虫有効利用トウモロコシ[5] ■ 高含油量トウモロコシ	■ 高収量トウモロコシ[3] ■ 第二世代乾燥耐性トウモロコシ[5]	■ スマートスタックトウモロコシ[5] ■ 乾燥耐性トウモロコシ[5]	■ イールドガードVT プロ ■ Extrax™ トウモロコシ処理システム[4]+マベラ™高リシントウモロコシ
ワタ ワタ開発パイプラインは除草剤耐性、害虫防除、環境ストレスへの耐性や収量増加により生産者にベネフィットをもたらすことを目指しています。	■ 乾燥耐性ワタ[5] ■ ジカンバ ■ グリホサートN除草剤耐性ワタ ■ カメムシ防除ワタ	■ ボールガード III		
油料種子 大豆やナタネなどの油料種子についての研究は生産者、消費者、食品加工業者にベネフィットをもたらします。生産者にとっては収量の増加やストレスからの防護、消費者には風味の向上、トランス脂肪酸の削減、またはオメガ3脂肪酸含有量の向上、食品加工業者には飼料、食品、燃料としての油脂やタンパク質の向上などの恩恵がもたらされます。	■ 大豆腺虫抵抗性 ■ 第二世代高収量大豆[5] ■ 大豆病害抵抗性 ■ 第二世代高含油量大豆 ■ 高ステアリン酸大豆	■ 高収量大豆[3] ■ 高収量+ラウンドアップレディーツーイールド大豆	■ オメガ3大豆 ■ 高含油量大豆 ■ ジカンバ+除草剤耐性大豆 ■ 害虫抵抗性+ラウンドアップレディーイールド大豆 ■ ビスタイブ2大豆	■ ラウンドアップレディー大豆 イールド大豆 ■ タンパク質改善大豆
	コンセプトの実証 主な活動： ● 遺伝子最適化 ● 作物の形質転換 ● ほ場試験 平均的所要期間[2] 12〜24ヶ月 最終商品化に至る可能性[3] 25%	初期商品開発 主な活動： ● 大規模での形質転換 ● 品種開発 ● 安全性データの予備作成 ● ほ場試験 平均的所要期間[2] 12〜24ヶ月 最終商品化に至る可能性[3] 50%	中期商品開発 主な活動： ● 形質多様化 ● ほ場試験の拡大 ● 安全性データ作成 平均的所要期間[2] 12〜36ヶ月 最終商品化に至る可能性[3] 75%	商品化前前段階 主な活動： ● 安全性認可の申請 ● 種子の生産 ● 販売向け準備 平均的所要期間[2] 12〜36ヶ月 最終商品化に至る可能性[3] 90%

キー：
■ 農学的なベネフィットを持つ作物
■ 付加価値のある作物

モンサントのハイ・インパクト・テクノロジー（HITs）は太字で表示されています。
注（1）、（2）、（3）、（4）、（5）については、下を参照のこと。

図2 モンサント・カンパニーの製品パイプライン

注 (1) パイプラインの候補とは、「発見」フェーズにある研究プラットフォームとフェーズ I からIVまでの段階にある商品化可能性の高い製品が含まれる。それらの評価は現在までに得られた情報と技術的進歩に基づく。
(2) 予測所要期間はこれまでの経験則に基づく。開発にかかる期間は製品により予測期間と前後することがある。
(3) ある形質が商品化される可能性の平均値は経験則に基づく。この数値は、それぞれのフェーズの全ての製品にあてはまる。これらの可能性は変化することがある。
(4) これらの製品候補はレネッセン社のパイプラインに含まれる。レネッセン社はモンサント・カンパニーとCargill社のジョイント・ベンチャーである。
(5) このプロジェクトは、収量とストレスの研究に重点をおいたモンサント・カンパニーとBASF社の提携事業である。

(Monsanto 2007 Annual Report より)

そ の結果，実用化の際に多様な品種に導入した場合にも除草剤耐性と同時に収量増を維持することが可能となったのである[4]。

4.4 ステアリドン酸産生大豆

多価不飽和脂肪酸のなかでも，長鎖オメガ-3脂肪酸であるエイコサペンタエン酸（EPA）やドコサヘキサエン酸（DHA）は，その摂取によって循環器系疾患のリスクを軽減するという報告がある[5]。しかし，EPA, DHAは酸化されやすく，食品への利用方法が制限される。また，その主な供給源は水産資源であり，その摂取は限られてきた。モンサント・カンパニーでは，これらの長鎖オメガ-3脂肪酸の代謝前駆体であるステアリドン酸（SDA, C18: 4 n3）を生産（全脂肪酸の15～29 %）する大豆を開発した[6]。SDAはオメガ-3脂肪酸の一つであるが，EPAやDHAよりも二重結合が少ないため，酸化に対して安定である。また，風味についても，EPAなどの持つ強い「生臭さ」がまったくなく，マーガリン，ヨーグルト・ドリンク，グラノーラ・バーを用いてSDAの風味官能検査を行った結果からも，通常の大豆油との間に嗜好の違いはまったく見られなかった。このようなことから，ステアリドン酸はサラダドレッシングやマヨネーズなどの加工食品の原料としての商品化が期待される。また，作物として畑でオメガ-3脂肪酸が産生されることによって，循環器系疾患の防止に貢献するのみならず，水産資源の保護にも結びつくと期待されている。

4.5 低リノレン酸・高オレイン酸大豆

トランス脂肪酸は，悪玉コレステロールを増加させ，心臓疾患のリスクを高めると言われ，米国では加工食品へのトランス脂肪酸含有量の表示や，一部の州でのレストランでのトランス脂肪酸含有食用油の使用禁止などの措置がとられている[5,7]。トランス脂肪酸とは，二重結合が天然の脂肪酸に多いシス型ではなく直鎖状のトランス型をした脂肪酸で，食用油中に含まれるトランス脂肪酸は，植物油の安定性を高めるために二重結合に部分水素添加する際に生成する[7]。代表的な植物油である大豆油には，三つの二重結合を持つ不飽和脂肪酸であるリノレン酸が含まれ，部分水素添加を受ける際にそれからトランス脂肪酸が生成するが，モンサント・カンパニーがすでに商品化しているビスティブ（Vistive）大豆は遺伝子組み換え技術を用いずに開発したもので，リノレン酸含量を通常の大豆の6.8 %から2.4 %に低減している。その結果，安定化のための部分水素添加を必要としないため，トランス脂肪酸を含まない大豆油を供給することが可能になった[8]。現在，モンサント・カンパニーでは第二世代のビスティブ大豆として，オリーブオイルに多く含まれるオレイン酸を多く含むビスティブⅢ大豆を遺伝子組み換え技術を用いて開発中である。このビスティブⅢ大豆はリノレン酸含量3 %以下，オレイン酸含量77 %を得ている[9]。

4.6 高ステアリン酸大豆

モンサント・カンパニーでは，マーガリンやショートニングなどの加工食品原料として適した高ステアリン酸大豆を開発中である。この高ステアリン酸大豆は通常は3～4％の含量であるステアリン酸を18％以上含む大豆で，さらにリノレン酸含量を3～4％に抑えている。その結果，通常の大豆油を加工食品の原料用に用いるために必要な水素添加を必要とせず，トランス脂肪酸を含まない原料を加工食品業界に提供することが可能になる[10]。

5 モンサント・カンパニーの複合的商品開発戦略

将来の種子については，農業生産者の収量増や労働力削減などへの大きな期待，食品業界からのより食品安全性を高めた原材料へのニーズを満たすもの，そして，消費者に直接健康上のメリットを提供する商品の開発が期待されている。これらの期待を満たすため，モンサント・カンパニーでは，現在商品化されている，また前節で紹介した開発中の優れた性質を複合的に組み合わせることにより，一つの種子にさまざまな優れた性質をあわせ持つ種子商品を提供していくことを目標としている。

5.1 8種類の性質をあわせ持つスタック品種

農業生産上のメリットのある除草剤耐性，害虫抵抗性の遺伝子組み換え作物については，すでにそれぞれの性質を持つものを掛け合わせて複数の問題を解決する「スタック」品種の利用が進んでいる。特にトウモロコシでは，すでに2008年に米国で栽培されているトウモロコシの4割がスタックトウモロコシであり，遺伝子組み換えトウモロコシ全体の半分を占めている。また，ワタについてもワタの全栽培面積の45％，遺伝子組み換えワタの栽培面積の半分以上がスタック品種になっている[11]。さらに，モンサント・カンパニーは2007年9月に8種類の遺伝子をあわせ持つスタックトウモロコシである「スマートスタックス（SmartStax™）」の商品開発を進めるため，ザ・ダウ・ケミカル・カンパニーの農業化学部門であるダウ・アグロサイエンスとクロスライセンス契約を締結した。このスマートスタックスはトウモロコシのチョウ目害虫への抵抗性を持つダウ・アグロサイエンス，モンサント・カンパニーの両方の遺伝子を持ち，コウチュウ目害虫の抵抗性についても，各社の異なる遺伝子をあわせ持っている。また，除草剤耐性についても，ダウ・アグロサイエンスとモンサント・カンパニーの持つ，異なる二つの除草剤に対する耐性遺伝子をそれぞれ有している。このため，害虫防除や除草がより容易になると同時に，抵抗性害虫や耐性雑草が発生する可能性を著しく下げることが可能になる。このスマートスタックスは2010年ごろの商品化を見込んでいる[12]。

第1章　モンサント・カンパニーの取り組み

5.2　基幹技術との複合による商品開発

　今後のモンサント・カンパニーの種子商品開発については，基幹プラットホーム技術の上に，新しく開発された技術を組み合わせていくことにより，幅広いメリットを市場に提供していくことを目指している。たとえば，大豆種子では新たに商品化されるラウンドアップ・レディー2イールドの性質を持つ大豆に，ステアリドン酸産生，高ステアリン酸，ビスティブⅢなどの性質を導入する。また，さらに将来は，高収量，病害抵抗性，サビ病抵抗性などの性質を開発，導入することを目指していく。また，トウモロコシでは，すでに複数の害虫抵抗性と除草剤耐性を持たせたスマートスタックスを基盤に，乾燥耐性，窒素有効利用を組み合わせていくとともに，将来は高収量，低温耐性などの性質を導入することを目指している。

5.3　高収量の作物開発

　すでに商品化されている遺伝子組み換えトウモロコシを用いたモンサント・カンパニーが行った収量比較試験から，害虫抵抗性の導入による歩留まりの向上や水分や栄養の効率的利用による生産性の向上が実証されている。この結果からは，ヘクタールあたり6トンの収量であった除草剤耐性のトウモロコシに地上部，地下の2種類の害虫抵抗性を導入することにより，2倍以上の12.6トンにまで収量を増加させることができた（表1）。今後は，マーカー育種などの技術の利用や，遺伝子組み換え技術による収量増作物の開発などを通じて，トウモロコシではヘクタールあたり約20トン（エーカーあたり300ブッシェル）の収穫を目指している（図3）。また，大豆についても分子育種や遺伝子組み換え技術の利用により，2007年のヘクタールあたり約2.8トン（エーカーあたり41.2ブッシェル）から倍の約5.6トン（80ブッシェル）を目標としている（図4）。

6　モンサント・カンパニーの研究開発ビジョン

　これまでに述べたように，モンサント・カンパニーは種子開発を通じて農業生産の向上と改善に取り組んでいるが，それらを通じた今後の地球規模問題への貢献策を2008年6月4日に発表

表1　モンサント・カンパニーによる遺伝子組み換えトウモロコシによる収量試験の結果

導入性質	収量（トン/ヘクタール）
除草剤耐性	6
除草剤耐性＋アワノメイガ抵抗性	7.2
除草剤耐性＋アワノメイガ抵抗性＋土壌処理剤によるネキリムシ防除	9.5
除草剤耐性＋アワノメイガ抵抗性＋ネキリムシ抵抗性	12.6

モンサント・カンパニー資料より作成

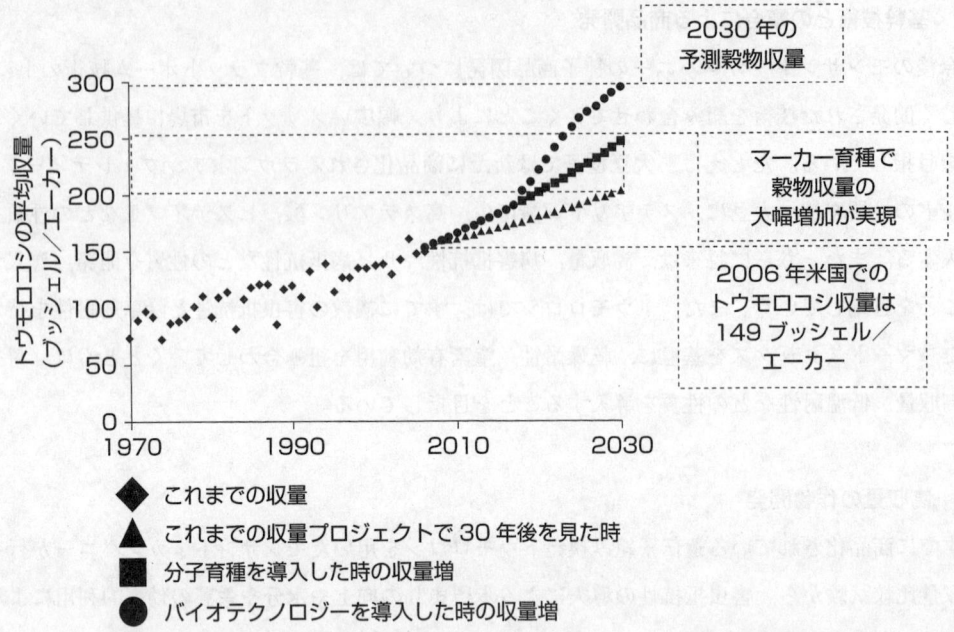

図3 育種と遺伝子組み換え技術を組み合わせることによるトウモロコシ収量の増加の可能性
(モンサント・カンパニー資料)

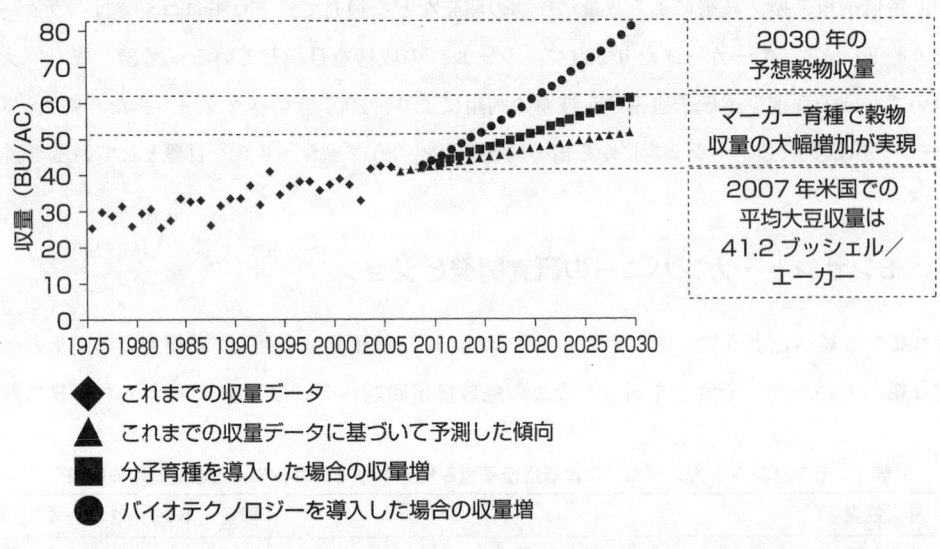

図4 育種と遺伝子組み換え技術を組み合わせることによる大豆の収量の増加の可能性
(モンサント・カンパニー資料)

第1章　モンサント・カンパニーの取り組み

した[13,14]。この貢献策は，地球規模の食糧危機や気候変動に対応し，収量の倍増，自然資源の有効利用，農業生産者の生活改善の3項目を大きな柱としている。

① よりよい種子の開発—とうもろこし，大豆，ワタの3主要作物の収量を2030年までに2000年の収量から倍増させる。また，公共研究機関での小麦とイネの収量に関する先進的研究に対して1,000万ドルの助成を行う。

② 資源の保全—栽培に重要な資源の量が3分の1少なくてすむ種子を2030年までに開発する。また，農業上重要な地域での耕作地の消失と水質保全について，関係機関と手を取り合って解決を図る。

③ 農業生産者の生活改善支援—零細農場を営む500万人を含む農業生産者の生活を2020年までに改善するための支援を行う。

この3項目は，モンサント・カンパニーが自社の製品として，あるいは他企業，市民団体，各国政府，そして公的研究機関などとの連携やパートナーシップを通じて活動することを表明したものである。この貢献を通じて，環境を保護しつつ，増加する食糧とエネルギーの需要の双方を満たすことを目標としている。これらの3項目をどのように達成していくのかを以下に記す。

6.1　より良い種子の開発

モンサント・カンパニーの研究プログラムは，トウモロコシ，大豆，ワタの三つの主要作物の収量増加に焦点を当てている。今後の製品開発は，高収量の遺伝形質の開発を，先進のバイオテクノロジーや物理化学分析手法などのより精密な育種技術を利用して行っていく。また，同時に多様な害虫防除技術や雑草防除技術を利用することによって，さらに良い害虫抵抗性，除草剤耐性を持った作物を開発していく。これらの新しい技術を既存の技術と組み合わせて多くの選択肢として農業生産現場に提供することによって，2030年までに主要三大作物の収量を倍増させることを目標にしている。

また，モンサント・カンパニーの主要な開発対象ではないが，開発途上国において重要な作物であるイネと小麦について，開発途上国の食糧生産に関する世界的な専門家の委員会を設立し，これにより運営されるイネと小麦の研究のために，今後5年間に1,000万ドルの助成金を提供することを表明した。

6.2　資源の保全

モンサント・カンパニーは，単位面積あたりの収量が高く，しかしエネルギー，肥料，水の使用量の少ない，新しい種類のトウモロコシ，大豆，ワタの研究開発を進めている。また，一定の収量を得るために必要な土地や水，燃料などといった主要資源の必要量を3分の1削減させる

目標に向けた製品開発を行っている。この資源の保全という重要な環境問題を解決するために，一連のパートナーシップに取り組んでいる。

6.3 農業生産者の生活改善支援

特に開発途上国には，小規模生産者や資源を十分に持たない中小の生産者が多く，その生活改善を進めていく。そのために，生産性の向上を図ると同時に害虫や雑草など収量を減少させるようなストレスの管理を通じて農業におけるリスクを軽減する製品を提供してる。たとえば，インドでは2005年に害虫抵抗性ワタが導入されたことにより，収量が50％以上増加し，農業生産者の利益は1ヘクタールあたり250ドル増加したことが第三者機関の調査により明らかになっている。

また，資源に乏しい農業生産者の特殊な状況をかんがみて，モンサント・カンパニーはこれらの農業生産者が近代的な農業技術を得られるように専門知識の共有にも尽力している。たとえば，それらの最初のプロジェクトの一つは，2008年3月に発表された，アフリカ向けの乾燥耐性トウモロコシの開発のためのアフリカ農業技術基金（AATF），国際トウモロコシ・小麦改良センター（CIMMYT）との提携がある。このプロジェクトにより開発されたトウモロコシはアフリカの農業生産者に特許料無償で提供される予定である[14]。

遺伝子組み換え作物は，これまで12年間にわたり新たな種子を農業生産現場に提供することによって，生産性の向上や環境保全に貢献してきた。今後もさまざまな研究開発を進めると同時に，遺伝子組み換え技術の恩恵を受けることのなかった地域や作物への発展を図りつつ，モンサント・カンパニーはさらに将来の農業を見据えた戦略を立てながら，人類の食糧やエネルギー生産のニーズに応えるべく努力を続けて行きたいと考えているところである。

文　　献

1) News Release: Monsanto Will Undertake Three-Point Commitment to Double Yield in Three Major Crops, Make More Efficient Use of Natural Resources and Improve Farmer Lives, (June 4, 2008) (http://monsanto.mediaroom.com/index.php?s=43&item=607)
2) 沖大幹ほか「地球表層の水循環・水収支と世界の淡水資源の現状および今世紀の展望」地学雑誌 31-42, No.116 (2007)
3) モンサント・カンパニー資料 (http://www.monsanto.com/pdf/investors/2007/05-17-07.pdf)

第1章　モンサント・カンパニーの取り組み

4) モンサント・カンパニー　ウェブサイト（http://www.monsanto.com/rr2y/）
5) "Diet, Nutrition and Prevention of Chronic Diseases", WHO Technical Report Series916, (http://www.fao.org/docrep/005/ac911e/ac911e00.htm)
6) 日本モンサント㈱「ステアリドン酸産生大豆申請書等の概要」農林水産省ウェブサイト（http://search.e-gov.go.jp/servlet/Public?CLASSNAME=Pcm1010&BID=550000854&OBJCD=100550&GROUP）資料2
7) 菅野道廣「トランス脂肪酸問題の考え方」食品衛生研究, 17-23, **57**, No. 12 (2007)
8) 日本モンサント㈱からのインフォメーション「健康への意識の高まりによる需要から，2007年にビスティブ大豆が急成長の兆し」日本モンサント㈱ウェブサイト（http://www.monsanto.co.jp/news/release/060927.shtml）
9) モンサント・カンパニー資料（http://www.monsanto.com/pdf/investors/2008/01-03-08.pdf）
10) 「インタビュー・モンサント社デービッド・スターク博士に聞く」，油脂 62-65, Vol.**60**, No. 9 (2007)
11) 日本モンサント㈱からのインフォメーション「2008年，トウモロコシとワタで掛け合わせ（スタック）遺伝子組み換え品種の栽培面積がさらに増加，USDAが発表」（http://www.monsanto.co.jp/news/release/080704.shtml）
12) 日本モンサント㈱からのインフォメーション「モンサント・カンパニー　ダウ・アグロサイエンスと複数の遺伝子をあわせ持つスタックトウモロコシで技術提携」日本モンサント㈱ウェブサイト（http://www.monsanto.co.jp/news/release/070919.shtml）
13) 日本モンサント㈱からのインフォメーション「モンサント・カンパニー　食糧危機や気候変動に対応し3つの貢献策を発表　種子開発による収量倍増，自然資源の有効利用，農業生産者の生活改善～公的研究機関でのコムギとイネの革新的研究へも資金提供」日本モンサント㈱ウェブサイト（http://www.monsanto.co.jp/news/release/080605.shtml）
14) 日本モンサント㈱からのインフォメーション「モンサント・カンパニー　乾燥耐性トウモロコシ等でアフリカ農業技術基金とパートナーシップ～小規模農業生産者に無償で技術を提供」日本モンサント㈱ウェブサイト（http://www.monsanto.co.jp/news/release/080402.shtml）
15) 「モンサント・カンパニーの遺伝子組換え作物と種子ビジネスの展開」食品高秒, **51**, 29-34（2008）

第2章　サントリーの取り組み：遺伝子組換えと新技術

田中良和*

1　サントリーにおけるアグリビジネス

　サントリーグループは，「人と自然と響きあう」という企業理念のもと，よき企業市民として最高の品質をめざした商品やサービスをお届けし，世界の生活文化の発展に貢献したいと考えている。企業理念の根底に流れるのは「自然との共生」の精神である。サントリーは創業以来上記の理念に合致する新たな事業に挑み続けてきた。その一つに花事業がある。ブドウやオオムギの品種改良や栽培で培った技術を元に，「誰でも簡単に育てられ，長くきれいに咲き続ける花を作れないか？」という夢を，匍匐性ペチュニア野生種と栽培種を交配することにより，春から秋まで咲き続ける強健なペチュニア「サフィニア」を作出することで実現した。

　さらに，酒類や飲料で培ったマーケティング手法を園芸業界に持ち込み，従来なかった高級苗物市場を創出した。サフィニアは1990年代の園芸ブームの主役となり，いまでも世界中で愛されている。その後，花手まり，ミリオンベルなどの新商品を開発した。交配による育種だけではなく，新しい技術の導入も図ってきた。たとえば，花手まりの改良には理化学研究所と共同で，重イオンビームを照射し，不稔化により花付きが向上した品種を作出した[1]。また，グループ企業であるFlorigene社（オーストラリア）と共同で遺伝子組換えによる育種に取り組み，世界で唯一の遺伝子組換え花き「ムーンダスト」を販売している。ここでは主に遺伝子組換えによる品種作出について述べ，最近の新しい動きも紹介したい。

2　花きの品種開発の特徴

　花きでも穀物や豆類と同様，生産性，耐病性，ストレス耐性などといった形質を有することが優れた品種であるために必要であることはもちろんであるが，花きの品種作出の特徴は，①消費者の好みや流行の変化があるため，常に新しい形質を持つ品種が求められ，品種の入れ替わりが激しいこと，②一般消費者の嗜好が反映されるので消費者ニーズを把握する育種が必要であること，③栄養増殖による生産を利用する場合が多いことなどが挙げられる。消費者が求める形質としては，価格の他に，色，形態，日持ち，香りなどが挙げられる[2]。

---

*　Yoshikazu Tanaka　サントリー㈱　植物科学研究所　所長

3 遺伝子組換えによる育種の特徴とそれに必要な要素技術

　交配による育種では，利用できる遺伝子は交配可能な近縁種由来の遺伝子に限定される。遺伝子組換え技術を利用すると，こういった種の壁を乗り越え，交配では利用できない多様な生物の遺伝子を育種に利用できるので，今までになかった画期的な新品種を開発できる可能性が生まれる。また，RNAi（RNA干渉）法（二本鎖RNAを転写させることにより，それと同じ配列をもつmRNAを分解，目的の遺伝子の発現を特異的に抑制する方法）を用いると目的の遺伝子を特異的に抑制できる。突然変異でもこのような変異体は得ることができるが，変異体を得にくい倍数性が高い植物（実用作物の倍数性は高いことが多い。たとえば，キクは6倍体，バラは4倍体）でも，RNAi法を用いると内在性の遺伝子の発現を抑制できる。さらに，他の優れた形質を損なうことなく，目的の形質だけを改良できることも遺伝子組換え法の大きな利点である。

　一方で遺伝子組換えによる育種を実現するためには，①形質を変えるために必要な遺伝子の取得，②目的の植物に遺伝子を導入して元の植物に戻す方法（形質転換系）の確立，③導入した遺伝子が目的の植物の中で安定にうまく機能するための発現制御といった研究開発が必要となる。それぞれは植物科学の研究に依存して進歩するものなので開発にはしばしば年単位の時間が必要となる。特に②，③は植物種や品種毎に条件の最適化を行う必要がある。さらに，遺伝子組換え植物を生産・販売するには，「遺伝子組換え生物等の使用等の規制による生物の多様性の確保に関する法律（カルタヘナ法）」に基づく生物多様性影響評価（図1）を行い，認可を得る必要がある。このため遺伝子組換えによる植物の新品種開発は従来の交配育種よりも，時間もコストもかかる。また，用いる技術に他社の特許などの権利が絡めば，ライセンスの許諾を受ける必要がある。したがって，企業が取り組む場合には，時間とコストをかけても開発するだけの市場性がある植物と形質に開発ターゲットを絞る必要がある。

4 花の色

　花の色は，従来の品種改良において最もわかりやすい形質であることから，新しい色の花を作る努力が古くからされてきた。有名な例としては，玉川大学が作出した黄色いコスモス「イエローガーデン」「イエローキャンパス」がある。これらの品種は，紅色の花弁に突然変異で生じた黄色から30年以上かけて開発された（http://www.tamagawa.jp/features/topics/bn_200411.html）。しかしながら，あの植物種が持っている能力は遺伝的に決まっているため，ひとつの植物種がすべての色の品種を持つことは少ない。バラ，カーネーション，キク，ユリなどには青や紫はないし，ペチュニアやトルコギキョウにはオレンジ色が，ゼラニウム，バーベナ，シクラメ

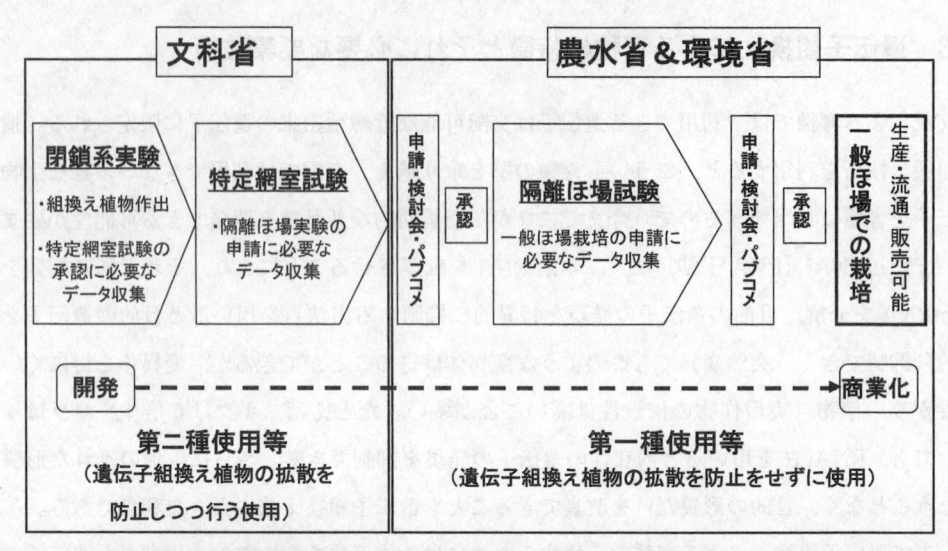

図1 「遺伝子組換え生物等の使用等の規制による生物の多様性の確保に関する法律（カルタヘナ法）」に基づく生物多様性影響評価手続きの概略（花きの場合）

ン，アサガオには濃い黄色がない。新しい色の品種を得るためには，新しい遺伝形質を導入する必要があるが，遺伝子組換えはこれを可能にする技術である。

4.1 花の色の成分

植物は20万種類にも及ぶ多様な化合物を合成する能力を持つ。花の色の成分も多様であるが，多くの場合，フラボノイド，カロテノイド，ベタレインが主成分となっている[3]。このうちフラボノイドの，カルコンやオーロン，フラボノールは，淡い黄色を，アントシアニンは，オレンジ，赤，紫，青といった多様な色を呈する。フラボノイドは植物の代表的な二次代謝物で，$C_6C_3C_6$の基本骨格（図2）をもつ。花以外にも果実や葉に含まれ，ブドウや赤ジソのアントシアニンは天然着色料として利用されている。濃い黄色や赤はカロテノイドに由来することが多い。カロテノイドはテルペノイドの仲間である。また，ナデシコ目一部の植物（サボテン，オシロイバナ，ポーチュラカなど）はチロシンから合成されるベタレインと総称される黄色や赤色の化合物を蓄積する。ここでは，最も研究開発が進んでいるフラボノイドについて述べる。

数百分子種のアントシアニンが知られているが，その発色団であるアントシアニジンとしては，①オレンジ色から朱色の花に多いペラルゴニジン，②赤色から紅色の花に多いシアニジン，③紫から青色の花に多いデルフィニジンがある（他に，ペオニジン，ペチュニジン，マルビジンがあるが，ペオニジンはシアニジンから，ペチュニジン，マルビジンはデルフィニジンから生合成されるので，ここではこれらをまとめて，シアニジン，デルフィニジンとして扱う）。これらの化

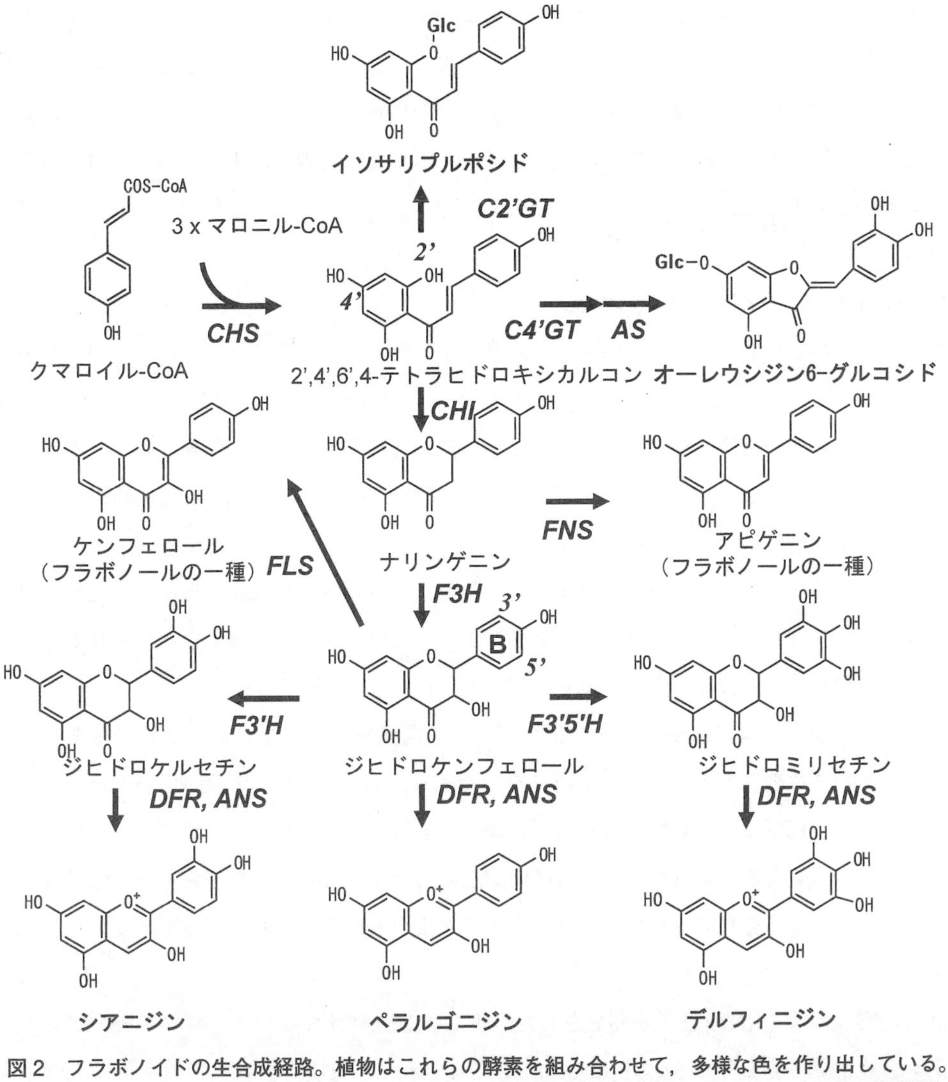

第2章 サントリーの取り組み：遺伝子組換えと新技術

図2 フラボノイドの生合成経路。植物はこれらの酵素を組み合わせて，多様な色を作り出している。CHS，カルコン合成酵素；F3H，フラバノン3-水酸化酵素；F3'H，フラボノイド3'-水酸化酵素；F3'5'H，フラボノイド3',5'-水酸化酵素；DFR，ジヒドロフラボノール4-還元酵素；ANS，アントシアニジン合成酵素；C2'GT，カルコン2'糖転移酵素；C4'GT，カルコン4'糖転移酵素；AS，オーロン合成酵素；FNS，フラボン合成酵素；FLS，フラボノール合成酵素。

合物の構造的な差異はB環の水酸基数で，水酸基数が増えるほど色は青くなる（図2）。アントシアニンを含むフラボノイドの生合成経路は植物種間で共通している。フラボノイドは細胞質で生合成され，糖やアシル基が付加した後に，液胞へと輸送され蓄積されることが多い。

図2に示した酵素の構造遺伝子はすべてクローニングされている。B環の水酸基数はフラボノイド3'-水酸化酵素とフラボノイド3',5'-水酸化酵素により決められる。両酵素の遺伝子を含め，

フラボノイド生合成に関わる遺伝子の発現を人為的に操作することにより，アントシアニンの構造と量を改変し，花色を変えることができる。このような手法は代謝工学とも呼ばれる。目的の化合物を蓄積するために必要な酵素の遺伝子を目的の植物で発現させるとともに，その酵素と基質を取り合う酵素遺伝子の発現を抑制する必要がある。花の色の代謝工学については筆者らの総説を参考にして頂きたい[4]。

4.2 白いトレニアやペチュニアの作製

アントシアニン合成にかかわるいずれかの遺伝子の発現を抑制すると，花の色は白くなることが，ペチュニア，トレニア，リンドウ，キクなど多くの植物で報告されている[4]。現段階では植物においては目的の遺伝子を染色体レベルで不可逆的に破壊することは困難なので，かつてはアンチセンス法，コサプレッション法により，近年ではRNAi法により，発現を抑制する。いずれの方法も転写後の抑制である。

ペチュニア品種サフィニアパープルミニ（赤紫色）のカルコン合成酵素遺伝子の発現をアンチセンス法により抑制すると白い系統やアントシアニン量が減少し色が薄くなった系統が得られるが，色が安定せず，花弁の一部が赤紫色に戻る[5]。トレニア品種サマーウェーブブルーのカルコン合成酵素（CHS）遺伝子やジヒドロフラボノール還元酵素（DFR）遺伝子の発現を抑制すると白い品種や4枚の花弁のうち2枚が白くなった系統が得られた[6]。比較的色が安定している系統を選抜し，小規模な野外栽培を行った（カルタヘナ法が施行される前）が，やはり色は不安定でアントシアニン合成と花色が元に戻る傾向が認められた。また，フラボノイドは紫外線などから植物体を守る機能を有するためか，フラボノイド生合成が抑制された組換え植物の生育はあまりよくなかった。

以上の実験の後，RNAi法[7]が開発された。トレニア品種サマーウェーブブルーのアントシアニジン合成酵素の遺伝子の発現をRNAi法で抑制すると，組換えトレニアの半数以上の系統の花が白く変化した[8]。これらを温室で栽培し，安定に白い花を咲かせる系統を選抜した。ところが，これらを野外で栽培すると生育が悪かったり，アントシアニンの蓄積が見られたりする。転写後の遺伝子抑制に頼る場合は，形質が不安定になりがちであり，目的遺伝子を不可逆的に取り除く方法の開発が待たれる。相同組換えによる遺伝子のノックアウトは，高等植物では，イネやアラビドプシスで報告されているが[9]，まだ多くの植物に適応できる技術ではない。

4.3 黄色い花を作る

カルコン，オーロンといったフラボノイドは黄色い色を呈する。ゼラニウム，ツツジなどには黄色の品種がない。江戸時代のアサガオには「菜の花のように黄色い」品種があったとされるが，

第 2 章　サントリーの取り組み：遺伝子組換えと新技術

　現在のアサガオにはそれほど黄色い品種はない。一方で，品種改良が進み，かつては黄色品種がないとされたシクラメン，ニチニチソウなどでは，テトラヒドロキシカルコン（THC）2'-グルコシド（イソサリプルポシド）の蓄積により，淡い黄色の品種が作出されている。カーネーションやシクラメンの花では，カルコン異性化酵素（CHI）遺伝子が変異し，内在性のTHCに糖を転移する酵素によりイソサリプルポシドが蓄積すると，黄色くなる。

　遺伝子組換えの手法を用いて黄色い花を作る試みもされている。黄色のフラボノイドであるカルコンやオーロン（図2）の蓄積機構が近年解明された。カーネーションは複数のTHC2'-糖転移酵素遺伝子を持つことが示唆されている[10, 11]。

　サントリーは，キンギョソウのオーロン合成経路に着目して研究を行い，キンギョソウでは，①細胞質でTHC4'-糖転移酵素によりTHCの4'位が配糖化され，②合成されたTHC4'-配糖体が液胞に輸送され，③液胞に存在するオーロン合成酵素[12]によりオーレウシジン6-配糖体に変換される，ことを明らかにした。カルコン4'-糖転移酵素とオーロン合成酵素の遺伝子をトレニア（キンギョソウと同じコマノハグサ科に属する）に導入すると，オーレウシジン6-配糖体が蓄積した。見た目に黄色く見えるためには，アントシアニンの合成をフラバノン3-水酸化酵素あるいはDFR遺伝子の発現の抑制によりブロックする必要があった[13]。残念ながら得られたトレニアの色はあまり安定ではなかった。また，これらの遺伝子を導入したペチュニアではオーレウシジンの蓄積は認められず，オーロンによる黄色い花の開発にはまだ課題があることが示された。

　より濃い黄色い花を実現するためには，カロテノイドを花弁で蓄積させる方がよいかもしれない。実際，栽培バラ（*Rosa hybrida*）の濃い黄色はカロテノイドに由来する。この形質は，西アジアの野生の黄色いバラ *Rosa foetida* を交雑することで導入された。遺伝子組換えによるカロテノイドの研究に関しては，ビタミンA不足を解消するために開発された，カロテノイドを蓄積するゴールデンライスの例が有名である[14]。また，キクにおいては，花弁で発現しているカロテノイド分解酵素がカロテノイドを分解するため，白い花が生じていること，この酵素の発現を抑制すると白いキクが黄色くなることが㈳農業・食品産業技術総合研究機構花き研究所により報告されている[15]。

4.4　赤い花を作る

　植物の中にはペラルゴニジンを蓄積しない植物もあり，このような植物にはオレンジ色や鮮やかな赤の品種がない。たとえば，ペチュニアは，そのDFRがジヒドロケンフェロールを還元できないためペラルゴニジンを蓄積しない。同様な理由でペラルゴニジンを蓄積しない植物は多いと思われる。ジヒドロケンフェロールを還元できるDFRの遺伝子をこれらの植物に導入して発

現させればペラルゴニジンが合成されることが期待されるが，実際には単に発現させるだけでは，もともと植物が持つシアニジン，デルフィニジン，フラボノールを合成する酵素との競合があるため，ペラルゴニジンは蓄積しない。ペラルゴニジンの蓄積には，競合する酵素が欠損している品種を選ぶか，競合する酵素を人為的に抑制する必要がある。

F3'5'H，F3'H，フラボノール合成酵素（FLS）が欠損している遺伝解析用のペチュニアに，構成的なプロモーターに連結したトウモロコシDFR遺伝子を導入すると，ペラルゴニジンが蓄積し，花色がオレンジ色になった品種が1987年に報告された[16]。これが遺伝子組換えで花色が変化した最初の報告であった。このペチュニアを交配親として，濃いオレンジ色で花きとして生育特性のよいペチュニアが育成された[17]。残念ながら，このペチュニアは販売されていないが，遺伝子組換えと交配を組み合わせて品種改良に生かしていくという手法が今後は一般的になるであろう。同様のペチュニアが，ガーベラやバラのDFR遺伝子を発現させることによって得られている。

遺伝子が欠損している植物を使わなくても，人為的にF3'5'H，F3'H，FLS遺伝子などを抑制することも可能である。シアニジンを蓄積するペチュニアのF3'H遺伝子を抑制し，バラのDFR遺伝子を発現させることにより，ペラルゴニジンを蓄積するオレンジ色のペチュニアを得た[5]。トレニア品種サマーウェーブブルーのF3'H遺伝子，F3'5'H遺伝子の発現を抑制し，同時にゼラニウムやバラのDFR遺伝子を発現させると，ペラルゴニジン型のアントシアニンが蓄積し，その量により花色はピンクから赤になる。また，タバコにおいては，F3'HとFLS遺伝子を抑制し，ガーベラのDFRを発現することにより，ペラルゴニジンが蓄積した赤い花が得られた[18]。同様な手法で，ペラルゴニジンを蓄積する赤いリンドウ，アイリス，トルコギキョウができる日もあるかもしれない。ただこれらの種の売上げは，さほど多くないため，開発と生物多様性影響評価のコストを考えると，サントリー含め民間企業としては取り組みにくいと思われる。

4.5 青い花を作る

青い花は，様々な工夫を凝らして花の色を青くしている[19]。まず，デルフィニジンを発色団とするアントシアニンを蓄積することが多い。さらに，アントシアニンに芳香族アシル基の数が結合する。特に二つ以上の芳香族アシル基をもつアントシアンはポリアシル化アントシアニン（リンドウ，サイネリア，デルフィニウムなどに含まれる）と呼ばれ，安定な青い色を呈する。アントシアニン自身の構造のほかに，共存するフラボノイド（コピグメントと呼ばれる）や金属イオン（アルミニウム，鉄など），液胞のpHなどによっても花の色は変化する。たとえば，フラボンやフラボノールは，代表的なコピグメントで，アントシアニンと共存すると複合体を形成し，色を青くし，濃く見えるようにする効果がある。液胞のpHが低いとアントシアニンは赤くなり，

第2章 サントリーの取り組み：遺伝子組換えと新技術

中性付近で青くなる。

したがって，青い花を作る方策はいろいろあるが，B環の水酸化によりデルフィニジンを生産するという手法が，①花色への効果が大きいこと，②水酸基の数は単一の酵素（F3'5'H）が触媒する単純な酵素反応により決まることから，実現可能な手法だと考えられた。実際，切り花として代表的な，バラ，キク，カーネーション，ユリ，ガーベラ（これらで切り花市場の売上げの60％程度を占める）には，青や紫の品種がない。その理由は，これらの種はデルフィニジン合成に必要なF3'5'Hを持たないためである。F3'5'H遺伝子をこれらの植物で発現させることができれば，花の色は青くなり，新しい品種ができることが期待できる。サントリーはFlorigene社（オーストラリア）と共同で1990年に，F3'5'H遺伝子の発現により青い花を作るというプロジェクトを開始した。1991年には他社に先駆けて，ペチュニアからその遺伝子を取得することができた[20]。また，カーネーション，バラの形質転換系を開発した。

4.6 青いカーネーション「ムーンダスト」の開発

構成的プロモーターに連結したF3'5'H遺伝子を，ペラルゴニジンを蓄積している赤いカーネーションに導入するとデルフィニジンが蓄積し，花の色はやや青みを帯びた。しかし，デルフィニジン含量は最大60％程度にとどまり，残りはペラルゴニジンであった。ペラルゴニジンが残るのは，導入遺伝子由来であるF3'5'Hがカーネーションのvia DFRとの基質（ジヒドロケンフェロール）の取り合いに完全には打ち勝てないためであると推察される。そこで，DFR遺伝子のみが機能していない白いカーネーション品種にF3'5'H遺伝子とペチュニアのDFR（ペチュニアのDFRはジヒドロミリセチンを効率よく還元し，ジヒドロケンフェロールを還元しないというデルフィニジンの生産に都合のよい基質特異性を持つ）遺伝子を導入したところ，デルフィニジンが効率よく生合成され，ほぼデルフィニジンのみを含む青紫色のカーネーションを得ることができた[21]（写真1）。

F3'5'H遺伝子の起源植物や，使用するプロモーター，宿主のカーネーションの品種によって，合成されるデルフィニジンの量と花色はまちまちである。これらの中から色や生産性などを考慮して現在計6品種（スプレー品種2種，スタンダード品種4種）を選別した。現在では，コロンビア，エクアドル（赤道直下の高地で，常春の気候がカーネーションやバラの栽培に適するため，輸出用の花き栽培が盛んである）で栽培し，日米欧へ輸出している。国内では，そのうち5品種が「ムーンダスト」という商品名で販売されている（http://www.florigene.com.au, http://www.moondust.co.jp）。

この青いカーネーションは遺伝子組換え植物であるので，カルタヘナ法に従い（図1），生物の多様性への影響評価を実施した。国内にはカーネーションの野生種はないが，同じナデシコ科

写真1　遺伝子組換えカーネーション（口絵参照）

のカワラナデシコなどが自生する。得られた遺伝子組換えカーネーションには花粉がないか，あっても花粉の稔性がないため，ナデシコへの影響などは考えられず，他の評価項目においても生物多様性に影響するような問題がなかったため，国内での生産，流通，販売などの認可がされている。ムーンダストは，花きでは唯一商業化されている遺伝子組換え植物で，また，国内で販売されている唯一の遺伝子組換え植物である。

4.7　青いバラの開発

市販品種や京成バラ園芸株式会社の試作品種から選抜した青くなりそうな素質のある品種（具体的には，フラボノールが含まれる，液胞 pH が高いなどの条件を満たす品種）にパンジー由来の F3'5'H 遺伝子を導入したところ，いくつかの品種でデルフィニジンが総アントシアニジン量の 90% 以上になり，色が従来のバラにはない青紫色に変化した[22]（写真2）。これらのうちの2系統について，カルタヘナ法に基づく生物多様性影響評価を実施した。栽培バラ（4倍体）と国内の野生バラ（ほとんどが2倍体）の間に自然条件で交雑が起こることはないと考えられたが，これを野生種のバラの種子を DNA 鑑定することにより実証した。また，今回申請したバラの系統は着色する表皮細胞には導入遺伝子は入っているが，花粉などの生殖細胞には遺伝子が入っていないキメラ植物であることを示した。この組換えバラを栽培しても生物多様性に影響しないと認められ，平成20年1月31日付で農林水産省と環境省から国内での生産，販売の認可を受けた。現在平成21年からの販売に向けて，生産体制を整えるとともに，流通や販売方法の検討を行っている。

第2章 サントリーの取り組み：遺伝子組換えと新技術

写真2 遺伝子組換えバラ（口絵参照）

　また，バラが元々持っているシアニジンやペラルゴニジンを合成する代謝経路と，導入したF3'5'Hとの競争（基質の取り合い）を防ぐために，バラのジヒドロフラボノール4-還元酵素（DFR）遺伝子の発現を抑制し，同時にパンジーのF3'5'H遺伝子とアイリスのDFRの遺伝子を過剰発現した。この場合，デルフィニジンがほぼ100％となり，品種によっては花は今までのバラにはない青い色を帯びた。このバラを交配親として用いると，デルフィニジンをほぼ100％合成するという形質は，次世代にも遺伝することを確認している[22]。今後のバラの育種には，ペラルゴニジン，シアニジン，黄色のカロテノイドの他に，デルフィニジンというバラにとっては新しい色素を利用できるようになる。この性質を育種プログラムに取り入れれば，何十年後には，栽培バラの花色はずいぶん多彩になり，さまざまな青いバラが数多く誕生しているだろう。

　また，上述のように花の色が青くなるためにはいろいろな条件がある。この条件のうち，たとえばフラボンの合成を触媒するフラボン合成酵素遺伝子[23]はすでに得られている。花の色を青くする多くの遺伝子をバラやカーネーションでうまく発現できれば，もっと青い品種が誕生するだろう。

5　日持ちのよいカーネーションの開発

　一部の花や果物の老化は植物ホルモンであるエチレンにより促進される。カーネーションでは，

収穫後数日するとエチレン合成が盛んになり，老化が進み，1週間ほどで鑑賞価値を失う。多くの場合，切り花は出荷段階で日持ち剤処理（チオ硫酸銀など）がされているため，2～3週間は日持ちする。特にチオ硫酸銀は，銀イオンがエチレンによる老化のシグナルトランスダクションを阻害することから，効果の強い日持ち剤である。ただ銀イオンは重金属であるため，環境汚染が危惧され，国によっては規制の動きがある。

エチレンは，S-アデノシルメチオニンから，アミノシクロプロパンカルボン酸（ACC）合成酵素と ACC 酸化酵素の 2 種の酵素の働きによって合成される。これらの遺伝子の発現を抑制することにより，日持ちのするトマトやメロンが開発された（ただ，商品化にはいたらなかった）。Florigene 社はいずれかの酵素遺伝子の発現を抑制することによりエチレン合成を抑止し，日持ちがよくなったカーネーションを開発することに成功した[24]。このカーネーションは，銀イオン処理した場合と同等の日持ちを示した。日本でも開放形利用の認可（カルタヘナ施行前）をいくつかの系統で取得したが，銀イオンにより切り花カーネーションを処理する方が，コスト，簡便さ，有効性，どの品種にでも使えるといった利点が多く，銀イオンに対する規制のない現状では，競争力がなく，残念ながら商品化を見送った。

6 サントリーの新しい取り組み

6.1 環境浄化植物の開発

サントリー商品のほとんどが自然の恵みで成り立っており，ウイスキー，ビール，清涼飲料は，大麦・ホップ・茶葉・果実をはじめとした農作物と，清らかな水を原料として作られる。また，2005 年から，「人と自然と響きあう」という企業理念を，より広く社会と共有するために，コーポレートメッセージ「水と生きる SUNTORY」を新たに掲げた。この言葉は，"地球にとって有限で貴重な資源である水を守り"，また，"文化社会貢献活動を通じて社会と共生する社会にとっての水となる"ということに加え，"水のように柔軟でつねに新しいテーマに挑戦していこう"というサントリーグループの決意を表している。このような考えに沿って，水質浄化植物の開発に取り組んでいる。

環境浄化（ファイトレメディエーション）に植物を利用しようという試みは以前からあるが，実際にはそれほど普及していない。その理由の一つに，汚染物質に対する吸収力が既存の植物では十分ではないことが挙げられる。

富栄養化現象（水質汚染）の主要な原因物質はリンや窒素で，中でもリンは赤潮やアオコの発生要因となっている。自然のヨシなどでもリンの吸収は可能であるが景観の観点からは地味であり，ホテイアオイやウォーターレタスがはびこるため生物多様性確保の観点からは適切な植物と

第2章　サントリーの取り組み：遺伝子組換えと新技術

は言えない。サントリーはアラビドプシスのリン酸代謝の転写因子をトレニアに導入することにより，リンの吸収力がホテイアオイ並みに強化され，花も楽しむことができる植物を開発した。また，リンはリン鉱石に由来する限りある資源で，産出国である米国や中国では輸出を制限している上，価格も急騰している。回収した植物体を乾燥し，そのまま堆肥に利用できれば循環型社会の構築の一助になるのではないかと期待している。現在オーストラリアで組換えトレニアの性能評価のために野外試験を計画している。

6.2　環境緑化事業

　遺伝子組換え技術を用いているわけではないが，サントリーの直近の取り組みを紹介したい。植物の育成には，水と空気のバランスがとても重要で，根にも十分な酸素供給を行うことで，植物の成長を促進できる。根の周りに多量の空気を供給する独自素材の人工培土の技術開発に取り組み，植物の生育が優れた軽量でクリーンな「パフカル」の開発に成功した。「パフカル」は，一般の保水スポンジとは異なり，上部から下部までほぼ均一に水分と空気のバランスを保持し続けられるのが大きな特徴で，水と空気の適切なバランスにより，植物が元気に育ち，根腐れの心配もなく，成型されているので，土のように崩れて周囲を汚すこともない。また，水を含んだ状態で土の約半分と軽量である。2008年に，この「パフカル」を活用し，土を使わないビルの屋上緑化や壁面の緑化などを提供する環境緑化事業をスタートさせた。

7　おわりに

　国内種苗会社の花きの開発能力は高いが，遺伝子組換えやDNAマーカー育種はそれほど行われていないようである（少なくとも顕在化していない）。海外では，Mendel Biotechnology社（米国）とセレクタクレム社（ドイツ）が共同でOrnamental Biosciences社を設立し，乾燥や暑い気候に耐性のあるインパチエンス，ゼラニウム，ポインセチアなどを，転写調節因子遺伝子を利用することにより，作出しようとしている。また，同社はやはり転写調節因子を用いた耐病性の花きの開発にも取り組む計画である[25]。

　イスラエルの企業やフロリダ大学では花の香りを変える研究がされている。一方で，Nova Flora社（米国）のように，遺伝子組換え植物を商業化する際に必要な認可取得コストが高いために，遺伝子組換えによる品種改良プログラムを打ち切り，突然変異による品種改良に取り組む企業もある[25]。

　花きの育種に遺伝子組換え技術が今後どの程度役立っていくのかは，植物科学の進展とともに，商業化に必要な認可のコストを含め，開発コストを大幅に下げる必要がある[2]。

文　献

1) T. Kanaya *et al.*, *Plant Biotechnol.*, **25**, 91 (2008)
2) S. Chandler *et al.*, *Crit. Rev. Plant Sci.*, **26**, 169 (2007)
3) Y. Tanaka *et al.*, *Plant J.*, **54**, 733 (2008)
4) Y. Tanaka *et al.*, *Curr. Opin. Biotechnol.*, **19**, 190 (2008)
5) S. Tsuda *et al.*, *Plant Biotechnol.*, **21**, 377 (2004)
6) K. Suzuki *et al.*, *Molecular Breeding*, **6**, 239 (2000)
7) P. M. Waterhouse *et al.*, *Proc. Natl. Acad. Sci. USA*, **95**, 13959 (1998)
8) N. Nakamura *et al.*, *Plant Biotechnol.*, **23**, 13 (2006)
9) R. Terada *et al.*, *Plant Physiol.*, **144**, 846 (2007)
10) J. Ogata *et al.*, *Plant Biotechnol.*, **21**, 367 (2004)
11) H. Okuhara *et al.*, *Plant Cell Physiol.*, **45**, s133 (2004)
12) T. Nakayama *et al.*, *Science*, **290**, 1163 (2000)
13) E. Ono *et al.*, *Proc. Natl. Acad. Sci. USA*, **103**, 11075 (2006)
14) J. A. Paine *et al.*, *Nat. Biotechnol.*, **23**, 482 (2005)
15) A. Ohmiya *et al.*, *Plant Physiol.*, **142**, 1193 (2006)
16) P. Meyer *et al.*, *Nature*, **330**, 677 (1987)
17) J. S. N. Oud *et al.*, *Euphytica*, **85**, 403 (1995)
18) T. Nakatsuka *et al.*, *Plant Cell Rep.*, **26**, 1951 (2007)
19) 斎藤規夫, 蛋白質核酸酵素, **47**, 202 (2002)
20) T. A. Holton *et al.*, *Nature*, **366**, 276 (1993)
21) Y. Fukui *et al.*, *Phytochemistry*, **63**, 15 (2003)
22) Y. Katsumoto *et al.*, *Plant Cell Physiol.*, **48**, 1589 (2007)
23) T. Akashi *et al.*, *Plant Cell Physiol.*, **40**, 1182 (1999)
24) K. W. Savin *et al.*, *Hort. Sci.*, **30**, 970 (1995)
25) C. Potera, *Nat. Biotechnol.*, **25**, 963 (2007)

第3章 BASFプラントサイエンス社の取り組み

中島綾子*

1 BASFについて

BASF（ビーエーエスエフ）は，「ザ・ケミカルカンパニー（The Chemical Company）」を標語に掲げるドイツを本拠地とする総合化学会社である。BASFの製品は，化学品，プラスチック，高機能製品，農業・栄養関連製品から，原油や天然ガスに至るまで多岐にわたっている。従業員数は9万5000人超，2007年には約580億ユーロの売上高を計上した。

2 BASFプラントバイオテクノロジーの基本方針

BASFは，マイクロエレクトロニクスや情報技術とともに，バイオテクノロジーを21世紀で最も期待されるテクノロジーの一つであると位置付けている。

バイオテクノロジーは，農産物や機能性成分を，従来の農業に比べて効率的に生産することを可能にする。このことを通じ，資源を保護し，持続可能な社会に貢献している。BASFは，バイオテクノロジーが持つこのような可能性の実現を研究目標としている。

バイオテクノロジーは一般的に三つの領域に分けて考えられる。育種や植物の遺伝子組換えに関わる植物バイオテクノロジー領域，酵素や微生物を利用して，化学製品や生化学製品を製造する工業バイオテクノロジー領域，バクテリア，細胞培養等を利用してインスリンを始めとする医薬品を製造する医薬品バイオテクノロジー領域である。BASFは現在植物バイオテクノロジーの分野で事業展開を目指して，研究開発投資を行っている。

3 BASFプラントサイエンス社について

世界的な人口増加に伴い，食糧増産は21世紀における重要課題である。今後25年間で増加するであろう食糧需要を確保するために，農業分野における土地の生産性を現在のほぼ2倍に高めることが必要であると言われている。BASFは植物バイオテクノロジーを用いてこの需要に対

---

* Ayako Nakashima　BASFアグロ㈱　開発登録本部

応する新たな農業手法を確立し，事業展開をはかるために，1998年に植物バイオテクノロジーに特化したBASFプラントサイエンス社を設立した。BASFプラントサイエンス社は，メタノミクス社やクロップデザイン社などのベンチャー企業を傘下におき，ヨーロッパ，北アメリカ等5カ国8カ所の研究施設を有し，ここでは現在約700人の従業員が働いている。BASFプラントサイエンス社はヨーロッパ，アメリカ，アジア等の世界中の研究機関，大学，バイオ関連会社とも数多くの協力関係を築いてきた。2006年から2008年の間にBASFは植物バイオテクノロジーの研究と開発分野に総額3億3千万ユーロを投資している。

　BASFプラントサイエンス社では植物バイオテクノロジーの中でも次の三つの領域に集中し，研究開発を行っている。

① 害虫，病害，干ばつ等の外的ストレスに対して耐性をもつ作物を開発し，農業生産の拡大に貢献すること。

② 食料や飼料として脂質やタンパク質などの構成成分を最適化して，ヒトの健康や家畜の栄養要求に効率的にこたえること。例えば，魚油や植物油に含まれるオメガ-3脂肪酸などはヒトの健康に必須であるが，摂取量が限られている。そこでBASFプラントサイエンス社では，ヒトの栄養源として摂取できるようなヒトの健康に役立つ高機能性農産物を開発する分野として，オメガ-3脂肪酸のような健康的な植物油を生産するための遺伝子組換え作物を研究している。

③ 作物を価値の高い化合物を効率的に生産する場として利用することで，コスト削減をはかり，同時に従来の化学合成法にくらべ環境への負荷を軽減すること。現在商品化に向けた研究開発を行っている遺伝子組換え作物としては，紙，布，接着剤の製造に使用する質の高いデンプンを生産するジャガイモが挙げられる。この方法は，従来のデンプン生産における不要な副産物が出ないことにより，生産や廃棄物処理に投ぜられるエネルギーや資源を削減できると考えられる。

4　BASFプラントサイエンス社の研究拠点の紹介

4.1　メタノミクス社

　この会社は，ベルリンにありメタボリック・プロファイリングの先端企業と位置づけられる。様々な植物の代謝機能を認識し，特殊な性質をもつ植物を開発することができる非常にユニークで革新的な研究開発能力を有している。メタノミクス社にあるデータベースには，約35,000の植物遺伝子と関連するメタボリック・プロファイルが入っている。

第3章　BASFプラントサイエンス社の取り組み

4.2　サンジーン社

　サンジーン社は導入遺伝子が植物中で機能発現するメカニズムについて研究を行っている。メタノミクス社が有用な遺伝子を特定し，サンジーン社はその遺伝子が目的とする植物で効率よく機能するように技術開発を行っている。

4.3　クロップデザイン社

　ベルギーにあるバイオテクノロジー会社クロップデザインの現在の開発目標はトウモロコシおよびイネの収量を増やすことである。この会社の特色は高機能で自動化された植物のスクリーニングシステムを有することである。このシステムは毎年，10万個体以上のイネを用いて，1000の有用遺伝子の作用機構を調べることができる。このシステムにより，乾燥や低窒素などの様々な生育条件下で遺伝子組換え作物の収量とバイオマスに対する効果を調べることが可能である。

5　BASFプラントサイエンス社の研究

5.1　ジャガイモ疫病耐性遺伝子を野生種から単離

　ジャガイモ疫病は，ジャガイモの20％の収量減をひきおこしていると考えられている。BASFプラントサイエンス社では，ジャガイモ疫病菌に対して耐性をもつ耐病性遺伝子を単離し，栽培品種へ導入した。この疫病耐性ジャガイモは，安定した農業生産を可能にし，農薬の使用を減らすことができると考えられている。

5.2　多価不飽和脂肪酸ナタネ

　BASFプラントサイエンス社は，機能性食品の分野でも研究開発を行っている。心疾患を予防する効果が認められているオメガ3脂肪酸を高濃度含有する植物を開発することに取り組んでいる。BASFプラントサイエンス社はナタネをはじめとする油糧種子作物によるオメガ3脂肪酸の生産を実現させるため藻類やコケを用いて有用遺伝子を探索している。

5.3　有用物質生産の場としての農作物

　植物バイオテクノロジーにより，植物を有用物質製造のために利用することができる。ヨーロッパでは，毎年約200万トンのジャガイモデンプンが，紙，布，接着剤産業向けの糊を製造するために生産されている。デンプンはアミロースとアミロペクチンからなり，糊の製造に使用されるのはアミロペクチンのみである。BASFは，ジャガイモのアミロース含有量を減らし，アミロペクチン含有量をほぼ100％まで増やすことに成功している（図1）。アムフロラと名付けら

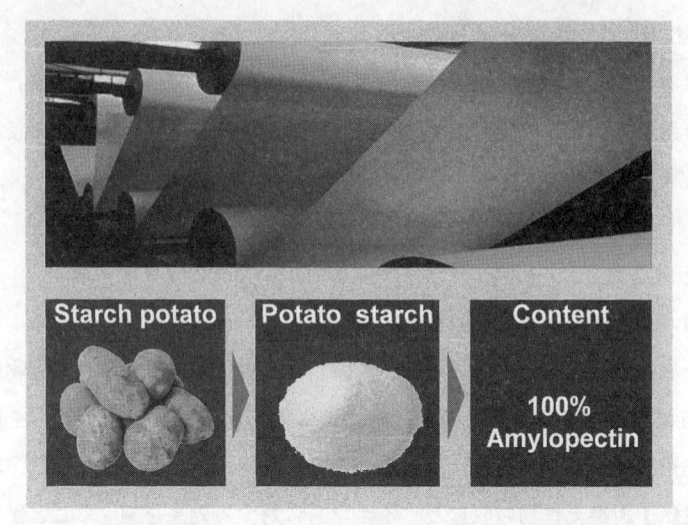

図1　グリーンファクトリーアムフロラ

れたジャガイモ品種は，現在 EU の登録手続きを行っている。

　また，BASF プラントサイエンス社は，アムフロラの栽培からデンプンの工業生産，廃棄物処理に至るまですべてのプロセスを厳重に管理し，生産活動を行うシステムを構築している。BASF プラントサイエンス社が契約した農家には直接アムフロラの種芋が供給され，そこでは従来の食用ジャガイモと完全に分離して栽培され，厳重な管理のもと収穫される計画である。

5.4　従来の育種法によって選抜されたイミダゾリノン系除草剤耐性作物

　除草剤イマザピル，イマザモックスをはじめとするイミダゾリノン系除草剤は，アセトヒドロキシ酸合成酵素（AHAS）/アセト乳酸合成酵素（ALS）を阻害して雑草を枯死させる。突然変異によって生じ，従来の育種法によりイミダゾリノン系除草剤耐性トウモロコシ，コムギ，コメ，ナタネ，ヒマワリが作出された。これらの除草剤耐性作物は，1992 年から商品名クリアフィールド作物として販売されている。

6　イミダゾリノン系除草剤耐性ダイズの日本での野外栽培試験を開始

　BASF プラントサイエンス社はブラジル農業牧畜研究公社（EMBRAPA 研究所）と共同研究を行い，イミダゾリノン系除草剤に対して耐性を有する遺伝子組換えダイズを開発した。このダイズにはシロイヌナズナの突然変異体から単離されたアセトヒドロキシ酸合成酵素を一部改変した遺伝子が導入されている。この遺伝子産物はアセトヒドロキシ酸合成酵素（AHAS）/アセト乳

第3章　BASFプラントサイエンス社の取り組み

酸合成酵素（ALS）のセリン残基からアスパラギン残基の1アミノ酸置換（S653N）を起こしている。AHAS は，分岐鎖アミノ酸（バリン，ロイシン，イソロイシン）生合成の第1段階を触媒する酵素である。通常，イミダゾリノン系除草剤によってこの酵素活性が阻害されるのに対して，この遺伝子を導入したダイズはイミダゾリノン系除草剤に対して耐性を示す。このダイズは従来の遺伝子組換えダイズに比べ除草剤処理回数を半減でき，また従来の技術では防除が困難な雑草も効果的に防除できるという特長を持っている。

第4章　イオンビームによる植物の育種

岡村正愛*

1　はじめに

　イオンビームとは，水素や炭素，ネオンなど，色々な原子のイオンをサイクロトロンやシンクロトロンなどの加速器を使って高速に加速したものである。宇宙には銀河宇宙線といわれる高速のイオンが飛び交っている。この銀河宇宙線と同じような高速のイオンを加速器により地上で作り出したものがイオンビームである。イオンビームは粒子線ともいわれ，がん治療にも使われている。

　イオンビームを植物の品種改良に応用したものが「イオンビーム育種」であり，次の3つの特徴がある[1]。①X線やガンマ線などに比べてイオンビームでは数倍突然変異率が高い。つまり，少ない材料で効率良く目標とする改良が達成できる。②ガンマ線などに比べて突然変異のスペクトルが広く，色々な種類の突然変異を引き起こすことができる。③イオンビームで作った突然変異体には付随する変異が少ない。これらの特徴から，イオンビームによる品種改良は，育種年限の短縮にもつながる。

　2002年，キリンアグリバイオ㈱と㈱日本原子力研究開発機構（JAEA）の共同研究により，2年という従来の半分の期間で，イオンビーム育種によるカーネーションの品種シリーズ育成に世界に先駆けて成功した[2]。その後もイオンビームにより，ポットカーネーション，ガーデニングカーネーション（ガーデンカーネ®），キク，ペチュニアでも各種花色・花形の育成に成功した。市場規模の大きいスプレーカーネーションでは，早生性，豊産性，病害抵抗性に優れ，花もちが良いなどの優れた特徴をもつ品種「ビタル」を材料に，複色変異，赤など4品種をシリーズ化し品種登録した。「レッドビタル」やローズ咲きの「ビームチェリー」など日欧で商品化が進み，「イオンシリーズ」が世界で展開された。このカーネーション品種シリーズだけでも市場販売価格で50億円以上の経済規模となっている[3]。原子力機構が行っている共同研究[1]では，鹿児島県と開発した極少側芽の省力化輪ギク品種「新神」，広島大学と開発した「環境浄化植物 KNOX」など，また理化学研究所の行っている共同研究では2002年以降順次販売されている「バーベナ」や「ペチュニア」など[4]があり，イオンビーム育種は，総計100億円以上の経済効果を生んでい

　＊　Masachika Okamura　キリンアグリバイオ㈱　植物開発研究所　主任研究員

第4章 イオンビームによる植物の育種

ると推定される。これらの成果を踏まえて，2004年4月には全国のイオンビーム育種研究者が一同に会してイオンビーム育種研究会[5]が発足し，学術の振興と実用化の促進を進めている。イオンビーム育種技術は日本で生まれた生粋の国産技術である。

ここでは，イオンビームにより誘導される突然変異の特徴，キリンアグリバイオ㈱と原子力機構高崎研による細胞・組織培養系の利用によるイオンビーム育種の進展，日本で利用可能なイオン照射装置とその特徴，成果について紹介する。

2 イオンビームにより引き起こされる突然変異についての基礎的研究

2.1 TIARAの設立と，基礎研究の充実

約80年以上前に，X線を用いて，大麦とトウモロコシでミュータントが誘導[6]されて以来多くの植物育種研究と基礎的な研究とが行われてきた。イオンビームは，X線やガンマ線などの低LET（線エネルギー付与）放射線と比較して，高い生物効果をもち，局所的に高いエネルギーを付与するため，DNA鎖の切断や，修復しにくい変異を誘導する[7]。

1987年に旧日本原子力研究所（原研）が中心となって放射線高度利用研究計画が策定され，イオンビームを用いた材料・バイオ技術研究のための専用施設TIARA（Takasaki Ion Accelerators for Advanced Radiation Application）が，1991年に世界に先駆けて建設され，AVFサイクロトロン（図1）により人工的にイオンビームを作り出せるようになった。これがきっかけとなって，植物への影響に関する基礎研究が本格的に開始された。この研究からイオンビームによって起こる突然変異の特徴が明らかになり，新品種を効率良く作り出せる可能性が示され，新しい植物育種技術として注目されるようになった。イオンビームのエネルギー付与の特徴を図2に記す[1]。

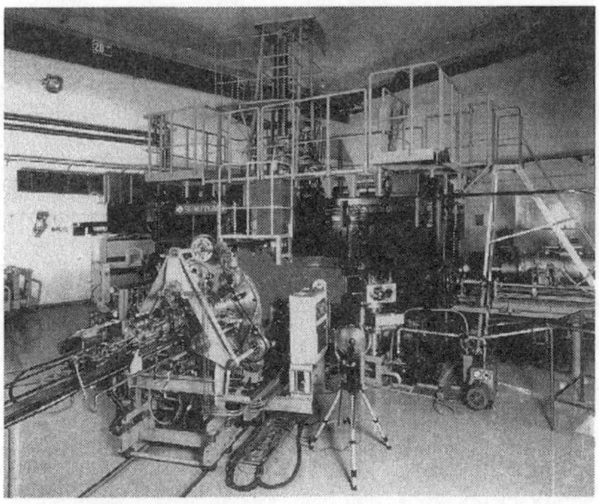

図1　AVFサイクロトロン（日本原子力研究開発機構）

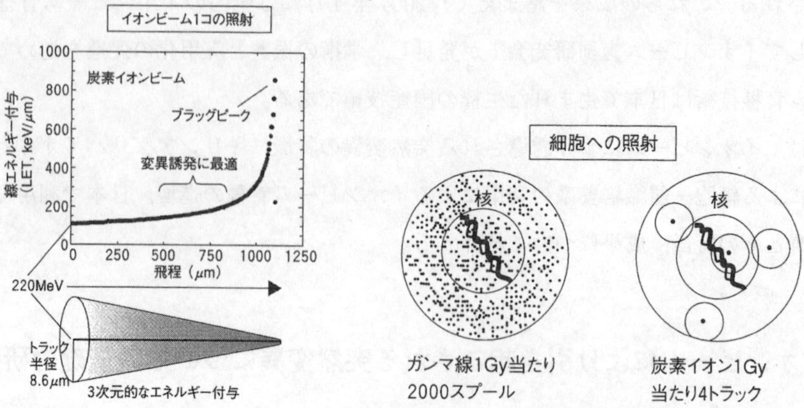

図2　イオンビームのエネルギー付与の特徴[1)]

2.2　イオンビーム照射方法

現在日本で利用可能なイオンビーム照射施設は，㈱理化学研究所，㈱日本原子力研究開発機構，㈶若狭湾エネルギー研究センター，㈱放射線医学総合研究所（NIRS）がある。ここでは，原子力機構での方法を記す。イオンビームの生物学的な影響や突然変異誘発の特徴に関する研究は，モデル植物である，シロイヌナズナや，キク，ペチュニア，イネなどを用いて行われてきた。原子力機構の各種イオンビームの物理的特徴を表1に記す。

サイクロトロンで光速の何分の1にまで加速されたイオンビームは，真空のチャンバーから厚さ30 μmのチタンフィルムの照射窓を通って大気中に出る。この窓から出る部分で，均一に照射野を広げるためにスキャンされ，50 mm角から80 mm角の広さで照射される。照射サンプルは照射窓から10 cmの距離の空気中に配置する。イオンビームの照射深度は1～2 mm程度のため，シロイヌナズナやタバコ種子の場合，100～3,000粒を，ろ紙などの上に置いてカプトンフィ

表1　原子力機構 TIARA のイオンビームの物理的特徴

イオン	エネルギー（MeV）	LET（keV/μm）	水中飛程（mm）
e	2	0.20	9
He	50	19	1.7
He	100	9.1	6.2
C	220	120	1.2
C	320	86	2.3
Ne	260	504	0.3

第4章　イオンビームによる植物の育種

ルム（厚さ8μm）で覆って一層の状態にして照射する。イネやムギの種子の場合は胚のある面を上にして照射する。シャーレ培養物の場合はオートクレーブ殺菌したカプトンフィルムでシャーレ表面を覆って，無菌状態を維持しつつ，イオンビームエネルギーをロスしないようにして照射する。1サンプルの照射は多くの場合3分以内で終了する。

　220 MeVの炭素イオンでは水中で約1.2 mmほどしか進まない。これはガンマ線や電子線ではLETが0.2 keV/μmと低いのに対して，220 MeV炭素イオンは約100～200 keV/μmと500倍以上も高いためである。

2.3　イオンビームにより誘導される突然変異の特徴

2.3.1　突然変異頻度

　原子力機構の田中ら[1]の研究から紹介する。原子力機構では，イオンビームにより誘導される突然変異の特徴を遺伝子座レベルでの変異率から調査した。シロイヌナズナの*tt*変異（transparent testa；色素合成系のmutationで種皮が透明となる），*gl*変異（glaborous；茎葉が無毛となる変異）の遺伝子座について，電子線と炭素イオンビームの比較を行った（表2）。電子線はガンマ線と同等の生物効果をもつ低LET放射線である。この実験では生存への効果が同じレベルということで，炭素イオン150 Gy（グレイ）と電子線750 Gyを用いているので，実際に得られる突然変異体の数は，炭素イオンのほうが電子線の約3.5倍程度多いことになる[1]。これは20万個体に及ぶ試験の結果得られた知見であるが，今後さらに変異率の線量依存性や遺伝子座による変異率の差などが明らかにされていくであろう。

2.3.2　突然変異のスペクトル

　突然変異のスペクトルについての研究では永富ら[8]によるキクを用いた試験がある。キク品種「太平」（桃花弁）の花弁にガンマ線と炭素イオンビームを照射し，再生した植物体の変異を調査した。その結果，ガンマ線では桃色の濃淡の変異体が数多く出現するのに対し，イオンビーム照

表2　炭素イオンと電子線によるシロイヌナズナ*tt*, *gl*遺伝子座の誘発突然変異[1]

変異源 （線量）	調査遺伝子座	突然変異率（×10⁻⁶） （遺伝子座／細胞／Gy）	突然変異の種類（％）	
			点様突然変異	大きな構造変化
炭素イオン （150 Gy）	*tt 3*, *tt 4*, *tt 5*, *tt 6*, *tt 7*, *tt 18*, *tt 19* *gl 1*, *gl 2*, *gl 3*, *ttg 1*, *ttg 2*	1.9	50	50
電子線 （750 Gy）	*tt 3*, *tt 4*, *tt 5*, *tt 6*, *tt 7*, *tt 18*, *tt 19* *gl 1*, *gl 2*, *gl 3* *ttg 1*, *ttg 2*	0.11	75	25

アグリバイオビジネス—その魅力と技術動向—

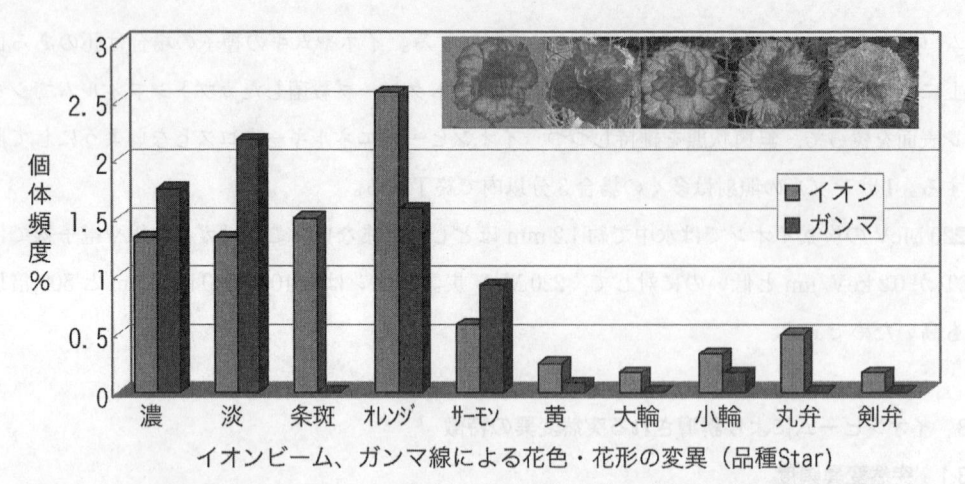

イオンビーム、ガンマ線による花色・花形の変異（品種Star）

図3 カーネーション品種「スター」へのイオンビーム，およびガンマ線照射により出現した花色・花形変異[9]

射では，複色変異やバイカラーの変異体など，ガンマ線では得られなかった花色変異が出現した。突然変異の誘導頻度は，ガンマ線とイオンビームとで大差はなかった。

筆者ら[9]によるカーネーション品種「ビタル」，および「スター」を用いた試験でも，花色の変異の幅はイオンビームのほうが広かった。すなわち，品種「ビタル」では，赤，桃などはガンマ線でも出現したが，条斑，ストライプ，黄色，また丸弁などの変異はイオンビームの場合でしか出現していない。また品種「スター」でも図3に示されているようにオレンジの濃淡やサーモンはガンマ線でも出現したが，ストライプ（条斑）や丸弁，強い剣弁などの変化はイオンビームを照射した場合にだけ出現した。

同様な結果は先に紹介したモデル植物であるシロイヌナズナの tt 変異，gl 変異遺伝子座でも見られているため，特定の植物に限ったことでないようだ。さらなるデータの蓄積が待たれる。またDNAに誘発された変異そのものでも，イオンビームでは逆位や欠失などの大きなDNA構造変化がおき，その接合点の配列を調べた結果，イオンビームでは修復しにくいような変異が誘発されている[1]。

3　イオンビーム育種の進展（キリンアグリバイオ・JAEA共同研究から）

3.1　自然界の進化と品種改良

地球上の生物は天空からの宇宙線や紫外線，地面からのガンマ線などにより絶え間なく照射を受け突然変異を起こし，進化し，現在の生物の多様性をもたらした。突然変異による品種改良は

第4章　イオンビームによる植物の育種

生物進化の原理を応用した園芸植物や農作物の改良技術であり，地球の生態になじんだ技術となっている。これまでに世界で1,900品種以上の登録品種が育成され，その80％が，ガンマ線やX線を利用している。また細胞・組織培養を利用したものが11％，また化学物質によるものが9％となっている[8]。イオンビームはガンマ線などに比べ局所的に大きなエネルギーを与える特徴があり，突然変異誘発などの生物効果が高い。しかし品種改良に有効な線エネルギー付与（LET）をもつ炭素イオンの組織内到達深度は1〜2mm程度であり，実用品種の育成が望まれていた[2]。

3.2　開発の経緯：イオンビームと細胞組織培養系の融合

キリンアグリバイオ㈱は世界35社のグローバルネットワークと，技術力，顧客関係力で新たなアグリバイオ事業を展開している。花卉事業では世界トップシェアのカーネーション（世界苗販売シェア35％）をはじめ，スプレーマム（世界苗販売シェア20％）などの切花や，世界初の八重咲きカランコエ「カランディーバ」，母の日のポットカーネーション（国内販売シェア50％），世界の品種評価会で数々の賞を受賞している匍匐性ペチュニア（世界シェア60％）を有する。バレイショ事業ではグループ会社と植物開発研究所の技術力により開発した「シンシア」など特徴ある新品種を市場に提案している。

植物開発研究所はR&Dの拠点として，世界のグループ会社との連携により育種技術，新品種，大量増殖技術などの研究開発を行なっている。細胞工学分野では，体細胞変異を基に，各種組織特異的変異を併用する手法であるACE（Advanced Cell Engineering）システムを開発し，スプレーギク主力品種などを育成・普及し，培養系と放射線を組合せることの有効性を確認している[10]。

キクやカーネーションでは，優秀な栽培性，花持ち性などをもつ優良品種をさまざまな色揃えをもつ花色シリーズとして展開し，生産者や販売者，最終ユーザーなどのお客様に提供することが必須となる。ところがカーネーション事業の優良品種「ビタル」へのガンマ線の利用では限られた花色しか得られなかった。

原子力機構高崎の材料・バイオ研究のためのイオン照射研究施設（TIARA）の完成により，イオンビームの生物応用研究が可能となった。キリン社はビール原料であるビール大麦やホップの品種改良に60年以上の歴史をもち，放射線利用でも大学，旧原研などとの長年にわたる交流があった。ここにイオンビームとキリン社の細胞組織培養技術の融合による新規育種技術が開発され実用化されることとなった[2,3]。

3.3 組織培養系利用イオンビーム育種：カーネーション品種シリーズ

最初の品種シリーズ育成例となったスプレーカーネーション品種「ビタル」（チェリー桃花色，剣弁）での細胞・組織培養系利用によるイオンビーム育種を紹介する。キリン社ではカーネーションの細胞から植物体を再生する系を開発済であった[11]。その応用により微細組織片からカルスを経ずに直接不定芽を得る，イオンビーム利用に適した培養系を開発した（図4）。この系に原子力機構 TIARA にて炭素イオンビームを照射しソマクローンを再生後，得られた植物体の開花検定により有用変異体を選抜した。

突然変異体の特徴：イオン照射カーネーション系統の開花検定では，桃の濃・淡，サーモン，黄，クリーム，桃白複色，条斑の花色変異，及び丸弁，ナデシコ花弁を得た。ガンマ線では赤，桃，微細斑の花色変異が得られた（表3）。

花色についての変異スペクトルはイオンビーム照射したものが広く，チェリー色や桃色の濃・淡など色素の量的変化による変異，親品種のチェリー色から黄色や赤への質的変異，各種条斑花色などのトランスポゾンの挿入（淡桃）と部分的脱落（チェリー色への回復）による質的変異など，量的変異および質的変異とも変化に富んでいた（図5）。また，イオンビーム育種では花形の変化も多数出現し，ナデシコ形花弁，丸弁などが連続的な変異（剣弁，やや剣弁，やや丸弁，丸弁）として観察された（図6）。また花色が変化しかつ花弁が丸弁化した，2ポイント改良系統も出現した。さらに，注目すべき花形変化として商品価値の高いローズ咲き品種「ビームチェリ

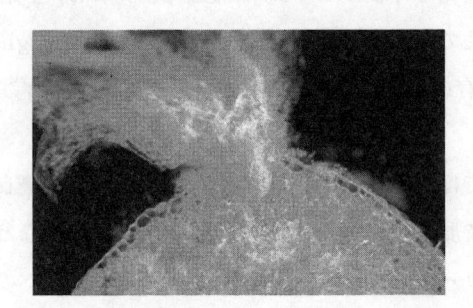

図4 微細組織片からカルスを経ずに直接不定芽を得る培養系[10]

表3 カーネーションへのイオンビーム照射により得られた変異体[9]

スプレーカーネーション品種ビタル（チェリー花色，剣弁）		
220 MeV 炭素イオン	5～30 Gy 変異頻度2.8 %	丸弁（2），淡桃（3），桃（3），濃桃（1），サーモン（2），撫子弁（2），桃白条斑（3），赤（2），桃白複色（2），黄（1），丸弁桃（1），丸弁赤（1），クリーム（1）
ガンマ線	30～100 G 変異頻度2.3 %	桃（4），赤（2），微細斑チェリー（12），微細斑桃（4），丸弁（2），淡桃（2）

第4章　イオンビームによる植物の育種

図5　カーネーションへのイオンビーム照射による花色変異（左上が親品種「ビタル」）[9]（口絵参照）

図6　カーネーションへのイオンビーム照射による花型変異（左上が親品種「ビタル」）[9]

図7　イオンビーム育種カーネーションの商業栽培[9]

ー」も得られ，日欧で商品化された（図7）。

3.4 花培養系利用イオンビーム育種：スプレーギク品種シリーズ化

スプレータイプのキク品種「グランドピンク」（桃）を材料としイオンビーム育種により花色や花形のシリーズを育成した[10]。温室にて育成，開花した植物体から小花を採取し，殺菌処理後，NB 培地（MS 培地，0.1 mg/l NAA，0.5 mg/l BA，3 %蔗糖，0.7 %寒天）にて 2 日間培養したものに，原子力機構高崎 TIARA にて 320 MeV 炭素イオンビームを照射した。照射した培養物はキリンアグリバイオ植物研にて，新しい NB 培地に移植し，不定芽を誘導した。移植 1.5 カ月後に不定芽誘導率を調査した。伸長した不定芽は MS 培地に継代，発根させた後，温室に馴化し，開花検定を実施した。対照試験として，小花への X 線照射，不定芽誘導，再生個体の開花試験を実施した。

炭素イオン照射系統の開花検定では，淡桃，濃桃，オレンジ，濃オレンジ，サーモン，桃の濃淡条斑などの花色変異，及び立花弁，小型花弁などの花形変異，開花時期が早まる早生化変異などを確認した。同品種への X 線照射系統からは，濃桃，オレンジ，サーモンの花色変異，丸弁化変異が得られた（表 4）。炭素イオン 3 Gy 照射区では，12 %という高頻度で花色変異が出現し，

表4 キクへのイオンビーム照射により得られた変異体

スプレーギク品種グランドピンク（花色：桃）		
330 MeV 炭素イオン	1〜10 Gy 変異頻度 9.6 %	淡桃 (5)，濃桃 (4)，矮化濃桃 (1)，濃淡桃条斑 (2)，淡桃鋭弁 (1)，オレンジ (4)，濃オレンジ (2)，サーモン (1)，立花弁 (1)
X 線	5〜30 Gy 変異頻度 6.2 %	濃桃 (3)，オレンジ (1)，サーモン (2)，丸弁化 (2)

図8 キク品種「グランドピンク」へのイオンビーム照射による立花弁化[10]（口絵参照）

第4章 イオンビームによる植物の育種

変異の内容も，条斑，濃オレンジなどのX線照射では出現しなかった花色変異，立花弁（図8）などが得られた。特に濃オレンジ花色は生産者による試験栽培において高い評価を得た。これらの結果から，照射材料，線量，照射法などをより詳細に検討することにより，効率の良い花色・花形変異誘発系が開発できると予想される。イオンビーム育種はキクにおいても有効であり，植物産業に対して強いインパクトをもつとわかった。

3.5 イオンビームの生物効果

スプレーカーネーション葉片培養系で不定芽誘導率が半減する照射量はガンマ線照射で約60 Gyであるのに対し炭素イオン照射では15 Gyであり，炭素イオンはガンマ線に比べて4倍生物効果が高いと推定された。また，桃色，赤色の花色変異体を得た照射量を比べると，イオンでは細胞あたり約20トラック，すなわち細胞核あたり数個のイオンヒットであるに対し，ガンマ線ではその3000倍のスプール数が必要であった。これらによりイオンビームは低い照射量で突然変異を起こすことができ，その結果副次的な遺伝子変異が少ない一部の形質のみが変化した新品種を効率よく作出できると考えられる。イオンビームではエネルギー付与が集中するため，数少ない遺伝子のみが変異する確率が高くなり，意図する性質が変化したワンポイント改良品種を効率よく作ることが可能と考えられる。また，この特徴により他の変異誘発法と比べ変異のスペクトルが広がったと考えられる。どちらも育種上重要な知見である[10]。

キク品種「グランドピンク」花培養系への照射の影響は炭素イオンビーム照射とX線照射で異なり，不定芽再生率が半減する線量は炭素イオンで約6 Gy，X線で約30 Gyとなり，炭素イオンはX線の約5倍相当の生物効果があると推定された[10]。

3.6 複合抵抗性をもつキクへのイオンビーム照射によるシリーズ化

イオンビーム育種では，2～3年という短期間に1色のカーネーション品種から10色以上の花色シリーズ，4通り以上の花形を育成でき，ワックス添加などストレス耐性形質改良が可能であることを示した[9]。複合抵抗性などの有用形質をもつ形質転換体へイオンビームを応用するシステムを開発することにより，各色・形の品種を各々分子育種技術で育成するのに比べ，極めて低コストで複合抵抗性品種をシリーズ化する手法を確立できる。

キクの栽培は，栄養繁殖した挿し穂を用いて行われているため，栄養繁殖の集団でRNA病原体（ウイルス，ウイロイド）が蔓延し易いが，これらに対する効果的な農薬は知られていない。キリン社ではRNA病原体（ウイルス，ウイロイド）複合抵抗性キクを育成した[12]。このキクは，二重鎖RNA特異的分解酵素（Pac1）遺伝子を導入し，植物体内での病原体濃度を低下させて病害による被害を軽減する事ができる（図9）。農林水産省の指針に基づく栽培試験を行った結果，

図9 ウイルス・ウイロイド複合抵抗性キクへのウイロイド接種後の生育（左から，親品種・接種，親品種・非接種，組換体・接種，組換体・非接種）抵抗性キクは接種後も非接種個体と同様に生育。

表5 複合抵抗性をもつキクへの 320 MeV 炭素イオンビーム照射による花色の変化

照射量	得られた花色変異
5 Gy；	Light Pink (4), Dark Pink (2), Bronze (2)
10 Gy；	Dark Pink (2), Salmon (2), White (1)
12 Gy；	White (1), Yellow (2)

図10 ウイルス・ウイロイド複合抵抗性キクへのイオンビーム照射による花色変異（左上が新品種）[13]（口絵参照）

第4章　イオンビームによる植物の育種

Pac1遺伝子導入によって得られるRNA病原体に対する抵抗性以外には非組換え系統と組換え系統で有意な差異はなかった。導入したPac1遺伝子は，酵母 *Schizosaccharomyces pombe* 由来である。この酵母は世界各地で醸造に利用され，日本でもワイン等の醸造に利用されている安全な酵母である[12]。

このウイルス・ウイロイド複合抵抗性をもつ形質転換キク（花色は桃）にイオンビーム照射し，短期間に花色をシリーズ化する試験を行った。複合抵抗性キクの培養体をプラスチックシャーレに置床後，カプトンフィルムでカバーして密封し，試料を照射用ホルダーに固定，原子力機構イオン照射研究施設TIARAで炭素イオンビームを照射した。照射した試料は，キリンアグリバイオ㈱植物研にて再分化させ，得られた植物体から花色変異などの選抜を行なった。3 Gyから10 Gyの220 MeV炭素イオンビームを照射した試験区では，薄桃，濃桃，サーモン黄色，白などのキクでの重要花色変異を誘導できることを明らかにできた[13]（表5，図10）。

4　イオンビームの生物利用が可能な照射施設と主な応用事例

イオンビームは，現在4つの施設で利用できる。日本原子力研究開発機構のイオン照射研究施設（TIARA），理化学研究所の加速器研究施設（RARF），放射線医学総合研究所の重粒子がん治療装置（HIMAC）および若狭湾エネルギー研究センター（WERC）である（表6）。

4.1　日本原子力研究開発機構イオン照射研究施設（TIARA）
（かっこ内は共同研究先）

4.1.1　省力化栽培キクの育成

〈イオンビームによる，無側枝性キク新品種「新神」の育成[14]（鹿児島県）〉

輪キクは業務用として大きな市場をもつが，主力品種となるものは限られる。最近栽培の伸びている「神馬」は，優良な形質をもつが，着蕾数が多く，栽培管理作業の約4分の1を占める芽摘み作業がおおきな問題であった。イオンビームは限られた遺伝子のみに変異を与える確率が高いため，「神馬」の優良な形質をのこしたまま脇芽を減らす，というワンポイント改良を試みた。

照射個体から目的の形質改良された個体を選ぶに当たり，イオンビーム照射と培養系を組合わせて，キメラができるだけ少ない変異体の育成を狙った。炭素イオンなどへの線量反応を見たところ，適正線量は3～5 Gyと通常のキクの半分以下であり，きわめて放射線感受性の高い品種であることもわかった。3年間にわたり総計1万個体以上のイオンビーム処理個体を調査することにより，着蕾数が少なく栽培管理作業を大幅に省力化できる，新品種「新神」を育成した。

表6 イオンビームの生物照射が可能な施設と主なイオン種（2007年7月現在）

研究所・施設	イオン種	エネルギー (MeV/u)	LET (keV/μm)	照射深度 (mm)	問い合わせ先
㈳理化学研究所 仁科加速器研究センター（RIRF） 〒351-0198 埼玉県和光市広沢2-1	$^{12}C^{6+}$	135	23	43	加速器応用研究グループ 生物照射チーム TEL：048-467-8994 http://www.rarf.riken.go.jp/index-j.html
	$^{14}N^{7+}$	135	31	37	
	$^{20}Ne^{10+}$	135	62	26	
	$^{40}Ar^{17+}$	95	280	9	
	$^{56}Fe^{24+}$	90	624	6	
㈳日本原子力研究開発機構 イオン照射研究施設（TIARA） 〒370-1292 群馬県高崎市綿貫町1233	$^{4}He^{2+}$	12.5	19	1.6	放射線高度利用施設部業務課 TEL：027-346-9603 http://www3.tokai-sc.jaea.go.jp/sangaku/3-facility/04-facility/22-tiara-2.html#cyclotron
	$^{4}He^{2+}$	25.0	9	6.2	
	$^{12}C^{5+}$	18.3	122	1.1	
	$^{12}C^{6+}$	26.7	86	2.2	
	$^{20}Ne^{8+}$	17.5	441	0.6	
㈶若狭湾エネルギー研究センター 多目的シンクロトロン・タンデム加速器（W-MAST） 〒914-0192 福井県敦賀市長谷64-52-1	$^{1}H^{1+}$	200	0.5	256	代表 　TEL：0770-24-2300 　e-mail：werc@werc.or.jp 生物資源グループ 　TEL：0770-24-5617
	$^{12}C^{6+}$	41.7	52	5.3	
㈳放射線医学総合研究所 重粒子線がん治療装置（HIMAC） 〒263-8555 千葉県千葉市稲毛区穴川4-9-1	$^{12}C^{6+}$	290	13	163	共同利用研究推進室　生物世話人 （笠井，村上） TEL：043-206-3079 e-mail：himac_bio@nirs.go.jp http://www.nirs.go.jp/research/division/charged_particle/joint_r/
	$^{20}Ne^{10+}$	400	30	165	
	$^{28}Si^{14+}$	490	54	163	
	$^{40}Ar^{18+}$	500	89	145	
	$^{56}Fe^{26+}$	500	185	97	

※本表は各施設で利用実績のある代表的なイオン種を示した。

イオンビーム育種研究会 HP より http://wwwsoc.nii.ac.jp/ibbs/

4.1.2 環境浄化能植物

〈イオンビーム育種技術による高い二酸化窒素（NO_2）浄化能を持つヒメイタビの作出[15]（国立大学法人広島大学）〉

　壁面緑化に適したつる性植物であるヒメイタビに対し，原子力機構 TIARA のイオンビームを照射し，二酸化窒素浄化能が向上した突然変異株の作出に取り組んだ結果，大気中の二酸化窒素の取り込みと植物体内での代謝が上昇し，親植物に比べて二酸化窒素浄化能が40～80％向上した株の作出に成功した。その後，栽培を続けて浄化能が安定していることを確認し，新品種

「KNOX」（仮称）として，農林水産省に品種登録出願した。世界で初めて突然変異によって実用植物における環境浄化能を高めることに成功したものである。二酸化窒素は自動車の排気ガス等に含まれ，特に都市部で主要大気汚染源である。育成されたヒメイタビKNOX株は大気汚染物質を浄化する能力が高く，高速道路の壁面や工場周辺などの環境緑化への利用が期待される。

4.1.3 植物が紫外線に強くなる新たな仕組みを発見[16)]

―植物は葉や茎の細胞内のDNA量を増やすことで紫外線に強くなれる―

原子力機構はイオンビーム照射によって通常よりも紫外線に強くなった突然変異体を調べ，細胞核内のDNA量を増やすことが植物の紫外線耐性の重要なしくみであることを世界で初めて明らかにした。

オゾン層の破壊による紫外線の増加が作物の生産に影響を及ぼすことが懸念されており，植物の紫外線に対する防御機構の解明は重要な課題である。植物が紫外線に強くなるためには，アントシアニンなどの紫外線を吸収する色素の量を増やすか，または紫外線によって傷ついたDNAを修復する能力を上げることが重要となる。原子力機構では，高崎量子応用研究所イオン照射研究施設TIARAのイオンビームを用いて，通常よりも紫外線に強くなったシロイヌナズナの突然変異体を獲得し，その原因となる遺伝子を同定して機能を調べた結果，この突然変異体では，葉や茎の細胞核に存在するDNA量が増えること（核内倍加）により遺伝情報を持つDNAのスペアが増え，強い紫外線下でも傷つくDNAを補って生長を続け，通常より2倍以上生育が良くなっていた。

植物が紫外線に対して，どのように適応してきたかを理解する上で重要な手がかりを与えるとともに，シロイヌナズナだけでなく一般の植物でも，細胞核のDNA量を増やすことで，紫外線に対して強くすることができる可能性があり，ムギやダイズなどの作物増産や園芸植物の葉焼けの防止などに役立てることが期待できる。

4.1.4 微生物への応用

〈傷ついたDNAを治す遺伝子を発見し，産業利用に成功[17)]〉

原子力機構は，放射線に強い微生物から見いだした，傷ついたDNAを治す全く新しい遺伝子の機能解明を進め，国内のメーカーに試料の提供や技術指導を行った結果，バイオ研究試薬として実用化に結びつけることに成功した。デイノコッカス・ラジオデュランス（以下，ラジオデュランス）は，さまざまな地球環境に生息する非病原性の細菌で，他の生物に比べて極めて放射線に強く，その強さは大腸菌の約100倍，ヒトの1000倍以上である。これまで，ラジオデュランスは，放射線によって傷ついたDNAを治す能力が極めて高いと分かっていたが，そのメカニズムは不明であった。1999年に全ゲノムが解読されたが，約半数の遺伝子は機能が未知であり，放射線に強い原因は明らかでなかった。そこで原子力機構では，高崎量子応用研究所の量子ビー

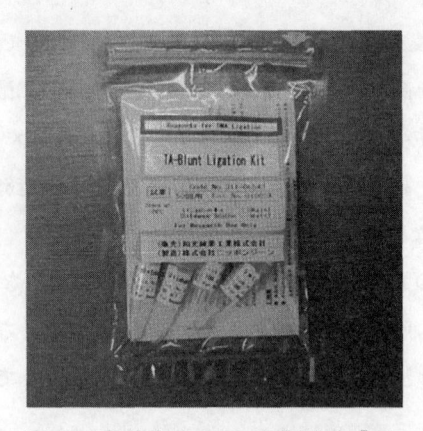

図11 高効率のDNA修復試薬「TA-Blunt Ligation Kit」(写真提供, 株式会社ニッポンジーン)

ム施設TIARA等でガンマ線, イオンビームといった量子ビームを利用してデイノコッカス・ラジオデュランスを調べ, 放射線で傷ついたDNAを治す遺伝子を2001年に発見した。この遺伝子が作るタンパク質は, 傷ついたDNAに結合し, 高効率でDNAを治す機能がある。このタンパク質を利用した, 従来製品より約10倍効率の高いDNA修復力をもつ試薬が㈱ニッポンジーンから発売された。遺伝子操作に欠かせないバイオ研究試薬として幅広い利用が見込まれる(図11)。

4.2 理化学研究所の加速器研究施設(RARF)

理研の加速器を利用した共同研究では, 2001年秋に新色ダリア品種が試験販売され, 2002年春にはサントリーフラワーズとの共同研究により「不稔化バーベナ品種」が世界初のイオンビーム育種の成果として市販された。品種改良目的の加速器ユーザーは現在82団体ある(理研ホームページより http://www.riken.go.jp/index_j.html)。イオンビーム育種技術により育種年限を短縮し, "日本ブランド"の新品種を紹介してきた成果は, この分野における日本のリーダーシップを確固たるものとした。21世紀の課題である, 環境・生態系の劣化防止でも, 荒地緑化植物, 海水塩耐性植物, 組換え植物の花粉飛散を防ぐための不稔性植物, 光合成強化植物などの作出などを研究開発している[18,19]。

＊イオンビーム育種による世界初のサクラの新品種「仁科蔵王」[20]

理研仁科加速器研究センターの生物照射チームは, JFC石井農場と共同で, 淡い黄色の花をつけるサクラの新品種「仁科蔵王」の作出に成功した。

仁科蔵王は, 理研リングサイクロトロンで加速した炭素イオンを, 緑のサクラで知られる「御

第4章　イオンビームによる植物の育種

衣黄（ぎょいこう）」の枝に10～15 Gy照射し，枝を青葉桜の台木に接木した。照射した枝の中で，4個体が生存し花をつけ，その中から黄色い花を持つものを選抜した。変異した形質は安定しており，その花は，黄色ピンクのふちに明黄緑色の筋が入り，咲き始める頃には淡黄緑白色で，終わりの頃に淡黄ピンクが広がるという色の変化が見られるもの。花の形は半八重で，大きさ4～5 cm程度，元親の御衣黄と違う特徴をもつ新品種である。

　*イオンビーム利用による色変わり組換えトレニアの高品位化[21]

遺伝子組換えによる新形質付与は有用な技術であるが，高いコストリスクを伴う。理研と花き研・機能研との共同研究では，花色の発現に関与した遺伝子を導入したトレニアにイオンビームを照射し，色合い・配色パターン・花の大きさ・花弁形状の変化した変異体を作出した。

4.3　若狭湾エネルギー研究センター（WERC）

〈若狭湾エネルギー研究センターでの植物育種[22]〉

福井県若狭湾エネルギー研究センターの加速器システムには植物の育種に利用できるプロトンとカーボンのビームラインがあり，下記の試験研究が行われている（かっこ内は共同研究先）。

①8月咲き小菊のオリジナル品種開発（金沢市農業センター）地元用の小菊品種をイオンビーム照射と交雑を利用し育種：「金沢ブランド」のオリジナル小菊の育成を目指している。

②イオンビーム育種による切花用アリウム新品種の育成（福井県農業試験場）

秋咲きの切花用アリウムで，色濃淡，新型花などを育成している。

③放射線照射によるチューリップ突然変異の誘発（富山県農林水産総合技術センター園芸研究所）

生産面積1位の「黄小町」の花色変異育成：黄色からの色変わりとして赤を育成した。交配から花を確認するまで4～5年の長い仕事であり，イオンビームの利用は有意義である。

④ビンカへのイオンビーム照射による新品種の育成（ハクサンインターナショナル㈱）

ビンカの吸水種子照射へ炭素イオンビームを照射（20～30 Gy）し，条斑模様や条斑立花弁ビンカ変異を得て，品種登録申請した。

⑤ウメにおけるイオンビーム育種の現状（福井県園芸試験場）

着色のよいウメ「紅サシ」の改良をし，黒星病耐性，豊産性を付与することを目標にイオンビームを利用。照射方法として，茎頂培養物照射では材料を大量に扱えるが，馴化，検定に時間がかかる。逆に緑枝へ照射し芽を接木する方法では検定が早いが，利用できる材料量は少ない。これまでに，尖った果形の変異体や，黒星病の発生率が低い個体などを得ている。

4.4 放射線医学総合研究所の重粒子がん治療装置（HIMAC）
（キリンアグリバイオ・NIRS 共同研究から）

がん治療を目的としてつくられた放射線医学研の HIMAC は，治療以外の時間に，生物研究などに開放されている[23]。HIMAC のイオンビームは高エネルギーで組織内到達深度が高く，植物の種類や照射材料部位の幅を広げることができ，新たな変異を得る可能性が高い。筆者ら[24]は①HIMAC 高エネルギーイオンビーム照射による生物効果の調査，②高エネルギーイオンビームにより出現する突然変異の頻度とスペクトルの特徴把握，③植物体，葉など照射材料の違いによる突然変異誘発の特徴の把握，などにより HIMAC の重イオンビームが植物に与える影響について基礎，応用両面で新規知見を得るため，照射試験を行った。HIMAC 生物照射室で，カスミソウ，カーネーションの試験管内無菌培養体（シュート）に，290 MeV/u 炭素，400 MeV/u ネオン，500 MeV/u アルゴンの各イオンビームを照射し，各イオン種で照射量に応じた生育度の変化を観察した。また HIMAC イオンビーム照射が新規突然変異誘発へ与える効果について開花調査を実施した。

4.4.1 植物へのイオンビーム照射影響の調査

各種クロップで適正照射量の推定を行った。突然変異誘発の対象となる親品種の優良形質を保持しつつ欠点形質のみを改良するためには，イオンビームの照射量は生育度が半減する程度が適当である。カスミソウで優良形質を保持しつつ，突然変異により欠点を改良する場合には，アルゴンイオンビームでは 6〜8 Gy，ネオンイオンビームでは 9〜12 Gy，炭素イオンビームでは 20〜25 Gy が適当と推定された。同様にカーネーションの場合，アルゴンイオンでは 12〜15 Gy，炭素イオンでは 25〜30 Gy が適当と推定された。

4.4.2 HIMAC イオンビームにより出現する突然変異形質の調査と品種候補の獲得

カーネーション：スプレーカーネーション品種「ビームチェリー」を用いた試験では，新規花色として白系の変異体を得た。ガンマ線や原子力機構の TIARA では出現しなかったものであり注目される。またスタンダードカーネーション品種コマチを用いた試験では，新たな変異として濃い赤などの色変わりを得た。

カスミソウ：カスミソウ品種「ビッグミスター」を材料に，炭素，ネオン，アルゴンの各イオンビーム照射試験を実施した。このうち炭素イオンビームを 15〜25 Gy 照射したカスミソウ 600 個体の頂芽を摘み，のびてきたわき芽を約 1600 個体ほど温室で開花検定した。その結果，花の大小・八重などの形態変化や，開花の早生化などの農業上重要な形質の変化を観察した。特に有望な変異として，枝角度が有意に鋭角となった変異・花の八重化・花が小型化し花数が増加した変異（小輪多花）・開花時期が早まる変異（早生化）などが得られた。

第4章 イオンビームによる植物の育種

5 おわりに

5.1 産業の発展

キク，バラ，カーネーションなどの主力花卉では，数年で品種交代する一般品種と十数年主力品種となる優良品種とがある。優良品種は十年にひとつ育成されるかどうかという貴重なものである。イオンビーム育種技術では，その優良な特性を保持したまま，チェリー，赤，濃桃，桃，サーモン，複色，黄などの花色シリーズ化ができるため，普及，産業化を飛躍的に進展させることが可能となる。本研究開発により可能となったワンポイント形質改良は優良品種の特性を損なうことなく①花色シリーズ化できる，②耐病性，耐倒伏性など重要形質を付与できる，③花以外のクロップにも応用できる，など大きな波及効果をもつ。三大花卉で実用品種が育成されたことで，約1.2兆円におよぶ国内の花卉市場で，他の花卉への応用実用化が促進されるほか，穀類，豆類，馬鈴薯，花卉，果樹など多種類の作物で応用実用化が進んでいる。また，交雑不親和性の打破に高い効果をもつ[25]など遠縁交雑育種においてもイオンビームは重要な技術となる。

5.2 科学技術の進歩

突然変異による新品種は，実用面での利用とともに，新しい性質を生み出す遺伝子を調べ，その機能を明らかにする素材としても科学的価値が高い。本技術開発により，自然界の多様性誘起要因の両輪であるガンマ線とイオンビームを獲得したことで，突然変異による遺伝子機能の解明に大きな武器を得たことになる[26]。シロイヌナズナ，イネと急速な進展をとげるゲノム解析の成果を遺伝子機能の解明につなげる上で，突然変異誘発系は基幹技術となる。なかでもイオンビーム変異体は有用であり，DNA損傷の特徴（大きな欠失）を活かした遺伝子単離解析技術の開発が進んでいる。またDNAマーカー育種への展開も期待できる。

21世紀の農作物等の改良では，食糧の増産・安定的生産のための品種改良，生活を豊かにし，うるおいを与える花卉類・家庭園芸植物の改良，また，環境の保全・修復・浄化のための改良（環境耐性植物，環境浄化植物）が重要となる。今回の成果により，日本が独自で開発し，世界をリードするイオンビーム育種技術が，これらを実現していく強力な武器となることが実証された。

文　献

1) 田中淳, 放射線と産業, No.99, 4 (2003)
2) 岡村正愛, 放射線と産業, No.95, 57 (2002)
3) M.Okamura et.al., *Nuclear Instruments Methods in Physics B*, **206**, 574 (2003)
4) 阿部知子, 鈴木賢一, 農業および園芸, **77**, 45 (2002)
5) イオンビーム育種研究会, http://wwwsoc.nii.ac.jp/ibbs/
6) L.J. Stadler, *Science*, **68**, 186 (1928)
7) D.T. Goodhead, Radiation and Environmental, *Biophysics*, **34**, 67 (1995)
8) 永富成紀, 農林水産技術研究ジャーナル, **26**, 33 (2003)
9) M.Okamura et.al., Floriculture, Ornamental and Plant Biotechnology, I, 619 (2006), Global Science Books
10) 岡村正愛, 放射線と産業, No.99, 57 (2003)
11) 特許登録番号, 特 H01-255441, ナデシコ属植物プロトプラスト調製植物再生方法
12) T.Ogawa et.al., *Breeding Science*, **55**, 49 (2005)
13) M.Okamura et.al., JAEA-Review, 2007-060, 82 (2007)
14) K.Ueno et.al., JAERI-Review 2004-05, 53 (2004)
15) 日本原子力研究開発機構・プレス発表 (2007年8月2日)
16) 日本原子力研究開発機構・プレス発表 (2006年4月25日)
17) 日本原子力研究開発機構・プレス発表 (2006年1月24日)
18) 阿部知子, 放射線と産業, **99**, 17 (2003)
19) 鈴木賢一ほか, 放射線と産業, **99**, 40 (2003)
20) 理化学研究所 2007年10月31日プレスリリース
21) 大坪憲弘ほか, 第3回イオンビーム育種研究会大会講演要旨集, p3 (イオンビーム育種研究会) (2006)
22) 高城啓一ほか, 第5回イオンビーム育種研究会大会講演要旨集 (イオンビーム育種研究会) (2008)
23) 放射線医学総合研究所 HP, 共同利用 HIMAC, http://www.nirs.go.jp/index.html
24) 岡村正愛ほか, 平成19年度放射線医学総合研究所 HIMAC 共同利用研究報告書, 85 (2008)
25) 井上雅好, イオンビームの生物影響, 放射線と産業, No.92, 30 (2001)
26) M.Okamura, GAMMA FIELD SYMPOSIA No.45, 77, Institute of Radiation Breeding, NIAS (2006)

第5章　新形質米品種の育種

安東郁男*

「新形質米」とは，これまでに無い性質・特徴を持った米のことである。この用語は，1989年に開始された農林水産省のプロジェクト研究「需要拡大のための新形質水田作物の開発（通称「スーパーライス計画」）」に由来する。本プロジェクトは，新形質米の育種および加工利用技術を開発し，新たな米需要を開拓することを目的とし，2004年まで行われた[1]。その後も新形質米の継続的な開発の必要性は認識され，育成が続けられている。

1989年における我が国の稲品種の作付け状況は，「コシヒカリ」をはじめとする一般うるち米品種がおよそ94％，もち米品種5％，酒米品種1％であり，香り米品種と赤米品種の作付けがごくわずかにあった。新形質米は，基本的にはこれらと異なる新規の特性を有するものであり，アミロースやタンパク質など米胚乳の成分に関わるもの，香りや色素，胚芽に関わるもの，粒大や粒形に関わるもの，超多収性および観賞用がある（写真1）。一般飯米用だけでなく種々の調

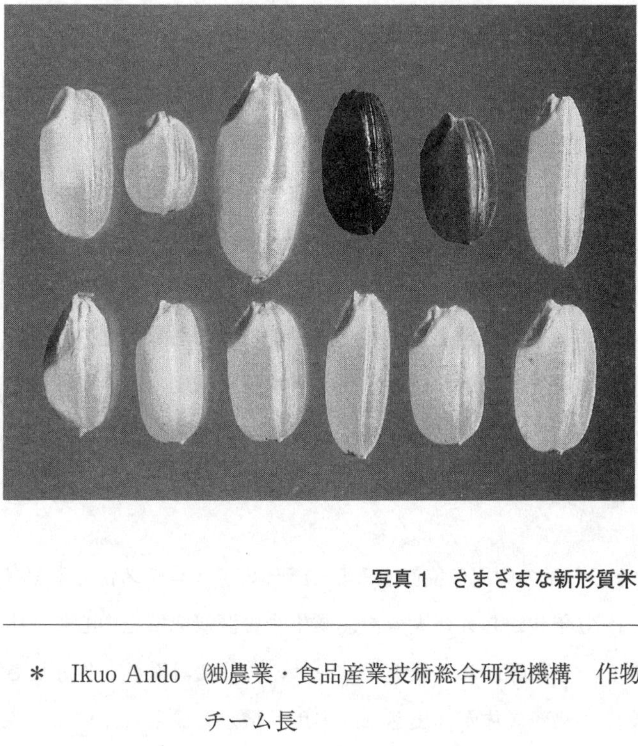

上段左から
①タカナリ（超多収米）
②関東170号（小粒米）
③オオチカラ（大粒米）
④朝紫（紫黒米）
⑤ベニロマン（赤米）
⑥サリークイーン（長粒香り米）
下段左から
⑦北海269号（巨大胚米）
⑧フラワーホープ（低アレルゲン米）
⑨エルジーシー1（低グルテリン米）
⑩ホシユタカ（高アミロース米）
⑪ミルキークイーン（低アミロース米）
⑫コシヒカリ（一般米）

写真1　さまざまな新形質米

＊　Ikuo Ando　㈱農業・食品産業技術総合研究機構　作物研究所　稲マーカー育種研究チーム　チーム長

理用,加工用および食事療法用として用途が検討されている。家畜の飼料用の品種は,新形質米でなく飼料イネというカテゴリーで扱われることが多いので,ここでは食用や加工用としても用いられる品種を紹介する。

新形質米の形質開拓には,外国品種等の遺伝資源が持つ形質を交配によって日本品種に導入する方法に加えて,放射線や化学物質を使った突然変異育種法が多用された。それまでの稲の突然変異育種では,糯(もち)性,早生性と短稈性が実用品種に導入されたに過ぎなかったが,新形質米の育種においては,低アミロース性,低グルテリン性,巨大胚,糖質,粉状質さらには胚乳着色など多くの品質形質が突然変異育種で作出された。一方,遺伝子組換え育種は,有用成分の蓄積や改変など,新規形質の付与に大きな可能性を持っており,実用化に向けた育種も行われている。海外ではベータカロチンを米に生産させるゴールデンライスが代表的だが,国内でも,飼料用の高トリプトファン含量イネおよびスギ花粉症予防効果ペプチド含有イネについて,隔離圃場での栽培試験が行われた。遺伝子組換え育種の成果については,第2編で取り上げられるので,本章では,交雑育種および突然変異育種による新形質米品種の育成およびその特性と用途について紹介する。なお,本章で取り上げる品種の特性の詳細については,農研機構・作物研究所のホームページから提供されているイネ品種データベース検索システム「http://ineweb.narcc.affrc.go.jp/search/hinsyu_top.html」も参照されたい。

1 アミロース含有率の改変

でん粉は玄米の70%を占める最も主要な成分であり,うるち米では,直鎖状分子のアミロースと分枝状分子のアミロペクチンからできている。両者の比率(アミロース含有率)が炊飯米の物性および加工適性に大きな影響を及ぼす。なお,もち米のでん粉は,アミロースを持たずアミロペクチンのみからなる。海外のうるち品種にはアミロース含有率が10%以下でもち米に近いものから30%を越えるものまであるが,国内で栽培されている一般的なうるち米品種のアミロース含有率はおよそ17～23%の範囲である[2]。しかもその分散は稲の登熟温度の違いによるところが大きく,遺伝的変異は小さいため,アミロース含有率を遺伝的に拡大する育種が行われた。

1.1 低アミロース米

アミロース含有率がもち米と一般うるち米の中間に位置する5～15%のアミロース含有率を有する米を低アミロース米と称する。1970年代から九州大学や農業生物資源研究所を中心に「中間糯」,「半糯」,「ダル(dull:濁り)」などと呼ばれる低アミロースの突然変異系統が作り出された。その後も各育成機関でも種々の突然変異体が作出され,実用品種が育成されている(表

第5章　新形質米品種の育種

表1　低アミロース米品種

低アミロース性の遺伝資源（遺伝子）	品種・系統名	育種場所	来歴
ニホンマサリの突然変異体 NM391	彩	北海道立上川農業試験場	永系84271/キタアケ
	はなぶさ	北海道農業研究センター	道北53号/キタアケ
	あやひめ	北海道立上川農業試験場	AC90300/キタアケ
	朝つゆ	中央農業総合研究センター（北陸）	北陸127号/道北43号
	はなえまき	北海道農業研究センター	道北53号/中母農11号//空育139号
	おしまこ180	青森農林総合研究センター	道北43号/ふ系144号
	ゆきのはな	青森農林総合研究センター	ふ系180号/かけはし
コシヒカリの突然変異体（Wx-mq）	ミルキークイーン	作物研究所	コシヒカリにMNU処理
	ミルキープリンセス	作物研究所	関東163号/鴻272
	ニュウヒカリ	福井県農業試験場	越南148号/関東168号
	秋音色	熊本県農業研究センター	黄金晴/関東168号
金南風の突然変異体 CM2055（$du1$）	中間母本農13号	農業生物資源研究所	CM14-13/CM2055
	ねばり勝ち94	麒麟麦酒㈱	アキニシキ/水稲中間母本農13号
コチヒビキの突然変異体（$du2$）	中間母本農14号	農業生物資源研究所	コチヒビキにMNU処理
	シルキーパール	東北農業研究センター	中間母本農14号/ふ系143号
農林8号の突然変異体	スノーパール	東北農業研究センター	74wx2N1/レイメイ
	たきたて	宮城県古川農業試験場	奥羽343号/東北153号
	ゆきむすび	宮城県古川農業試験場	東北157号/東810
ササニシキの突然変異体	ソフト158	中央農業総合研究センター（北陸）	北陸127号/研系2078
金南風の突然変異体探系2021	柔小町	九州沖縄農業研究センター	ニシホマレ/探系2021
トドロキワセの突然変異体	ねばりごし	長野県農業総合試験場	21-3-6/北陸122号
アキヒカリの突然変異体	さわぴかり	群馬県農業技術センター	探系2016/朝の光
（庄196/あきたこまち）F2の葯培養変異体（Wx-y）	里のゆき	山形県農業総合研究センター	庄1658/山形63号
きらら397の培養変異体（Wx-oz）	おぼろづき	北海道農業研究センター	空育150号/北海287号

注）育成場所名は現在の組織名を記載した。アンダーラインは，農研機構所属の研究機関を示す。
　　来歴の欄のアンダーラインは，低アミロース性の供与親を示す。

1)。米の乾燥状態にもよるが，概ねアミロース含有率が低いものは，外観が一見もち米のように白濁し，15％に近い米は白濁が薄いか，白濁しない場合もある。「ソフト158」はアミロース含有率が10～12％だが白濁はほとんど無い。低アミロース米は通常のうるち米よりも炊飯米の粘りが明らかに強い。アミロース含有率がより低いものは，主にブレンド用として用いるか，加水量を通常米より少な目にして炊飯する。15％に近い品種は，炊飯米の粘り・軟らかさが過度でなく，単品で優れた良食味米となる。また，低アミロース米は，炊飯後に冷えても硬くなりにくいので[3]，冷凍おにぎり，チルド寿司やレトルト米飯，無菌包装米飯などの加工米飯への適性が高い。このように，低アミロース米は，高級ブランド米，ブレンド用，加工米飯等大きな市場のある用途に向くため，新形質米の中で最も普及・利用が進んでいる。

「ニホンマサリ」の突然変異系統NM391に由来する「彩」が北海道立上川農業試験場で1991年に育成され，低アミロース米としては全国で初めて奨励品種となった[4]。その後，全国で低アミロース米品種が育成・普及した。「彩」を改良した「はなぶさ」「あやひめ」「はなえまき」が北海道で，同じく「おしまこ180」「ゆきのはな」が青森県農林総合研究センターで，「朝つゆ」が農研機構・中央農研・北陸研究センターで育成されるなど，NM391由来の低アミロース米品種が次々育成された。一方「コシヒカリ」の突然変異体である「ミルキークイーン」が1995年に育成され，東北から九州まで広く普及している[5]。その後「ミルキークイーン」を母本として「ミルキープリンセス」「ニュウヒカリ」「秋音色」が育成された。また「農林8号」のwx座突然変異体に由来する「スノーパール」「たきたて」，「ゆきむすび」「金南風」の突然変異体探系2021に由来する「柔小町」，同じく「金南風」由来の「中間母本農13号」，その後代から「ねばり勝ち94」が育成された。加えて「コチヒビキ」の突然変異体「中間母本農14号」に由来する「シルキーパール」，「ササニシキ」の突然変異系統研系2078に由来する「ソフト158」，「トドロキワセ」の突然変異体由来の「ねばりごし」，「アキヒカリ」の突然変異系統探系2016に由来する「さわぴかり」が育成された。さらに葯培養変異体由来の「里のゆき」，「きらら397」の培養変異体に由来する「おぼろづき」が育成された。これらのうち，2007年時点の栽培面積が最も大きいのが「おぼろづき」の3810 ha，ついで「ミルキークイーン」(推定2000～3000 ha)，「あやひめ」(586 ha)と続く。正確な作付面積が不明なものが多いが，低アミロース米は，我が国の米流通・消費において新たなジャンルの米として着実に定着しつつある。

低アミロース性は，主としてもち・うるちを決めるwx座やこれとは独立でデンプン合成酵素の調節に関わるdu座の遺伝子により支配される。これらの遺伝子座には特性の異なる低アミロース遺伝子が見出され，分子レベルの遺伝子解析が進められている。多くの低アミロース米品種の母本であるNM391の低アミロース性はwx座でない遺伝子により支配されるが，それ以上は明らかにされていない。「中間母本農13号」は$du1$を有し，「中間母本農14号」は$du2$を有す

第 5 章　新形質米品種の育種

る。「ミルキークイーン」については，$Wx-b$ 遺伝子の第 4 と第 5 エキソンの 2 カ所にアミノ酸置換を伴う塩基置換が生じた変異遺伝子 $Wx-mq$ が同定された[6]。同様に「里のゆき」については，第 4 エキソンに $Wx-mq$ とは異なる塩基置換を持つ $Wx-y$ が同定された[7]。「おぼろづき」については，第 10 イントロン中に 37 塩基の欠失を持つ $Wx-oz$ (t) が同定された[8]。$Wx-mq$，$Wx-y$ および $Wx-oz$ (t) については遺伝子の塩基配列から設計した DNA マーカーにより，後代系統の選抜が行われている。

　低アミロース米品種は，保有する低アミロース遺伝子と産地の登熟温度条件の違いによりアミロース含有率が異なる（写真 2）。また，一般のうるち米品種より登熟期の気温条件で米のアミロース含有率が変動しやすいものが多い。すなわち，高温で登熟するとアミロース含有率が低くなり，白濁や餅臭が増すなど品質がぶれやすい欠点がある。したがって，生産地に適した栽培特性を有し用途や使用目的に応じた低アミロース米品種を選定する必要がある。

1.1.1　彩

　北海道立上川農業試験場 1991 年育成。NM391 に由来し，低アミロース米の実用品種の第 1 号。アミロース含有率は 12％程度であり，それまで本州産米より高めであった北海道産米のアミロース含有率を大幅に引き下げた。炊飯米の外観はつやがあり，粘りが強く，新潟県産の「コシヒカリ」に近い食味と評価された。また，煎餅や米粉団子などの加工適性も優れる。北海道では中生の晩で，耐冷性が弱くいもち病に弱い欠点があり，適地が限定される。やや少収で玄米の外観品質はやや劣る。

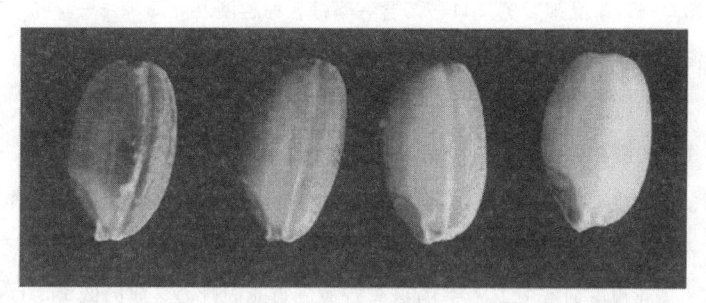

品種：　「きらら397」　　「おぼろづき」　　「はなぶさ」　　「はくちょうもち」
　　　　（一般うるち米）　（$Wx-oz$）　　　（NM391 由来）　（もち米）
アミロース含有率：
　　　　18.9%　　　　　12.0%　　　　　　8.1%　　　　　　0%

写真 2　高温登熟年（1999 年）における北海道の低アミロース米のアミロース含有率と白濁程度
注）低温登熟年では「はくちょうもち」を除く品種は白濁が見られない場合がある。

1.1.2 あやひめ

北海道立上川農業試験場2001年育成。アミロース含有率は約9％程度で，同じNM391に由来する「彩」，「はなぶさ」よりもやや低い。低温年を除き玄米は白濁し，「彩」よりも白濁の程度は強い。炊飯米は白く，つや，粘りが高く，用途は主としてブレンド用である。「はなぶさ」よりもやや多収で炊飯米の白度が優る。割籾の発生が多いので，斑点米や紅変米などの被害粒発生による品質低下を招かぬよう病害虫の適正な防除に努めるとともに，適期刈取りを励行する。

1.1.3 ミルキークイーン

農研機構・作物研究所1995年育成。「コシヒカリ」のメチルニトロソウレア（MNU）受精卵処理による突然変異品種で，低アミロース性遺伝子 Wx-mq を有する。アミロース含有率は9～12％であり，玄米は通常やや白濁し，炊飯米は「コシヒカリ」より粘り，食味は「コシヒカリ」並かそれ以上である。「コシヒカリ」の突然変異体であることから，アミロース含有率以外の食味の遺伝背景が「コシヒカリ」と同等と考えられる。低アミロース米としては，温度によるアミロース含有率の変動が少ないのも長所である。そのため，単品のブランド品種としての販売が多い。またブレンド用や冷凍米飯，調理用米の素材米として適している。栽培特性については，「コシヒカリ」と同等であり，熟期は関東では早生の晩である。「コシヒカリ」の広域適応性を受け継ぎ，茨城県を中心に南東北から九州・沖縄まで広く栽培されている。「コシヒカリ」と同様に倒伏といもち病に弱いため，施肥管理に留意する。

1.1.4 ミルキープリンセス

農研機構・作物研究所2003年育成。「ミルキークイーン」と同じ Wx-mq を有し，栽培特性に優れる低アミロース米品種。アミロース含有率は8％程度と「ミルキークイーン」並で，玄米は通常やや白濁する。玄米千粒重は「ミルキークイーン」並で，炊飯米の粘り・食味は「ミルキークイーン」に近い。熟期は「ミルキークイーン」「コシヒカリ」よりやや早く，関東では早生の晩である。短稈で倒伏に強いが，少肥栽培での収量がやや劣るため，「ミルキークイーン」が倒伏するような肥沃地に向く。また，縞葉枯病に抵抗性のため，麦類との二毛作に適する。

1.1.5 スノーパール

農研機構・東北農業研究センター1998年育成。東北向けの多収の低アミロース米品種。アミロース含有率は7～9％で，玄米は通常白濁する。玄米はやや大粒で，粒張りが良好である。炊飯米としての食味や粘りも「ひとめぼれ」並に良好であり，冷飯の食味は「ひとめぼれ」よりも明らかに優れる。熟期は「あきたこまち」と「ひとめぼれ」の中間で東北中南部では中生の中である。収量性は「トヨニシキ」並に高い。いもち病抵抗性は「ササニシキ」より優り，耐冷性は「ササニシキ」並である。登熟期の温度が27℃以上ではアミロース含有率が低くなりすぎることに留意して，栽培適地を選定する必要がある。

第5章　新形質米品種の育種

1.1.6　おぼろづき

農研機構・北海道農業研究センター2003年育成。既存の北海道の低アミロース米品種がすべてNM391であるのに対して，「きらら397」の培養突然変異体の北海287号に由来する新規の低アミロース遺伝子 Wx-mq (t) を持つ。NM391由来の品種と比べて，アミロース含有率が高く14％程度であり，米粒の白濁が少ない。いわゆる「もち臭」もこれらの品種に比べて少なく，登熟温度によるアミロース含有率の変動もやや小さい。炊飯米の粘り，軟らかさは，一般うるち米品種の「ほしのゆめ」より高いが，NM391由来の「あやひめ」「彩」より低い。以上のように，低アミロース米の中では一般うるち米に近い米飯特性を有しており，北海道の極良食味の高級ブランド米として生産・流通している。北海道では中生の早で，「あやひめ」より収量性はやや低いが，耐冷性および玄米品質がやや優る。粒の厚さが「ほしのゆめ」並に薄いので，調製の篩目に留意する。

1.2　高アミロース米

アミロース含有率が25％以上の米を高アミロース米と呼ぶ。日本のうるち品種の大半が wx 座に Wx-b を持つのに対して，インド型イネの Wx-a を保有する。アミロース含有率が高いと炊飯米の粘りが少なくなり，硬くなる。冷めるとその傾向が顕著である。高アミロース米は，実際にはスーパーロングチェーン（SLC）と呼ばれる構造のアミロペクチンを含み，その総和で見かけ上高アミロースとなっている。見かけ上同じアミロース含有率でもSLCの比率が高い米ほどより硬く粘りが少ない[9]。一般に東南アジアなどで栽培される粒の細長いインド型米はアミロース含有率が高い傾向にあり，インド型品種から多収性や耐病性を日本品種に導入する育種の過程で「ホシユタカ」や「夢十色」などアミロース含有率が30％程度の高アミロース米品種が育成されてきた（表2）。これらの米は，通常のごはんとしての食味は著しく劣るが，カレー，ピ

表2　高アミロース米品種

品種・系統名	育種場所	来歴	備考
ホシユタカ	近畿中国四国農業研究センター	中国55号/KC89［注：KC89は，IR667-98/3/ホウヨク/Mudgo//コチカゼ/4/中生新千本から育成された］	細粒，SLC含量中
夢十色	中央農業総合研究センター（北陸）	IR2061-241-3/密陽21号	細粒，SLC含量多
ホシニシキ	作物研究所	ホシユタカ/黄金晴	短粒，SLC含量中
北陸207号	中央農業総合研究センター（北陸）	キヌヒカリ/Surjumkhi//3*キヌヒカリ	短粒

注）育成場所の記載に関しては表1と同様。

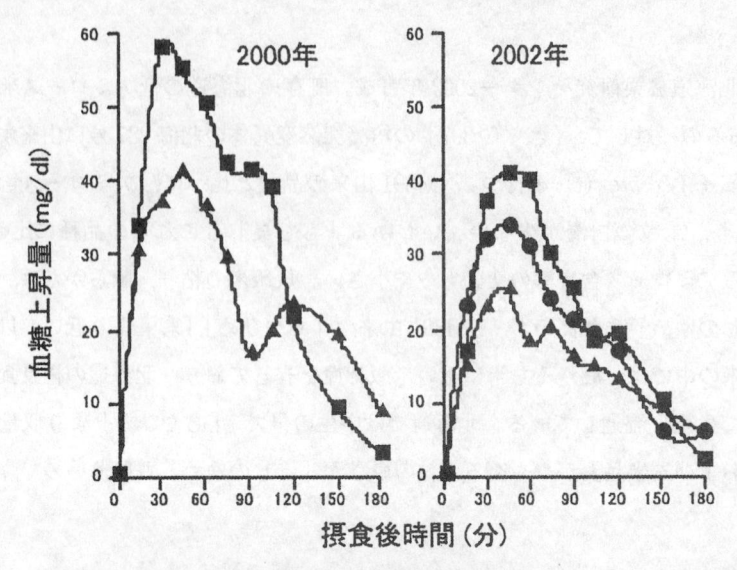

図1 食後血糖上昇の品種間比較
■：コシヒカリ，●：イシカリ，▲：高アミロース米
（柳原ほか（2006）より）

ラフ，チャーハン，かゆなどの調理用米への利用では通常米より適する場合がある。また，炊飯米の粘りが少ないため食品加工機械での「さばけ」が良く，味噌，酒などの発酵製品や，ビーフン，ライスヌードルなどへの適性もある。また，通常の米より堅めの米菓ができるなど新しい食感の米菓用の素材米として利用可能である。また，高アミロース米のデンプンは，食物繊維と同様の働きをするレジスタントスターチを多く含み，食後の血糖値が上がりにくいことが報告されている（図1）[10]。

1.2.1 ホシユタカ

アミロース含有率が30％程度で，炊飯米は硬くて粘りが弱い。細長粒の粒形や粘りの少ない食感から，ピラフ，パエリヤなどの調理用米飯やエスニック料理用米に適している。また，加工操作が容易でライスヌードルなどの加工原料に適している。一方，強稈で耐倒伏性が強く地上部重が一般品種よりも大きいことから，ホールクロップサイレージ用の飼料稲品種としても利用された。熟期は「ヒノヒカリ」よりも遅く，関東地方では晩生の晩に属し，近畿以西での栽培に適する。

1.2.2 夢十色

アミロース含有率は30％程度で，玄米はやや細長く，割米が多く品質は劣る。炊飯米は付着性や粘りがなく，レトルトのかゆとおじやが商品開発されている。アラブ料理のクスクス，ういろう，プディングなどのゲル状食品や味噌用米麹などへの用途も考えられる。熟期は「日本晴」

第5章　新形質米品種の育種

よりやや早く，関東以西の栽培に適する。稈長は「日本晴」より20 cm程度短く，耐倒伏性に優れ，極穂重型（極めて穂の大きな草型）で多収である。耐冷性は弱い。

1.2.3　ホシニシキ

「ホシユタカ」を早生，短粒化した高アミロース米品種。アミロース含有率は25％程度である。「ホシユタカ」と同様に加工適性に優れ，レトルト食品のさらさらした「おかゆ」としての利用が試みられている。米の粒形は「日本晴」よりわずかに長いが，国内の通常品種並の短粒種である。熟期は「日本晴」よりやや早く，関東では中生の中である。稈長は「日本晴」より短く，強稈で耐倒伏性は強い。収量性は「日本晴」よりやや低い。

1.2.4　北陸207号

白米のアミロース含有率は，30％程度で「夢十色」並みである。短粒の日本型品種であるため，選別，精米など従来の日本型品種に対応した調製ができる。本品種の米粉を使った麺への利用が検討され，麺離れが良く加工適性が良いことから，商品化される予定である。「コシヒカリ」より，出穂期は2日ほど早い"中生の早"である。収量性は，「コシヒカリ」並かやや少収である。

2　タンパク質変異米

玄米に7～10％含まれるタンパク質は，穀類の中では必須アミノ酸含量が高く比較的優秀である。西アフリカ稲作開発機構（WARDA）などでは発展途上国向けに高タンパク化による米の栄養価の向上を育種目標としている。我が国は，タンパク質源の約17％を米から摂取しており，その比率は肉類の合計とほぼ等しい。魚介類，肉類などタンパク質源が豊富な我が国では，米の食味と負の相関があるタンパク質含有率を下げる品種選定・栽培管理に力が注がれてきた。タンパク質含有率の総量を下げる育種素材は少なく，中間母本系統「北海PL9」が報告されているに過ぎない[11]。タンパク質の成分育種では，突然変異処理による組成の改変が中心となっている（図2）[12]。中でも，消化されやすいタンパク質であるグルテリンおよびグロブリンの割合を減らした米は実質的な低タンパク米として，タンパク質の摂取を制限される腎臓病患者向けの米飯用や，低タンパク米が適する醸造用としての利用が検討されている（表3）。また，アトピー性皮膚炎に代表される食品が原因のアレルギーに対して，原因となるタンパク質画分を低減化した品種の育成が行われた（表3）。しかし健康増進法に基づく特定保健用食品として厚生労働省の認可に基づく表示をするためには，さらに臨床試験成績の蓄積が必要とされ，現在試験が継続されている。一方，タンパク質ジスルフィドイソメラーゼの欠損変異体 *esp2* の米粉をコムギ粉と混合してパン生地に用いると，原品種の米粉を用いた場合よりべたつかず作業性が優れ，発酵後の

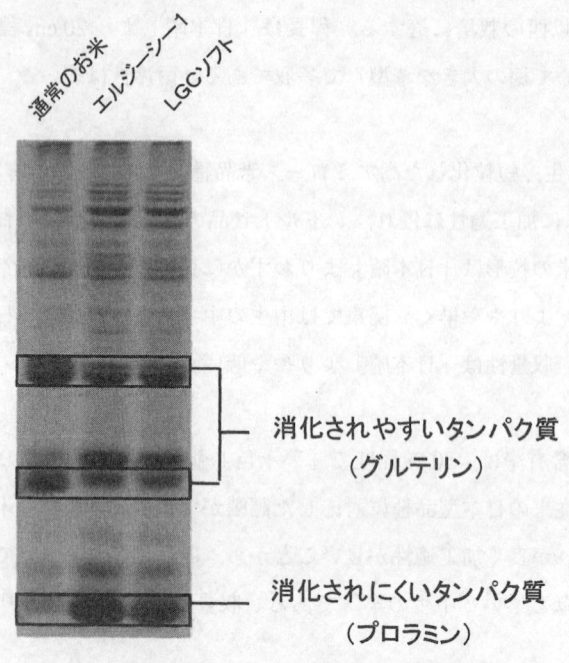

図2 低グルテリン米品種のSDS-PAGE結果
（新しい米を創る '06・近中四農研センター米品質研究近中四サブチームより転載）

表3 タンパク質改変米品種

新形質の種類	品種名	育種場所	来歴	備考
低グルテリン米	エルジーシー1	農業生物資源研究所	NM67（ニホンマサリにγ線照射）/ニホンマサリ	
	春陽	中央農業総合研究センター（北陸）	「NM67×NM（1-3）」/北陸153号	大粒
	LGCソフト	近畿中国四国農業研究センター	NM391/LGC-1	低アミロース
	ゆめかなえ	千葉県農業総合研究センター	エルジーシー1/ひとめぼれ	
	LGC活	農業生物資源研究所	エルジーシー1/89WPKG30-433	26 kDaグロブリン欠失
	LGC潤	農業生物資源研究所	エルジーシー1/89WPKG30-434	26 kDaグロブリン欠失
	みずほのか	近畿中国四国農業研究センター	エルジーシー1/兵庫北錦	酒造好適米
	家族だんらん	AFT研究所	NM67（ニホンマサリにγ線照射）/ニホンマサリ	低アレルゲン米に加工利用
低アレルゲン米	フラワーホープ	農業生物資源研究所	コシヒカリにγ線照射	16-kDaアルブミン低含量

注）育成場所の記載に関しては表1と同様。

第 5 章 新形質米品種の育種

可塑性にも優れ，パン用の米粉として適性があることが示された[13]。

2.1 低グルテリン米
2.1.1 エルジーシー1

ニホンマサリ種子へのエチレンイミン処理による突然変異体から育成された低グルテリン品種である。低グルテリン性は優性遺伝子 $Lgc1$ によるものであり，RNA 干渉と呼ばれる現象でグルテリン遺伝子の発現が抑制される[14]。「エルジーシー1」は玄米の総タンパク質含有率は通常米と大差ないが，含まれるタンパク質成分のうち易消化性のグルテリン含量が通常品種の30～50％まで低下している。反面，難消化性のプロラミン含量が倍増したことで，易消化タンパク質は，通常品種の2／3程度になっている。タンパク質摂取の制限が必要な人工透析前の慢性腎不全患者を対象とした臨床試験で，「エルジーシー1」の有効性が確認された[15]。「エルジーシー1」の熟期は原品種の「ニホンマサリ」と同様，関東では中生の早である。収量は「ニホンマサリ」並に多収である。栽培にあたっては総タンパク質含有率を上げるような後期の窒素追肥を避ける。

2.1.2 春陽

玄米千粒重が28gの極大粒で多収の低グルテリン米品種。玄米のグルテリン含量は「エルジーシー1」並に低い。炊飯米の食味は「エルジーシー1」より良いが，通常米並かやや劣る。大粒のため，精白によって「エルジーシー1」よりもタンパク質含有率を下げることが可能である。また，低グルテリン米は淡麗で特殊な味わいの日本酒ができるため，酒米として利用されている。熟期は「ひとめぼれ」より5日程度遅い。収量性は「ひとめぼれ」より高い。玄米が柔らかいため，搗精には注意が必要である。埼玉県で産地化されている。

2.1.3 LGCソフト

低グルテリン性と低アミロース性を組合せた複合新形質米系統。アミロース含有率は5～7％であり，玄米は通常白濁する。グルテリン含量は「エルジーシー1」並に低く，炊飯米は低アミロース米の特徴で粘りが強く，食味は「エルジーシー1」よりも明らかに優れる。利用する患者の好みで「エルジーシー1」と混米し，適度の粘りを持たせた低グルテリン米飯としても利用できる。熟期は「コシヒカリ」並であり，収量はやや少ない。

2.1.4 みずほのか

低グルテリン性を導入した酒造好適米品種である。千粒重が26g程度の大粒で，片親の「兵庫北錦」の特性を受け継ぎ心白の発現率が高いが，「兵庫北錦」より多収である。麹米と掛米に「みずほのか」を用いた清酒もろみ用酵素剤添加による大規模の醸造試験では，アミノ酸度が低く，すっきりした良質の純米酒が得られ，粕歩合が低く原料利用効率が高かった。熟期は，「日

本晴」と同等である。

2.1.5 LGC活，LGC潤

「コシヒカリ」へのγ線照射により得られた26 kDaグロブリン欠失突然変異体と「エルジーシー1」との交配で育成された低グルテリンでグロブリンを欠失した品種。「エルジーシー1」に比べてグルテリンはさらに減少し26 kDaグロブリンが完全に欠失している。そのため，易消化性タンパク質は，通常品種の1/2近くまで減少しており，可消化タンパク質画分の低減化では最も改良の進んだ品種である。「エルジーシー活」は，早生で温暖地東部から寒冷地南部まで栽培可能である。「エルジーシー潤」は，中生で温暖地に広く適し，食味が「エルジーシー1」よりやや良い。

2.2 低アレルゲン米

米に起因する食物アレルギー症状は，アトピー性皮膚炎である。その主要な原因物質と考えられた分子量16 kDaの水溶性タンパク質アルブミンが少なくなった突然変異体が農業生物資源研究所放射線育種場で選抜され，「フラワーホープ」の名で品種登録された。「フラワーホープ」は16 kDaアルブミンに対する抗体反応も著しく低下していた[16]。しかしアレルギー患者の血清を使った試験ではそのうちの85％がアレルギー反応を示したため，「フラワーホープ」は実用的に利用されていない。その後，16 kDaよりも高分子量で強いアレルゲン性となるタンパク質があることがわかった[17]。低アレルゲン米の実用化を目的に民間4社と現農研機構の出資によりアレルギー・フリーテクノロジー研究所（AFT研究所）が設立された。AFT研究所では，米へのアルカリ処理によるアレルゲン低減化処理法を開発し，さらに低グルテリン米がこの処理に向いた米であることを見い出した。AFT研究所は「エルジーシー1」の兄弟系統から低グルテリン米の「家族だんらん」を育成し，レトルトパックされたアレルゲン低減化加工米「AFTライス」の原料として用いられている[18]。一方北海道では，複数の臨床医から，品種による米アレルギー症状発現性の違いが指摘され，特に他品種から「ゆきひかり」（一般米）への品種変更では，症状改善の有効率が68.4％であった。「ゆきひかり」は抗原となるタンパク質は減少していないため，タンパク質による抗原抗体反応とは別の機作（細胞性免疫）で発症している患者に有効であると考えられている[19]。

3 有色素米

有色素米には玄米の果皮にアントシアニン系色素を含む紫黒米，タンニン系色素を含む赤米，さらに胚乳が黄色の黄色米がある（表4）。赤米は日本でも古くから存在し，神事などに用いら

第5章 新形質米品種の育種

れてきた。紫黒米や赤米の色素は機能性成分のポリフェノール類であり，ビタミン類（B類，E，Pなど），鉄，カルシウムなどの有用無機成分にも富むものがある[20]。加えて「ベニロマン」などの赤米品種中には抗酸化活性を示すプロアントシアニジンが含まれる[21]。紫黒米と赤米の色素は玄米の糠層に含まれ，完全に精白すると失われてしまうため，玄米か七〜八分搗き精米で利用する。ともに，もち米とうるち米品種がある。赤飯や赤餅，酒米用，さらに天然色素として利用されている他，古代米などと銘打って販売している例も多い[22]。また紫黒米や赤米は，芒などにも着色がみられる品種が多く，景観形成や観賞用にも用いられるものがある。黄色米は，胚乳部に黄色の色素を有しているため，精米を炊飯するとサフランライスのようになる。

表4 有色素米品種

新形質の種類		品種・系統名	育種場所	来歴	備考
有色素米	紫黒米	朝紫	東北農業研究センター	東糯396/ふくひびき［注：東橘396：タツミモチ/バリ島在来紫黒米//中部糯57号（ココノエモチ）］	もち
		おくのむらさき	東北農業研究センター	東北糯149号/ふくひびき［注：東北精149号はバリ島在来品種から育成した紫黒もち米系統］	うるち
		むらさきの舞	兵庫県立農林水産技術総合センター	バリ島在来紫黒稲/イシカリ	うるち
		小紫	秋田県農業試験場	東北糯149号/たつこもち	もち
		峰のむらさき	愛知県農業総合試験場	イ糯413/朝紫	もち
	赤米	ベニロマン	九州沖縄農業研究センター	南海97号/対馬赤米	うるち
		紅染もち	九州沖縄農業研究センター	ベニロマン/ひみこもち	もち
		紅衣	東北農業研究センター	奥羽331号/A5//奥羽331号，ふくひびき	うるち
		夕やけもち	東北農業研究センター	たつこもち/紅衣	もち
		つくし赤もち	福岡農業総合試験場	サイワイモチ/対馬在来	もち
		あかおにもち	岡山県農総センター	総社赤米/サイワイモチ	もち
		紅香	新潟県農業総合研究所	新潟糯31号/篠ノ井//新潟糯31号/東北144号	もち・香り米
	黄色米	西海黄256号	九州沖縄農業研究センター	キヌヒカリにγ線照射	

注）育成場所の記載に関しては表1と同様。

3.1 紫黒米

3.1.1 朝紫

バリ島在来の紫黒米品種に由来する日本型のもち品種である。玄米の果皮は濃い紫色を呈し，一見して黒色にみえる。玄米にはカルシウムやカリウムなどを多く含んでいる。餅としての食味は「ヒメノモチ」並かやや劣る。七〜八分搗きで炊飯する「おこわ」か，一般の白米に「朝紫」の玄米を少量混合して炊飯して赤飯として食する。また色素を生かした赤酒などの特殊用途に利用できる。熟期は「あきたこまち」並かやや晩い。収量性は「ヒメノモチ」より2割ほど低い。葉の縁や葉舌などが紫色を示し，一般品種との識別は容易である。

3.1.2 おくのむらさき

「朝紫」と同じバリ島在来品種に由来するうるちの紫黒米品種である。玄米の色は「朝紫」よりやや淡いが，もち米では難しい辛口の着色酒用の素材米として利用されている。米飯としての食味は「ひとめぼれ」には劣るが，五分搗きの「おくのむらさき」を「ひとめぼれ」の白米に1割程度混合して炊飯すると紫色の米飯となり，食味は「ひとめぼれ」と変わらず，極めて良好である。熟期は「あきたこまち」や「朝紫」並で，東北中南部では早生の晩に属する。収量性は「朝紫」より10％以上多収である。

3.2 赤米

3.2.1 ベニロマン・紅染めもち

極長稈で倒れやすい在来品種の「対馬赤米」を短稈化し栽培しやすくした九州向けの赤米品種である。「ベニロマン」がうるち米，「紅染めもち」はもち米である。タンニン系色素による鮮紅色の玄米色が赤飯や赤酒，和菓子に利用できる。ともに一般米よりもポリフェノール含量，抗酸化活性を持つプロアントシアニジン含量が高い。また「ベニロマン」は，赤色の長芒が美しく，観賞用や景観形成用としても利用が期待される。

3.2.2 紅衣・夕やけもち

北海道の赤米品種「赤室」を母本に東北向けに栽培特性を改良した品種。倒伏しにくく一般品種並の収量性がある。「紅衣」はうるち米で，「夕やけもち」はもち米である。「紅衣」は，主に醸造用として利用されており，「夕やけもち」は，着色米飯，赤餅等としての利用が期待されている。

3.3 黄色米

黄色米としては，「キヌヒカリ」の突然変異処理により選抜された系統「西海黄256号」が育成され，品種登録予定である。色素成分については新奇物質である可能性が高く，現在同定中で

第5章　新形質米品種の育種

ある。色素成分の機能性が解明されれば，炊飯米の黄色を楽しむだけでなく，さらに利用の可能性が広がると考えられる。

4　香り米

香り成分のアセチルピロリン（2-acetyl-1-pyrroline）を含み，炊飯すると麝香（じゃこう）臭あるいはポップコーン臭とも言われる特有の香りのある米である。古くから在来種の栽培があったが，現在も，高知県の特産米として在来品種の「ひえり」，「十和錦」や改良品種の「さわかおり」が栽培されている他，宮城県では「はぎのかおり」など各地で品種が育成され，全国で小規模の栽培がある。一方，こうした在来の香り米とは異なるバスマティ米の特性を持つ香り品種が育成された（表5）。バスマティ米は，主としてパキスタンのPunjab州とインドのインダス川流域で作られている稲のバスマティ（Basmati）品種群およびその米を指す。その特徴が，香り米であり炊いた米粒がよく伸長し，柔らかいが粘りが少ないことである。そうした特性が世界的に高い評価を受けており，一般米より高く売買されている。バスマティ米の主力品種「Basmati 370」の炊飯特性を導入した日本型品種「サリークィーン」が育成された。さらに「サリークィーン」を母本として，「プリンセスサリー」「かほるこ」「恋ほのか」が育成されている。

表5　香り米品種

新形質の種類		品種・系統名	育種場所	来歴	備考
香り米	日本在来種型	キタカオリ	北海道農業研究センター	Tangone/北海241号//3＊北海244号	
		さわかおり	高知県農業技術センター	黄金晴/ヒエリ	
		はぎのかおり	宮城県古川農業試験場	コガネヒカリ)//古2986/東北125号［注：古2986は後の「みやかおり」］	
		ちほのかおり	宮崎県総農業試験場	はぎのかおり/南海122号	
		越佳香	新潟県農業総合研究所	トドロキワセ/はぎのかおり	
		稚児のほほ	新潟県農業総合研究所	わたぼうし/はぎのかおり	もち
	バスマティ米型	サリークィーン	作物研究所	日本晴/Basmati370	
		プリンセスサリー	作物研究所	サリークイーン/関東150号	
		かほるこ	新潟県農業総合研究所	サリークイーン/アキヒカリ	
		恋ほのか	青森県農林総合研究センター	(サリークイーン/ハツコガネ)F3//やまうた	

注）育成場所の記載に関しては表1と同様。

4.1 はぎのかおり

在来の香り米品種「岩賀」の香りを導入した混米型の香り米で，東北中南部以南に適する。単品では香りが強すぎるので，好みに応じて5～10％程度通常米に混ぜて炊飯する。熟期は宮城県では中生の晩。収量は「ササニシキ」並で香り米としては多収である。

4.2 サリークィーン

「Basmati 370」の特性を導入した初の日本品種である。香りの成分は，日本在来型の香り米品種と同じアセチルピロリン（2-acetyl-1-pyrroline）を有するが，含量はやや少なく，香りは弱い。米は細長粒で炊飯により縦方向に良く膨張する。アミロース含有率は「コシヒカリ」並で，タンパク質含有率は「コシヒカリ」より明らかに高い。炊飯米は，柔らかいがあっさりした軽い食感で，カレーやピラフ，パエリヤに向く。熟期は「日本晴」より遅く，関東では晩生である。稈長が極長く耐倒伏性が弱く，少収である。

4.3 プリンセスサリー

「サリークィーン」を早生，短稈化し，栽培性を向上させたバスマティ型の細長粒香り米品種。香りの強さは「Basmati 370」並である。熟期は「サリークィーン」より10日程度早く，関東では中生の晩である。稈長は「日本晴」よりも5cm程度短く，収量は「サリークィーン」より10％多収である。アミロース含有率は「日本晴」よりやや低いが，炊飯米の粘りは少ない。「サリークィーン」同様，カレー，ピラフなどのエスニック料理に適する。

5 巨大胚米

米には様々な機能性成分が含まれるが，その大半が胚芽や果皮などのぬか部分に含まれている。これらの含量を育種によって高める試みの一つとして，胚芽の大きな巨大胚米がある。胚芽に含まれるγ-アミノ酪酸（GABA，ギャバ）は，玄米を水に浸漬すると胚芽内のグルタミン酸から高濃度で蓄積されることが明らかになった。GABAを蓄積させた胚芽や玄米を食べると高血圧の抑制や，不眠やイライラなどの症状を抑制する効果が臨床的に確認され[23]，米のGABAを使った健康食品が相次いで商品化されている。加えて胚芽にはコレステロール増加抑制作用を持つγ-オリザノール，肥満防止や糖尿病の予防に期待されるフイチン酸[24]，動脈硬化などに効果のあるα-トコフェロール（ビタミンE)[25]など多くの機能性成分が見出されている。こうした胚芽の有効成分を利用する米として，通常の玄米よりも胚芽が著しく大きな米（巨大胚米）が注目されている。巨大胚米品種は，九州大学，農業生物資源研究所あるいは北海道農業研究センターの

第5章　新形質米品種の育種

表6　巨大胚米品種

品種・系統名	育種場所	来歴	備考
はいみのり	近畿中国四国農業研究センター	EM40/アケノホシ	EM40は九州大学でMNU受精卵処理した金南風から育成された巨大胚突然変異系統糯
めばえもち	中央農業総合研究センター（北陸）	EM40/中部糯57号	
恋あずさ	東北農業研究センター	北海269号/奥羽316号	北海269号の巨大胚は探系2006由来
はいいぶき	近畿中国四国農業研究センター	恋あずさ/中国151号	
ゆきのめぐみ	北海道農業研究センター	ゆきひかりのγ線照射	
はいほう	群馬県農業技術センター	朝の光/恋あずさ	

注）育成場所の記載に関しては表1と同様。

突然変異体を利用して育成されている（表6）。「はいみのり」「めばえもち」は「金南風」の突然変異体EM40に由来し，「恋あずさ」「はいいぶき」は探系2006に由来する。いずれも通常米の3～4倍の大きさの胚芽を持ち，玄米を水に浸漬すると，通常米の3～4倍のGABAが胚芽内に生成される（図3）。一方，「ゆきのめぐみ」は「ゆきひかり」の突然変異体であり，「ほしのゆめ」より胚芽が1.8倍，玄米の水浸漬により約1.7倍のGABAが生成される。巨大胚米は出芽不良のため苗立ちが不安定で育苗が難しいが，「はいいぶき」「ゆきのめぐみ」では，出芽性がかなり改善された。GABAの含有率は，完熟種子よりも未熟種子で多く，また窒素成分含量など栽培条件にも影響される。巨大胚米は，発芽玄米，胚芽米，おかきや和菓子などの米菓に利用されている。

6　超多収米

農林水産省では1982年から1988年まで総合的開発研究「超多収作物の開発と栽培技術の確立」を実施し，飛躍的に収量の高い稲品種（超多収品種）の開発を進めた。その後も飼料稲用品種の開発プロジェクトなどで，超多収品種の育種は続けられ，多くの品種が育成された。多収にすることで，安価な米が提供可能となり，加工原料や飼料用など，米の利用の可能性が広がる。ここでは，加工用に利用されているものを中心に紹介する（表7）。

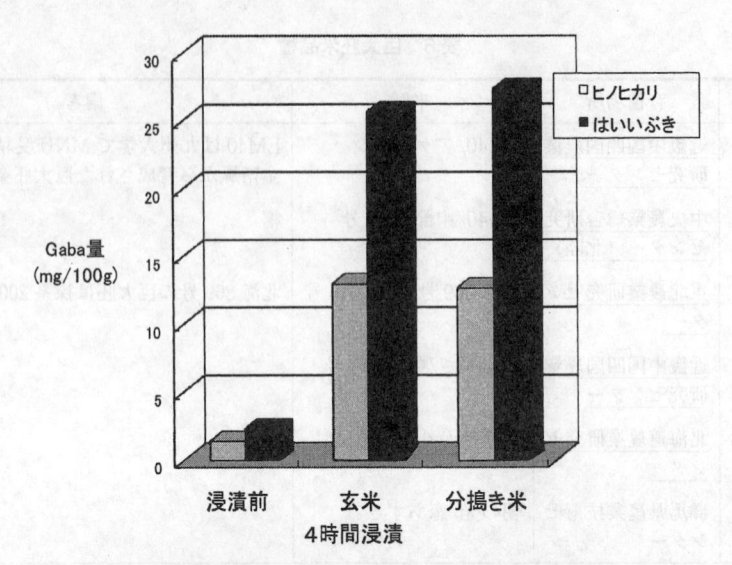

図3 巨大胚米「はいいぶき」のGABA生成量
(新しい米を創る '06・近中四農研センター米品質研究近中四サブチームより転載)

6.1 ふくひびき

東北向けの日本型品種。熟期は東北中南部では中生の中である。短稈で穂重型。耐倒伏性が強い。育成地の平均玄米収量は703 kg/10 a。玄米の外観品質は中。玄米はやや大きく，形状は中粒である[28]。かつて福島県で奨励品種に採用され，酒造用の掛米として利用されたことがあり，多収地帯の会津では1 t/10 aの玄米収量を記録したことがある。

6.2 タカナリ

関東以西向きのインド型品種。熟期は関東では中生の中である。短稈で極穂重型，耐倒伏性は極強である。育成地の平均収量は758 kg/10 aである。玄米の大きさは中でやや長粒である。味噌などの原料用として一時茨城県の認定品種となった。最近，パン用の米粉として再度注目されている。多収により原料の単価が下げられることは確かだが，製パン適性が良い原因についてはまだ明らかにされていない。また「タカナリ」のもち突然変異体として，多収の「おどろきもち」がある。

6.3 北陸193号

北陸地域では晩生のインド型品種。強稈で極穂重型。育成地の平均収量は780 kg/10 aである。玄米の大きさは中程度でやや長粒である。現在，新潟県のJA南蒲でバイオマスエネルギー転換

第5章　新形質米品種の育種

表7　超多収米品種

品種・系統名	育種場所	来歴	育成地での粗玄米収量 kg/10a
アケノホシ	近畿中国四国農業研究センター	中国55号/KC89	613
ハバタキ	中央農業総合研究センター（北陸）	密陽42号/密陽25号	695
オオチカラ	中央農業総合研究センター（北陸）	BG1/収3116	717
タカナリ	作物研究所	密陽42号/密陽25号	758
ふくひびき	東北農業研究センター	コチヒビキ/奥羽316号	703
おどろきもち	作物研究所	タカナリにγ線照射	605
クサホナミ	作物研究所	アケノホシ/中国113号	669
ホシアオバ	近畿中国四国農業研究センター	中国113号/北陸130号	694
べこあおば	東北農業研究センター	オオチカラ/西海203号	732
夢あおば	中央農業総合研究センター（北陸）	上321/奥羽331号	720
北陸193号	中央農業総合研究センター（北陸）	上344/桂朝2号	780
きたあおば	北海道農業研究センター	北陸187号/初雫//空育163号	825
モミロマン	作物研究所	密陽23号/札53-22//ともゆたか/3/北海244号	823

注）育成場所の記載に関しては表1と同様。

に向けた資源作物としての現地実証試験を実施しており，900 kg/10 a の多収実績が得られている。

6.4　きたあおば

北海道では初の飼料イネ品種であり，バイオエタノールの原料としての利用も期待されている。育成地の平均収量は 825 kg/10 a である。耐冷性，いもち病抵抗性は不十分である。北海道に2カ所のバイオエタノールプラントが建設予定であり，原料としての適性評価のため，多収実証栽培試験に供試されている。

7　その他の新形質米

粒大，粒形に特徴のある品種，糖質および粉質の胚乳を持つ品種，脂質代謝が改変された品種，観賞用の品種をまとめて表8に示した。

7.1 大粒米

一般に玄米千粒重が25g以上の米を指す。国内で育成された最も大粒の稲は玄米千粒重が73gの系統「SLG80」と報告されている[26]。登録品種では千粒重36gの「オオチカラ」がある。「オオチカラ」は，「たいほう」と「長香稲」の後代から育成された大粒系統BG-1を母本とする玄米千粒重約36gの大粒で多収の品種である。炊飯米は粘りが弱く食味は劣るが，リゾットやパエリヤにはむしろ通常米よりも適しており，ぽん菓子などの米菓用としての利用も考えられる。酒米では吸水が多く炊き増えし，麹にした時に菌糸の生育が良くもろみでの溶解性も良い。熟期

表8 その他の新形質米品種

新形質の種類	品種・系統名	育種場所	来歴	備考
大粒米	オオチカラ	中央農業総合研究センター（北陸）	BG1/収3116	千粒重36g
	ひとはな	九州沖縄農業研究センター	コチヒビキ/BG25/関東124号	千粒重29g
小粒米	関東195号	作物研究所	キヌヒカリ/88PR108	千粒重15g
	つぶゆき	青森県農林総合研究センター	H91-33/コシヒカリ/青系114号	千粒重14g
	奥羽紫糯379号	東北農業研究センター	関東195号/朝紫	千粒重11g 紫糯米
細長粒米	華麗米	中央農業総合研究センター（北陸）	密陽23号/アキヒカリ	カレー向き
脂質代謝改変米	北陸PL2	中央農業総合研究センター（北陸）	北陸148号/Daw Dam//北陸148号	
糖質米	あゆのひかり	中央農業総合研究センター（北陸）	EM5（金南風の突然変異系統）/奥羽331号	GABA含量多
粉質米	北陸166号	中央農業総合研究センター（北陸）	奥羽331号/研系2047	
	北海303号	北海道農業研究センター	ほしのゆめのγ線突然変異	
観賞用稲	西海観246号	九州沖縄農業研究センター	ひみこもち/ベニロマン	芒が褐色
	奥羽観383号	東北農業研究センター	H-451/紫穂No.1	穎色紫，葉身に緑白色の縦縞
	奥羽観378号	東北農業研究センター	極早生長芒/対馬在来	芒が赤
	奥羽観379号	東北農業研究センター	紫穂No.1/対馬在来	芒が紫

注）育成場所の記載に関しては表1と同様。

第5章 新形質米品種の育種

は北陸では中生の中である。稈長はやや長く，穂重型である。稈が太く，耐倒伏性は優れている。玄米の外観品質は著しく不良である。「オオチカラ」を母本として後継品種が育成されているが，玄米外観品質への配慮などから，千粒重は30g前後の品種が多い。その一つ「ひとはな」は酒米用の品種である。また，大粒米を飼料として利用する場合，機械での圧ぺんで消化性の向上が期待でき，一般米との識別性もあることから，「オオチカラ」を母本として飼料イネ品種「ホシアオバ」「クサユタカ」「夢あおば」「べこあおば」「ニシアオバ」が育成されている。

7.2 小粒米

一般に玄米千粒重が15g以下の米を指す。小粒米は相対的にぬか部分の割合が多くなり，タンパク質含有率が高い傾向がある。食感の違いを生かした料理や米菓への利用が考えられる。これまでに「つぶゆき（玄米千粒重14g）」「関東195号（15g）」「奥羽紫糯389号（11g）」などの品種・系統が育成された。「つぶゆき」は玄米食用やピラフなどの調理飯用として青森県で栽培されている。「奥羽紫糯389号」は紫黒米でもあり，既存の「朝紫」よりも食物繊維やカルシウム，ビタミンEの含量が多い。玄米をブレンドした着色米飯の食味も「朝紫」より優れる。

7.3 細長粒米

「華麗米」は細長粒のうるち種である。炊飯米表面の粘りは少ないが，内部は「コシヒカリ」並に柔らかい米飯物性を示し，日本で市販されているとろみのあるカレールウと良く合い，カレー用調理米飯として実用化の予定である。国際的な基準では，長粒ではなく中粒だが，短粒の一般的な日本品種より明らかに細長い粒形であるので細長粒とした。上記した高アミロース米の「ホシユタカ」やバスマティ米の「サリークィーン」も細長粒米である。

7.4 糖質米

糖質米は，胚乳デンプンの代わりに水溶性多糖類（ファイトグリコーゲン）を多く含み，米を噛むと甘味がある。原因はイネの第8染色体に座乗するイソアミラーゼ1遺伝子の機能欠損に基づく[27]。九州大学が育成した糖質突然変異系統EM5を母本にして「あゆのひかり」が育成された。「あゆのひかり」はファイトグリコーゲンを乾物重当たり30％蓄積しており，糖分を生かした製菓用米や発酵原料としての利用が期待されている。同時に，発芽玄米にした時に一般品種の3倍程度のGABAを含むことが明らかとなり，白米とのブレンドによるおにぎりやおはぎが製品化されている。

7.5 脂質代謝改変米

米は貯蔵中に胚芽や糠に含まれる脂質が脂質酸化酵素（リポキシゲナーゼ，LOX）の作用によって酸化され古米臭を発するようになり，これが古米の品質劣化の原因になっている。外国品種を検索した結果，3種類のLOXのうち活性全体の80％を占めるLOX3を欠失したタイの在来品種「DawDam」を見出し，古米臭の原因となる揮発性成分が一般品種と比べて少ないことが明らかにされた[28]。このLOX3欠失性を導入し，栽培特性や食味などを改良した中間母本系統「北陸PL2」が育成されている。さらに油貯蔵細胞顆粒膜を分解するホスホリパーゼDの欠失変異体も選抜されており，脂質の分解や酸化を抑制できる育種素材として期待される。

7.6 粉質米

粉質米は胚乳が粉質状で，玄米の外観は白濁し，指先で玄米を押すと簡単につぶれ，粉状になる。農業生物資源研究所が育成したササニシキの粉質突然変異系統「研系2047」を母本にした「北陸166号」，「ほしのゆめ」の突然変異系統である「北海303号」が育成されている。高吸水性や粉砕性を利用した米粉用や酒米の用途が考えられるが，今のところ実用化していない。

7.7 観賞用稲

茎葉や穂を観賞する品種として，葉色が紫になるもの，葉に白い縦縞が出るもの，穂揃期に長い芒や穂が鮮やかな紫や赤色を示すもの，極端に草丈の短い盆栽稲などがある。景観形成作物に加えてドライフラワー，生花用としても利用できる[29]。登録品種としては，芒が多く芒色が褐色の糯品種である「西海観246号」，穎色が紫で葉身に緑白色の縦縞を有する「奥羽観383号」がある。他に芒が多く赤い「奥羽観378号」，芒が紫色の「奥羽観379号」が品種登録予定である。

8 新形質米の展望

新形質米品種の開発では，度々紹介したように突然変異育種による選抜が極めて有効であった。最近でも，黄色米が突然変異で新たに選抜されるなど，新しい形質が加わっている。ターゲットとする形質を定め選抜法を確立すれば，突然変異育種により今後もまだ新たなジャンルの開拓に期待が持てる。一方，LOX3欠失性は遺伝資源のスクリーニングで発見されている。例えば米の各種有用成分について大規模な遺伝資源のスクリーニングをすることにより，有用成分含量の多い新たな新形質素材が見出されるかもしれない。さらに，遺伝子組換技術を用いることにより，有用成分の蓄積・改変の可能性が大きく広がるので[30]，今後の実用化研究に期待したい。

最近，国際的な穀物価格および石油価格の急騰が世界的に深刻な問題となっており，食料自給

第 5 章　新形質米品種の育種

率向上が以前にも増して重要な政策課題となっている．我が国は，米については生産能力に余力があることから，米粉をはじめ種々の加工原料，飼料やエネルギー用など，新形質米開発のスローガンである「米の用途拡大の追求」に強い期待が寄せられている．これに応じて，超多収品種開発の機運が再燃している．既存の超多収品種より収量性がさらに高く，かつ用途毎に必要な品質形質を備えた超多収品種の開発に一層力を注ぐ必要がある．肥料価格も高騰していることから，少肥・無農薬で多収となる低投入型栽培適性も考慮すべきだろう．

文　献

1) 農林水産技術会議事務局，需要拡大のための新形質水田作物の開発，研究成果 340（1999）
2) 横尾政雄，世界の米の品質特性，美味しい米，51-137，農林水産技術情報協会（1996）
3) 高見幸司ほか，食科工，**45**，469-477（1998）
4) 国広泰史ほか，育雑，**43**（1），155-164（1993）
5) 伊勢一男ほか，作物研究所研究報告，**2**，39-61（2001）
6) Sato *et al.*, *Breeding Science*, **53**, 131-135（2002）
7) 中場勝ほか，山形農事研報，**38**，1-23（2006）
8) 安東郁男ほか，日本育種学会・日本作物学会北海道談話会，**47**，35-36（2006）
9) 梅本貴之ほか，農業および園芸，**81**，(1)，191-196（2006）
10) 柳原哲司ほか，平成 14 年度新しい研究成果—北海道地域—，148-151（2006）
11) 安東郁男ほか，育種学研究，**9**（別 2），193（2007）
12) 飯田修一，農業および園芸，**81**（1），197-202（2006）
13) 川越靖ほか，育種学研究，**10**（別 1），52（2008）
14) Kusaba *et al.*, *Biochimica et Biophysica Acta Proteins & Proteomics 1699*, 95-102
15) 望月隆弘ほか，日本腎臓学会誌，**42**，24-29
16) Nishio *et al.*, *Theoretical and Applied Genetics*, **86**, 317-321（1993）
17) 阿部浩人ほか，育種学研究，**1**（別 1），289（1999）
18) 阿部浩人ほか，BRAIN テクノニュース，**72**，9-12（1999）
19) 柳原哲司，平成 12 年度研究成果情報（北海道農業），（2001）
20) 沼口憲治ほか，育種学雑誌，**46**（別 1），186（1996）
21) 沖ほか，日本食品科学工学会第 48 回大会（香川大学）講要，104（2001）
22) 猪谷富雄，新特産シリーズ，赤米・紫黒米・香り米，160，農文協（2000）
23) 岡田忠司ほか，日食工誌，**47**，8，596-603（2000）
24) 早川利郎ほか，日食工誌，**39**，647-655（1992）
25) 南晴康，*New Food Industry*, **24**, 49-53（1982）
26) 滝田正他，育種学雑誌，**46**（別 2），295（1996）
27) Fujita *et al.*, Planta 208, 283-293（1999）

28) Suzuki *et al., Journal of Agricultural and Food Chemistry*, **47**, 3, 1119-1124 (1999)
29) 滝田正, 農業および園芸, **76**, 15-20 (2001)
30) 小松晃, 農業および園芸, **81** (1), 160-168, (2006)

第6章 ゲノム育種

1 ゲノム育種とは何か

美濃部侑三*

1.1 はじめに

イネゲノム研究の成果は画期的な育種法の開発やDNA品種鑑別法を生み出してきた。DNAシーケンスが年々進歩して，より大きなゲノムサイズを持つトウモロコシや小麦にまで進展することが予想される。ここではイネ育種について説明したい。

ゲノム研究は個々の遺伝子ではなく，遺伝の本体であるゲノム全域を解析することを目的とした。それまでのDNA研究から考えれば研究手法だけでなく，発想そのものを変えなければならなかった。ゲノムを再構築するためにまず先にDNA断片の位置を整理しておかなければならない。まるでパズルをやるような感覚で地図が作られた。当初は遺伝学者との協力で遺伝形質地図をもとにゲノム全域にわたるDNAマーカーのリンク地図を作成した。

高密度のDNA地図は次のゲノムシーケンスのための準備であったが育種への利用も検討された。たとえば，いもち病耐性遺伝子の近くのDNAマーカーは選抜段階で形質評価の代わりに用いられて効率を上げた。ゲノム育種法とはこのDNA-マーカー選抜法をさらに進めてまったく新しい育種体系を構築したものである。

- 選抜領域：　　　点→全域
- 選抜マーカー：　形質→DNA
- 交配組合せ：　　近縁種間→遠縁種間
- 施設：　　　　　圃場→温室

表1　ゲノム育種：従来育種との違い

1.2 従来の育種法

我が国では神代の昔からイネが栽培されていたとのことであるが，記録によればイネ育種はす

---

* Yuzo Minobe　㈱植物ゲノムセンター　代表取締役社長

でに奈良時代にはあったらしい。その時代からすれば品種改良により年々反収が増大し，栽培地も北上していったようである。明治時代の初期には東北一帯は冷害にやられ，安定した反収をあげるのに苦心をしてきた。そのころ北海道では稲作の統計資料はまだなかった。

　明治中頃に山形では「亀の尾」という良食味，耐冷性の品種が見つかり，良食味品種のもとになった。北海道では「赤毛」という品種からより早生の耐冷性品種が見つかり，北海道品種の祖先になった。本格的な交配育種はそれ以降のことであり，最初はめしべを丹念に手で取り除き，交配したとのことである。現在，用いられている集団育種法は選別をしないで何代か増やし，数千個体に達したところで圃場展開し，主として目視によって選抜する方法である。何代か世代更新するところで日照短縮する方法が開発されて，育成期間はやや短縮された。この間，選抜する形質によっては効率的な手法が開発されたものの育種体系は変わらず，近縁交雑に依存していたために外来種や陸稲などとの遠縁交雑による画期的な品種育成には大幅な期間を要している。30数年も以前のこと縞葉枯病というウイルス病が大発生した。日本の品種の中にはこのウイルス病に抵抗性のある品種がなく，パキスタンの「modan」というインディカ種が強い抵抗性を持つことがわかり，利用された。これまでにない形質の導入にはこの例のように外来イネなどとの遠縁交雑が必須である。緊急に育成された抵抗性品種の栽培によりウイルス病そのものを駆逐するという偉業を成し遂げたが良食味米が登場するまでには30年を要していた。たとえニーズに基づく開発が開始されてもこれでは役にたたない場合があるだろう。そのために画期的品種育成には突然変異や遺伝子組換えが期待されてきたが，遠縁交雑とその短期間の育成が可能になればインディカ種，陸稲，野生種などの利用が広がり，耐病・耐虫，超多収，直播などの様々なニーズに対応した品種育成への期待に新しい展望が開かれる。

1.3 DNAマーカー選抜育種

　ゲノム研究以前は個々の重要な遺伝子に注目して解析する報告が行われていたが，初期段階のゲノム研究は重要な遺伝形質の解析に先駆けて高密度のDNAの目印をゲノム全域に設定するマッピングという作業を進めた。この段階でもその成果を育種に役立てることが期待されていた。単一の遺伝子座で形質が決まるような場合は，この遺伝子座に遺伝的にリンクするDNAマーカーを用いて目視による選抜に代えるいわゆる「DNAマーカー選抜育種法」が実用化された。従来から使われてきた集団育種法は交配したのち何世代か無選抜で世代更新をし，数千個体に大きくなった集団を圃場で栽培し，目視選抜を行うのである。DNAマーカーは圃場選抜の段階で用いられるとすると目視より有利な場合でなければ顧みられない。

　病害耐性の検定のように一つ一つ手間隙かけて検定するのが大変な場合や逆に目視選抜の確認のために用いられたこともあったかもしれない。しかし，二つの品種の間にはっきりとした差が

第6章　ゲノム育種

出難い場合には密接にリンクする DNA マーカー自体も作れない。DNA マーカーを従来の育種体系の中で利用するにはそもそも限界がある。

このような有力な解析手法を実際の育種現場に普及させるためには多くの課題が残されていた。実際に多くの個体選抜を進めている現場では，多試料から DNA を抽出し，DNA マーカーで解析することがはたして効率的な選抜の手法となるのかが問われてきた。また，仮に手間がかかっても従来育種では不可能な品種を生み出すことができるのか。様々な疑問と期待があった。遺伝子組換え技術は実際に従来育種では達成できない生物種を越えた遺伝子導入を果たした。DNA 選抜育種では従来育種が対象としてきた交雑の選抜手法であるから，期間の短縮や従来育種では解決できなかった量的形質の導入法を提示しなければ意味がない。DNA マーカー選抜育種の弱点とされてきた DNA 抽出法も最近では大幅に改善され，大規模の調製が可能になっている。DNA マーカーについては従来の RFLP マーカーに代わり，CAPS（cleaved amplified polymorphism）や SSR（simple sequence repeat）のような PCR 産物の多型をマーカーとする方法や一塩基の違いを識別する SNPs（single nucleotide polymorphisms）マーカーなどが登場し，解析のスピードが著しく向上した。経済形質とリンクするマーカーがあれば幼苗期の少量の葉があれば容易に識別できることから，必ずしも広大な圃場を必要としない。量的形質遺伝子座についても前に述べたように解析手法が確立し，実際の育種に利用できる条件が整ってきた。

1.4　DNA マーカー（SNPs）選抜からゲノム育種へ

DNA マーカー選抜法ではねらいとする遺伝形質と密接にリンクする DNA マーカーをまず選び出し形質評価の代わりに用いたが，ゲノム育種法はゲノム全域にわたる DNA マーカーにより，より正確で迅速な品種育成のシステムを構築することを目指した。そのためには従来育種法とは異なる育種体系を構築することが必要であった。

1.4.1　近縁交雑から遠縁交雑

従来の集団育種法は近縁交配が主体であり，イネゲノム全域の高密度の DNA マーカーの設定は困難である。近縁種間の交雑ではすでに限界に達していると思われるところから画期的な品種は陸稲，外来イネ，野生イネなどとの交雑による方が期待できる。ゲノム全域に高密度マーカーを設定するにはむしろ遠縁交雑が有利である。

1.4.2　圃場選抜から温室内選抜

従来の集団育種では交配後，選抜をしないで数代世代更新を行い，数千個体になってから圃場で選抜する。ゲノム育種は交配後，分離した個体を世代ごとに幼苗期に DNA 解析して各個体の DNA マーカーのマップをつくり，最良の個体を選抜し，次の交雑に使う。

個体数は最大でも 100 程度であるから，この段階では温室内で栽培できる。SNPs マーカーで

アグリバイオビジネス―その魅力と技術動向―

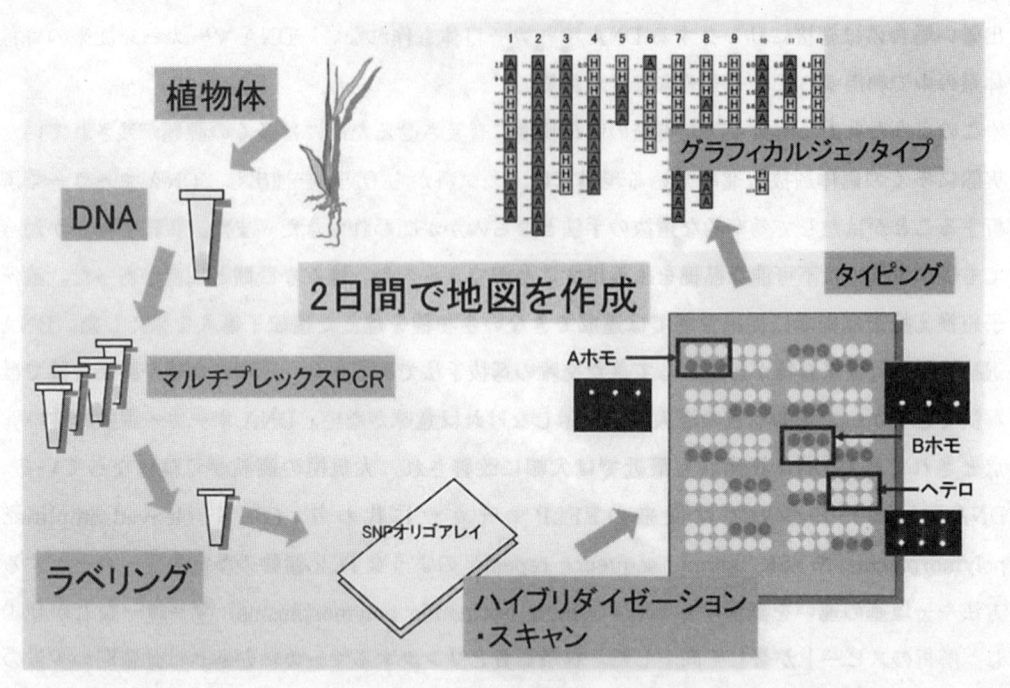

図1　選抜の流れ

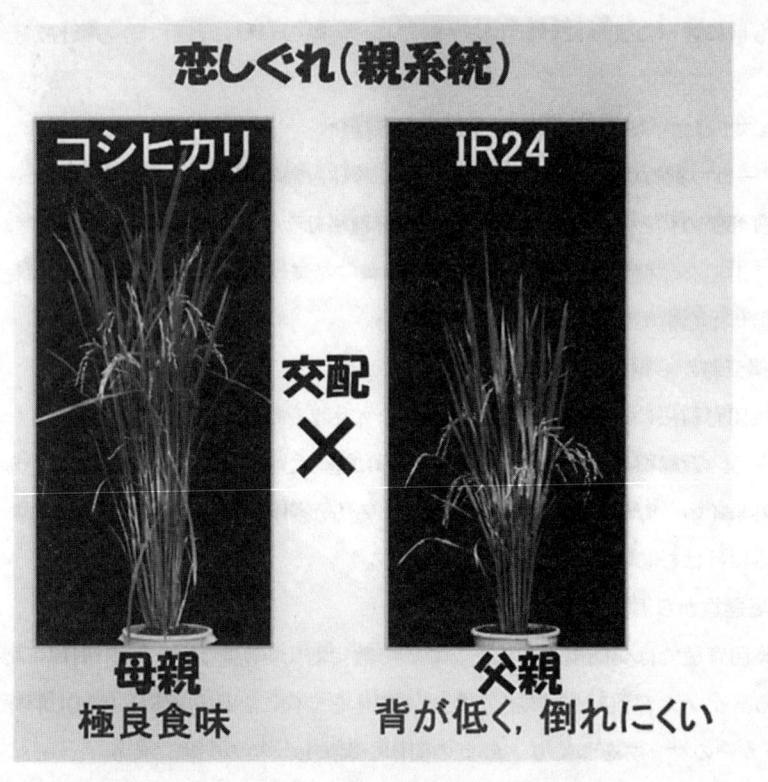

図2

第6章 ゲノム育種

はその領域がヘテロであっても識別できる。温室内では年3回の世代更新が可能である。

1.4.3 育種期間の短縮

温室による世代更新により育種期間は大幅に短縮されたが同時にDNA解析技術の効率化もSNPsマーカーで進めてきた。現在では各個体のマッピングは，その個体が出穂する前に完了することができるようになった。このことは，形質という点でしか選抜できなかった集団を，ゲノム全域をしらべて選抜する「ゲノム選抜」とも呼ぶべき画期的な選抜手法を可能にした。組み合わせは出穂期にもよるが2，3年で新品種の生み出すスピードで緊急のニーズにも対応できる。

1.4.4 準同質系統の育成

従来の育種においては重要形質を持つ品種Bと優良品種Aを交雑し，Bの持つ重要形質をAに導入するために何回も交雑を重ねて，Bの重要形質だけを導入した準同質系統が作られてきた。一回の戻し交配により，2分の1ずつ置き換わると考え，通常，8回の戻し交配で限りなくAに近い準同質系統が育成できると考えられている。当然，圃場での選抜や形質評価が行われてきた。ゲノム育種では実際に全個体のマッピングにより，個体ごとのDNAの置き換わりを確認できる。一回の戻し交配でAの染色体に置換される割合は，個体ごとに異なり，全体として正規分布を

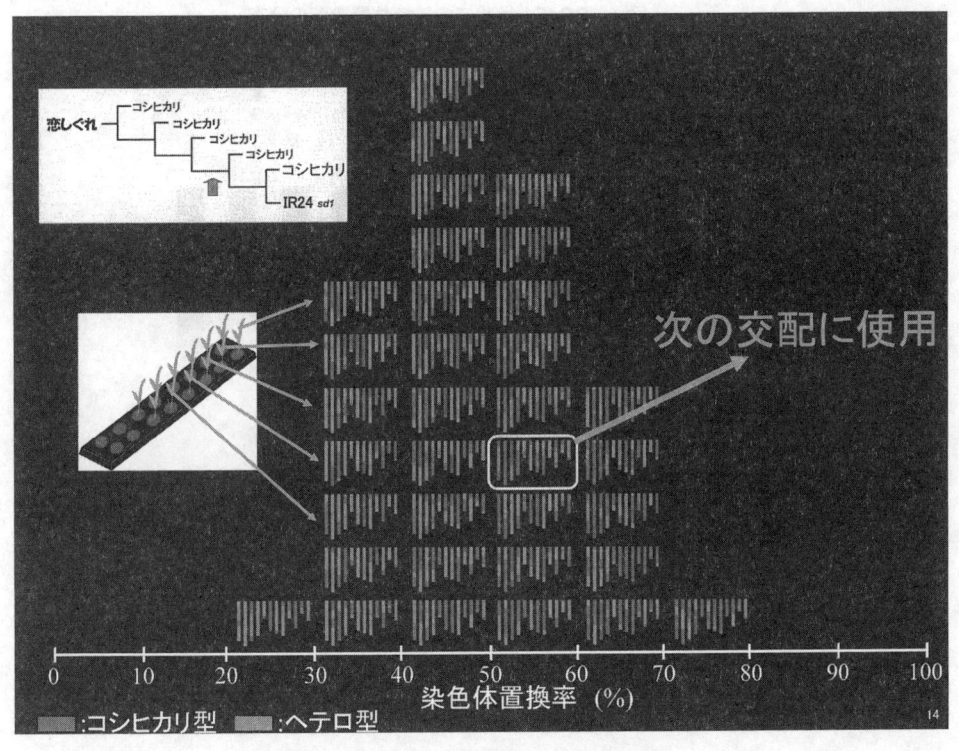

図3 BC1F1世代での染色体置換率の分布

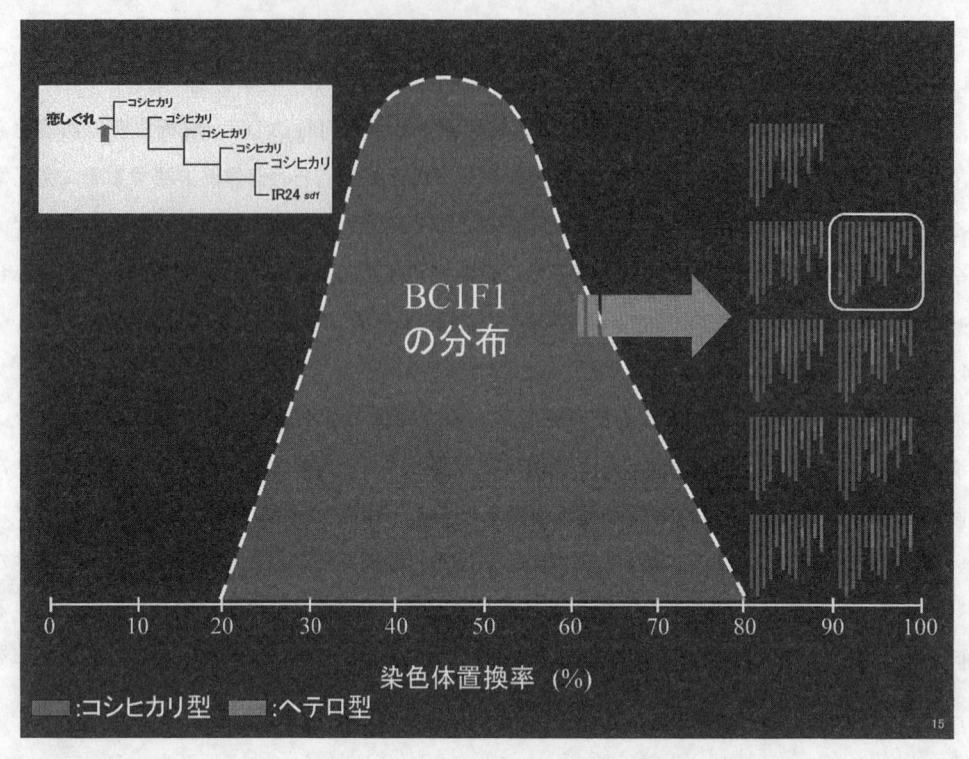

図4　BC4F1世代での染色体置換率の分布

図5　BC4F1世代での選抜個体

第6章　ゲノム育種

示すはずである。実際に69個体のBC1F1をSNPsマーカーで解析すると，置換率はおよそ25％から75％の正規分布をしていることがわかった。戻し交配の世代ごとにゲノム全域を解析する選抜法は最良の個体を選抜する技術で明らかに従来育種における準同質系統の育成より勝っている。実際にはBの重要遺伝子周辺のDNAはその領域の組換え効率に依存するので，正確にDNA解析をしなければ残留するBのDNAの個所も割合も不明である。一方，DNA解析によって確認された最良の個体であっても最終的には圃場での栽培試験により，劣悪形質の有無を確認しなければならない。仮に不都合な形質が残っていた場合には交配を繰り返し，必要とあればその領域のマーカーを加えて，より厳密な選抜を行えばよい。遠縁交雑を育種の根幹に据える以上，準同質系統の育成は事実上この育種法の特徴である。

　実際にコシヒカリに半矮性遺伝子（sd-1）を導入し，インディカ種であるIR24との交配にも関わらず2年弱で新品種の育成に成功した。sd-1は緑の革命をもたらしたとされる遺伝子で耐倒伏性や多収性であり，コシヒカリの良食味も維持している。

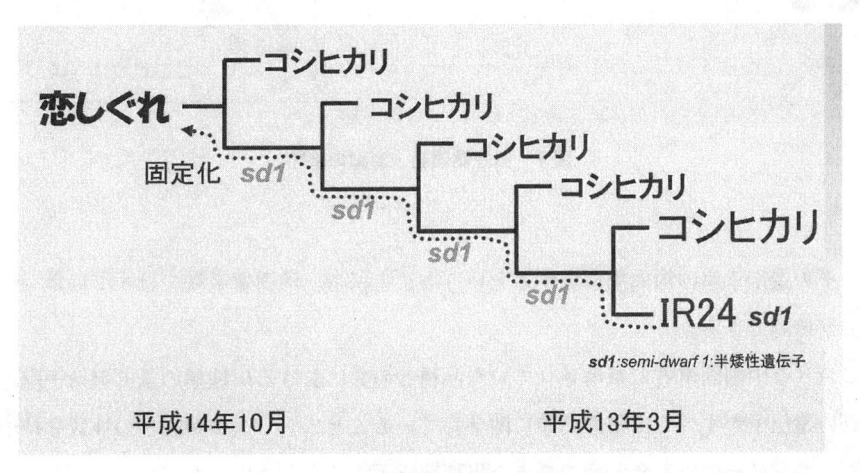

図6　育成系譜
背が低い形質はIR24から受け継いでいる。

1.5　重要遺伝子：量的遺伝子座の解析

　開花期や耐冷性など農業にとって重要な遺伝形質は複数の遺伝子による相互作用の結果であると解釈されていた。複数の遺伝子座による遺伝はメンデルの法則に基づかず，分離しない。交配した二つの品種の性質を超える個体が分離してくる。このような場合は多くの遺伝子座の関与する量的形質遺伝子座（quantitative trait locus）であると推定される。QTL解析にはDNAマーカーを利用する以外に有力な方法はなく，分離集団を解析し，DNAマーカーとリンクする複数の遺伝子座を見つけ，そこで何回かの戻し交配により個々の遺伝子座一つを含む準同質系統を作

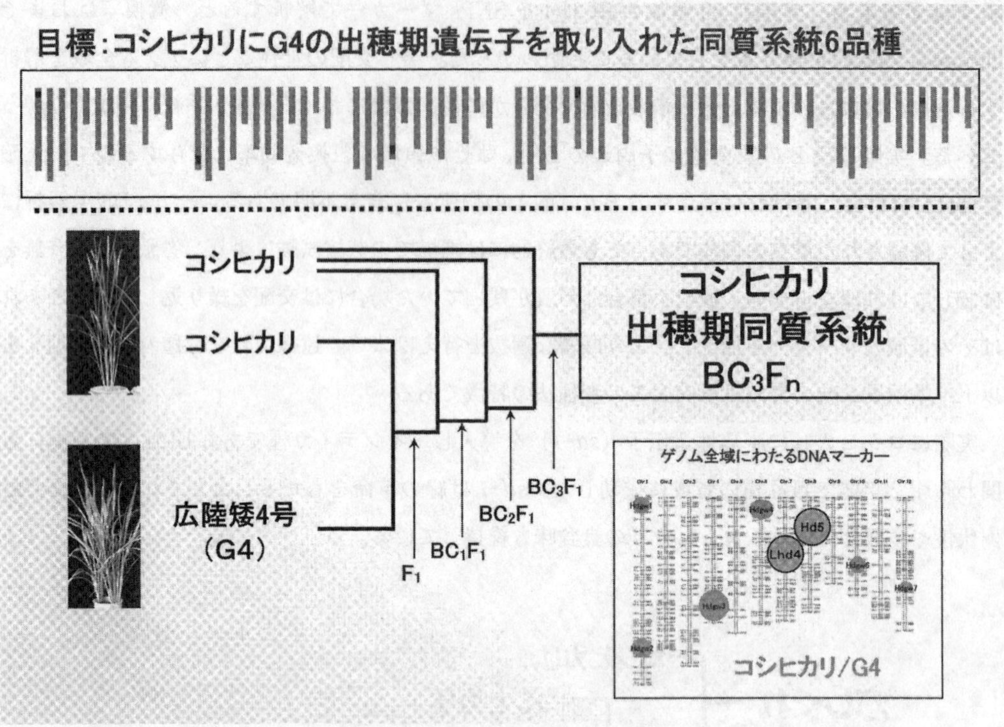

図7　出穂期調節・育種の戦略

出して，その遺伝子座の機能を解析するという方法を採る。準同質系統ではすでに単一の遺伝子座の機能が確認できる。

　コシヒカリと中国湖南省で栽培されていた品種との間における出穂期の量的遺伝子座を解析し，それぞれの遺伝子がすべて出穂期調節に関与していること，一つ一つが独自の性質を持つことを見出した。さらにその組み合わせで様々な出穂期を示すイネを作出した。

　同じイネの出穂期を調節して，北は北海道，南は沖縄，台湾，さらに世界中に栽培できる品種に改良することができる。ゲノム育種はつくばにいて世界中のイネを育種できる画期的な技術である。

2 有用形質の解析とSNPsマーカー

門奈理佐*

2.1 はじめに ～SNPs（一塩基多型）について～

2.1.1 SNPsとは何か

SNPs（スニップス）とは，英語の single nucleotide polymorphisms の頭文字をとって縮めたもので，日本語では「一塩基多型」すなわち「塩基ひとつの違い」になる．遺伝情報をつかさどるゲノムDNAが1冊の本だとすれば，塩基はその文章を構成するひとつひとつの文字に相当する．

ヒトには約31億個の塩基対があり，その中におよそ1000塩基ごとに1～3個（約0.1%から0.3%）の割合でSNPsが存在するといわれている．

イネはヒトに比べてゲノムサイズがかなり小さく，約4億個の塩基対からなっている．イネのSNPsは，我々の研究で用いた最も血縁の遠い品種同士（「ジャポニカ／インディカ」，あるいは「インディカ／野生イネ」，など）でおよそ10000塩基ごとに70～80個（約0.7%），かなり近縁の品種同士（コシヒカリ／日本晴，など）だと10000塩基ごとに3～4個（約0.03%）くらいである．

この本でいうと，図表のない1ページが約1400字であるから，近縁品種だと2ページあたり1文字程度，遠縁の品種同士だと1ページあたり10文字程度，という割合になる．

このようなSNPsを探すには，比較したいサンプル（品種）同士のゲノムDNA上の同じところをPCRで増やし，シーケンシングしてその結果を並べ，どこが違うのかを見つけ出すという地道な作業が必要である．

最近では大規模なシーケンシングを安価に行える装置（装置自体は高価だが）が開発され，ヒトひとり分のゲノム情報が1000ドルで解読できる時代もすぐそこまで来ているといわれている．このような装置を使えばSNPs探しは非常に簡単にできるようになるはずである．

イネの場合どのように探したか？　については後で詳しく説明する．

では，SNPsにはどんな意味があるか？　遺伝子やタンパク質の機能に関係するのか？　について考えてみよう．

先ほど，ゲノムを1冊の本に，文字をDNAの塩基にたとえた．文章においては，文字がひとつ違えば全く違う意味になることがある．例えば「このはなはあおい」と「このはなはあかい」では花の色が違ってしまう（図1）．「このあなはあおい」では青い穴が空いていることになるし「このあなはあさい」なら浅い穴が空いていることになる．SNPsも同様に，1個違うだけで遺伝

---

* Lisa Monna　㈱植物ゲノムセンター　分子遺伝グループ　プロジェクトリーダー

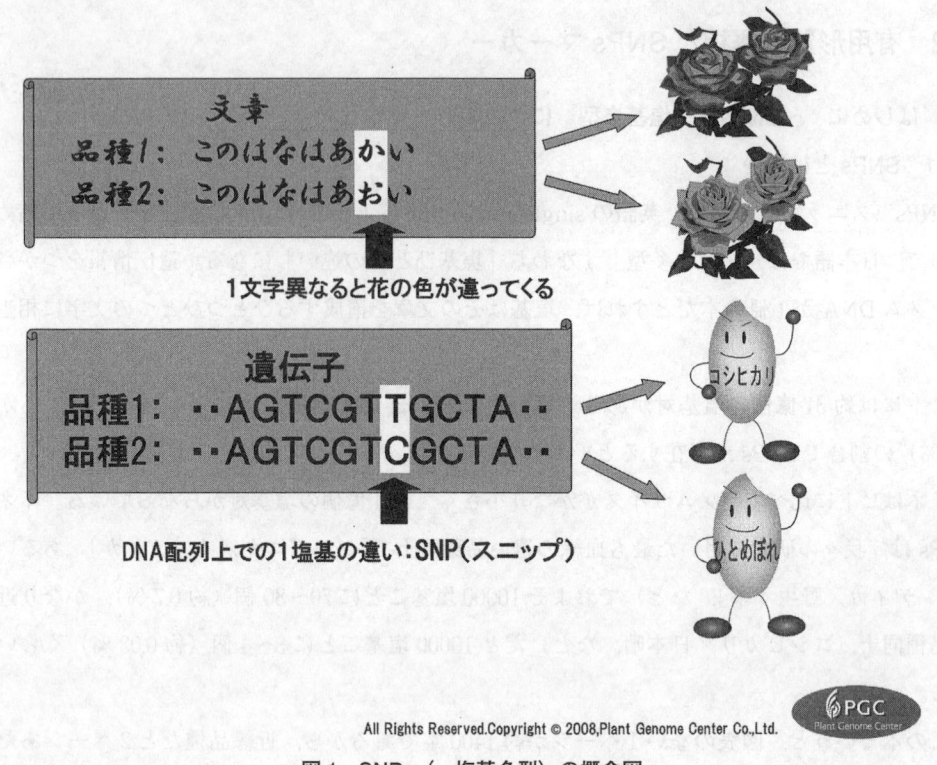

図1　SNPs（一塩基多型）の概念図

子の機能を損なったり，変えてしまったりするものがある。

かと思うと，「このはなはあおい」と「このはながあおい」のように，伝わる意味の違いがそれほど大きくない場合もある。SNPsにも，機能への影響があまりない，あるいは全くないものがある。このようなSNPsを「サイレントSNPs（沈黙のSNPs）」と呼ぶこともある。

そういったSNPsには，コードするアミノ酸の性質があまり変わらないために機能に影響しないものもあるが，そもそもアミノ酸がコードされていない領域に存在するために機能に影響しないものもある（注：ただ，アミノ酸がコードされていないからといって，生物が生きていくために不要なのかどうかは疑問である。そういった領域から「マイクロRNA」と呼ばれる，非常に短い，機能を持つRNAが転写されることが最近の研究で知られている）。

結論を言えば，SNPs自体に意味がある場合もあるし，ない場合もある，ということになる。

2.1.2　SNPsの活用

では，SNPsは人々の生活に何か役に立っているのか？

ヒトのSNPsはすでにいろいろな分野で利用されつつある。例えば「テーラーメード医療」という言葉があるが，これは，患者ひとりひとりについて，病気や薬の効き方に関わる遺伝子上の

第6章　ゲノム育種

SNPタイプを調べて，このタイプはこういう病気にかかりやすい，あるいは，このタイプにはこの薬よりもこの薬の方がよく効く，ということを診断するものである。これにより，必要な予防策を講じたり，最小限の副作用で最大の効果を発揮する処方を決めたりすることが可能になる。

また，人と人との血縁関係を調べたり，遺留物から人物を特定したり，といったことはDNAの得意分野である。親子鑑定や，髪の毛などの遺留品から犯人を特定する，なんてことにも使われている。

そして研究分野では，まだ正体がわかっていない病気の原因遺伝子をつきとめるための研究にもSNPが活躍している。たくさんの人のDNAを使い，病気になった人とならない人の間で共通して差があるSNPはどれか？と考えていくことで，原因遺伝子に近づいていくことができる。

さて，これをイネにあてはめるとどうなるか。テーラーメイド医療は，「時間を先取りしてどうなるかを予測する」ことができるという点で，イネの「幼苗期選抜」と似ている。大きく育てなくても，SNPを調べることで，丈夫になるか，たくさん実るか，いつ頃穂が出るか，ということがわかる，というのはかつて育種研究家の「夢」であったが，それが今は実際にできる。

「親子鑑定」はお米の品種鑑別にそのままあてはまるし，掛け合わせた子・孫の代での遺伝解析も，「どちらの親からもらったSNPか？」を調べていくことから，親子鑑定の一種といえる。

病気の原因遺伝子の研究についても，同様のやり方がイネでも行われており，原因遺伝子が見つかると，遺伝子の機能を損なうようなSNPや挿入・欠失があるケースが多く見られる。

2.1.3　RFLP，CAPS，SSRなど既存のDNA多型との関係

まずRFLP（restriction fragment length polymorphism：制限酵素切断断片長多型）から説明する。RFLP解析を行うには，まず抽出したゲノムDNAを制限酵素で処理して電気泳動で分離し，これをフィルタに転写する。次に，調べたい位置にあることがわかっている短いDNA断片を，放射性物質，抗体あるいは蛍光などで標識した「プローブ」（「釣り針」の意味）をふりかけ，どの長さの断片にその配列が存在するのかを調べる（図2左）。品種によって，検出された断片の直近における制限酵素切断部位の位置が違う場合，断片長多型が生じるので，これをマーカーとして利用することができる。なお，制限酵素とはDNAの配列のなかである決まった配列（たとえばGGGCCCなど）を探し出して切断するという機能を持つ，よく「はさみ」にたとえられる酵素である。

ここで「制限酵素切断部位の位置が違う」とはどういうことか。ある品種では，「……GGGCCC……」となっていて，切断「される」とする。別の品種では同じ位置が「……GGACCC……」と，1塩基だけ違っている場合制限酵素はこの位置での切断を見送り，その先を探して「GGGCCC」が出現したところで切ることになる。見送った位置と，実際に切断した位置との距離が，品種間の断片長の差になる。

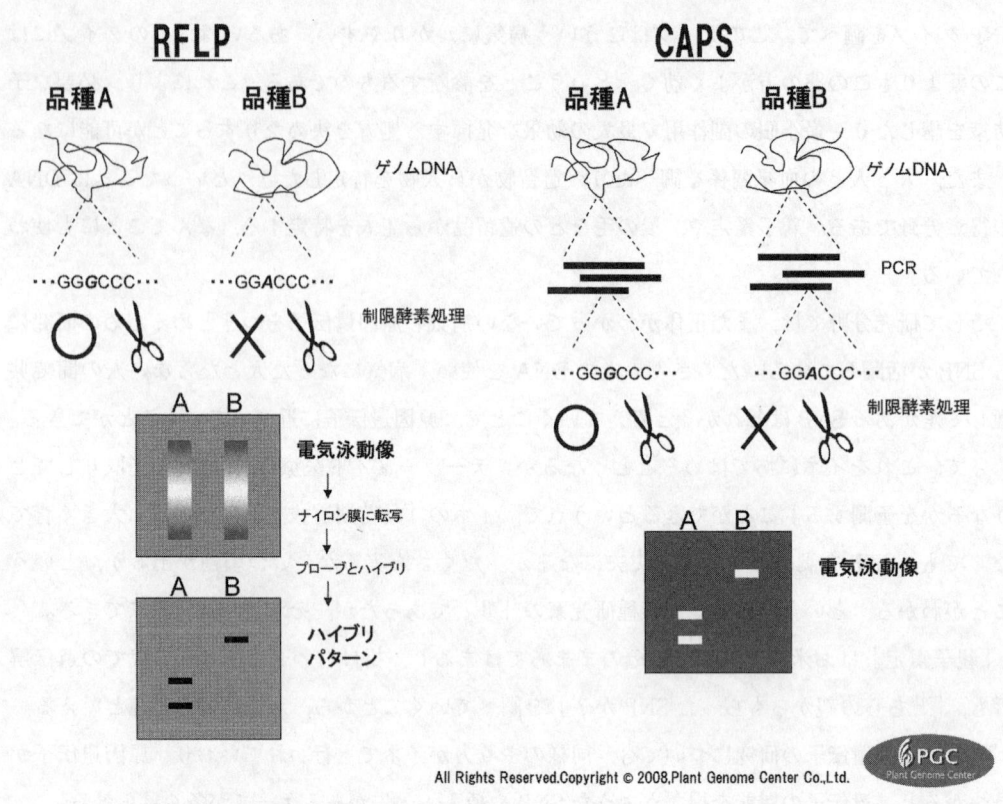

図2 RFLP（制限酵素断片長多型）の模式図（左）と CAPS（cleaved amplified polymorphic sequence）法の模式図（右）

　ご推察いただけると思うが，RFLP の場合にも実際には SNPs を利用している（注：断片長多型を生じる原因は SNPs だけではなく，切断部位の中間に大きな挿入／欠失がある場合などもある）。

　次に CAPS（cleaved amplified polymorphic sequence）法は，ゲノム DNA を鋳型とした PCR により，調べたい部位の DNA 断片を増幅する。増幅断片内に制限酵素切断部位があれば，断片はさらに小さな複数の断片に分かれる。切断部位がなければそのままである。これを電気泳動で分離して調べることで，どちらの品種に由来するのかが判定できる（図2右）。

　この場合もまったく同様に，制限酵素認識部位の上に存在する SNPs を利用していることになる（注：断片長多型を生じる原因は SNPs だけではなく，最初に増幅された断片内に大きな挿入／欠失がある場合などもある。この場合には制限酵素による切断を行うまでもなく，マーカーとして使える）。

　最後に SSR（simple sequence repeat）との関係だが，SSR は「繰り返し配列における繰り返し回数の差」なので厳密には SNPs とは違う（図3）。SNPs は基本的に「G か A か」「C か T

第6章　ゲノム育種

SSR

品種A　品種B　品種C

ゲノムDNA

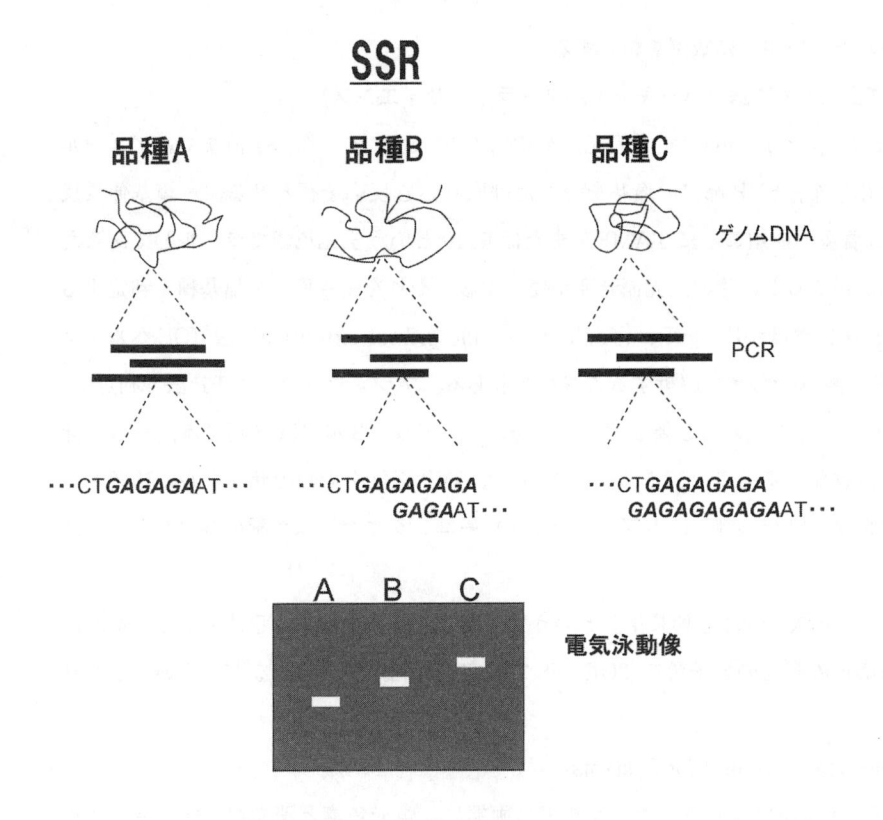

PCR

···CT*GAGAGA*AT··· 　···CT*GAGAGAGAGA*AT··· 　···CT*GAGAGAGAGAGAGAGA*AT···

A　B　C

電気泳動像

All Rights Reserved.Copyright © 2008,Plant Genome Center Co.,Ltd.

図3　SSR（simple sequence repeat）法の模式図

か」といった「二者択一」の判定をするものであるが（三者択一になるSNPsもごくまれにある），SSRは品種によって繰り返し回数が5回であったり，7回であったり，10回であったりといろいろなバリエーションがあり得る。SNPsでアレルの多様性を見るためには複数のSNPsを調べてその組み合わせで判定しなくてはならないが，SSRなら1回で済む。これはSSRの大きな利点である。一方で，SSRは繰り返しの回数を断片長の差として検出するため電気泳動を避けて通れず，判定系の自動化が難しいという短所がある。医学分野やゲノム育種等で，大量の判定を行う必要がある場合にSSRが向かないのはこのためである。

なお，SNPsの探索においてはSSRも同時に発見されてきているので，PGCではSSRも広義のSNPsと考えて，多型率の算出に加えている。

2.1.4　タイピングの仕方

SNPタイピングの手法はこれまでに多数開発されており，全てを紹介することは難しいため，

我々が利用している方法を中心に数例を紹介する。

(1) アシクロプライムFP法（パーキンエルマーライフサイエンス）

FPとはfluorescent polarization（蛍光偏光）を意味する。SNPの一塩基手前までにアニールするプライマーを用いて，SNP部位の塩基を一つだけ取り込む反応を行わせる（一塩基伸長反応）。取り込ませる塩基は種類ごとにTAMRAまたはR110という蛍光色素でラベルしてあるため，取り込み反応が起こると溶液の蛍光偏光度が変化する。それを読み取って塩基種を判定する（図4）。一塩基伸長法にはほかにSnuPe（single nucleotide primer extention）法（GEヘルスケア）や，TOF-MSと組み合わせて解析する方法などもある。アシクロプライムFP法の利点は，新しくSNPマーカーを作るために必要なのが，非修飾プライマー3本（PCR用2本，一塩基伸長用1本）だけで，安価であることである。いろいろなSNP部位を少数のサンプルで確認するような，小回りの必要な研究（例えばポジショナルクローニングやゲノム育種の終盤など）に向いている。

アシクロプライムFP法は「塩基伸長法」という大きなくくりの中に入る手法である。塩基伸長法の中には，反応後の産物の分子量をTOF-MSで測定して判定する方法などいろいろなバリエーションがある。

(2) TaqManMGB法（Applied BioSystems）

SNP部位をカバーする短いオリゴヌクレオチドの両端に，蛍光色素と消光剤を結合させたものを両アレル分合成する（アレルごとに蛍光色素は違うものを使う）。これを共存させてPCRを行うと，どちらの色素が光ったかでSNP部位の塩基種を判定することができる（図5）。

プローブの合成に数万円かかるが，一度合成すれば何万反応分も使うことが可能である。反応液調整の手間が一度で済み，短時間で結果が出るのが利点である。特定のSNPのタイピングを

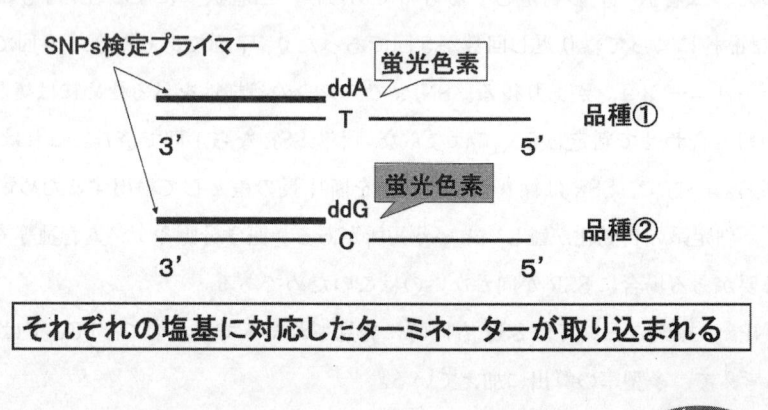

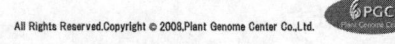

図4 AcycloPrime FP法の原理

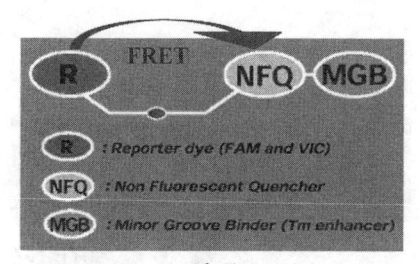

第 6 章　ゲノム育種

- Tm EnhancerであるMGB(Minor Groove Binder)構造により Tm値70℃のプローブを30塩基以下の長さで設計可能。
- 1塩基置換のTm差が顕著→SNPs解析に最適。
- Reporter dyeとNon Fluorescent Quencher間にFRET(蛍光共鳴エネルギー転移)が生じることにより、プローブが分解(Taq DNA ポリメラーゼによる伸長反応時におこる)されて発光→増幅量と蛍光強度が相関。

図5　TaqMan プローブの構造と機能

多数のサンプルで行うのに向いている。

(3)　マイクロアレイを利用した方法

TaqManMGB 法で用いた短いオリゴヌクレオチドプローブは，中央付近にあるたった一塩基の違いで「ハイブリする」「しない」の差をつけることができる。同じように，SNP を中央付近に持つ短い DNA 断片をガラス板上にスポットして固定し，その上に SNP 部位を含む PCR 産物を載せてやると，SNP の塩基種が一致していれば強くハイブリし，一致していなければ弱くハイブリする。PCR 産物を蛍光ラベルしておけば，どちらのオリゴヌクレオチドプローブ（のスポット）が強く光ったかで塩基種を判定することができる。DNA 断片は，ガラス板上に無数に載せることができるので，たくさんの SNP 部位を一度に判定することができる。ただし，1枚のガラス板で判定できるのは1サンプルだけである。つまり，サンプル数は少ないけれども，ゲノム全体の SNP マーカーを網羅的に判定したい，という目的（ゲノム育種の初盤，あるいは完成した品種の最終確認など）に向いている方法である（図6）。

(4)　アレル特異的 PCR 法

PCR 反応では，プライマーが鋳型 DNA にハイブリして DNA の伸長を開始する。その際，伸長する側の 3' 末端が完全にハイブリしていることが重要で，3' 末端の塩基が相補していなくて「浮いた」状態になっていると伸長反応が非常に起こりにくくなる。

これを利用したのがアレル特異的 PCR 法で，プライマーの 3' 末端に SNP 部位が来るようにして，それぞれのアレルに相補となるように2本のプライマーを設計する（3' 末端の近くの塩基

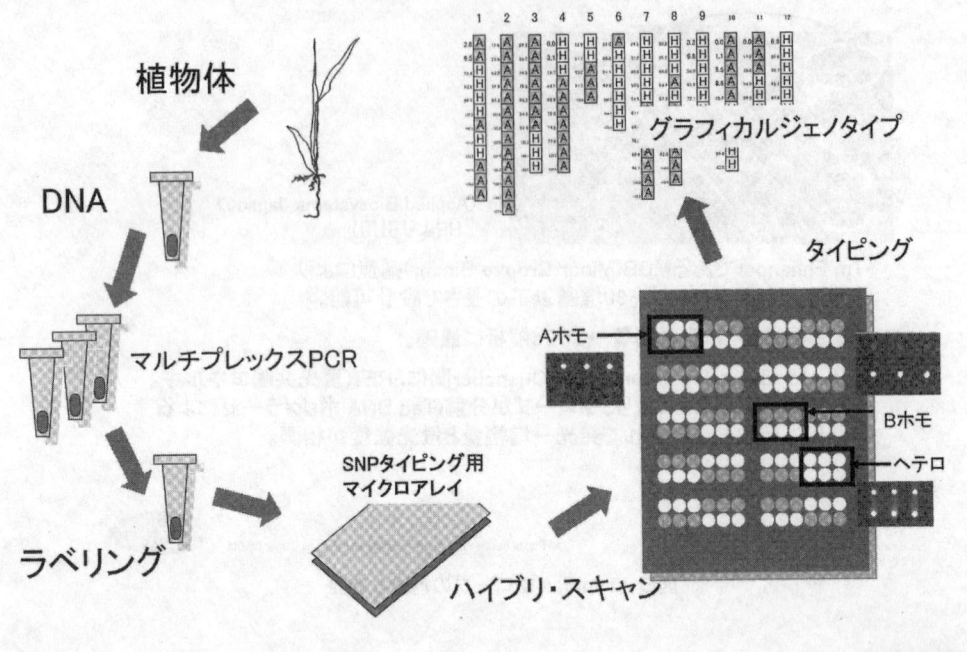

図6　タイピングチップによるグラフィカルジェノタイプ（グラフ遺伝子型）決定の模式図

にミスマッチを入れると特異性が向上する）。このプライマーに下流側のプライマーを組み合わせてPCRを行うと，SNP部位の塩基種が合えば増幅し，合わなければ増幅しないので，どちらのプライマーを使うと増幅するのかを調べれば塩基種が判定できることになる（図7）。

この方法では＋／－判定の優性マーカーが二つできることになるが，近距離に存在する二つのSNPをうまく使ってプライマーを設計すれば，共優性の断片長多型マーカーを作成することもできる。

さらに，下流側プライマーの位置で断片長を自由に変えることができるので，マルチプレックス化も可能である。バッファー系やプライマー配合比を上手に調整すれば，5箇所くらいのSNPは一度に判定することができる。

㈱植物ゲノムセンターで開発した「品種鑑別キット」シリーズは，この方法を利用したものである。

多少手間はかかるが，SNPタイピング用の機器を新たに購入する必要がなく，PCRと電気泳動装置のあるごく一般的なラボでもすぐに始めることができるのが最大の利点である。

以上，実際に使っているタイピング方法を中心に紹介した。このほかにもたくさんの方法があ

第6章　ゲノム育種

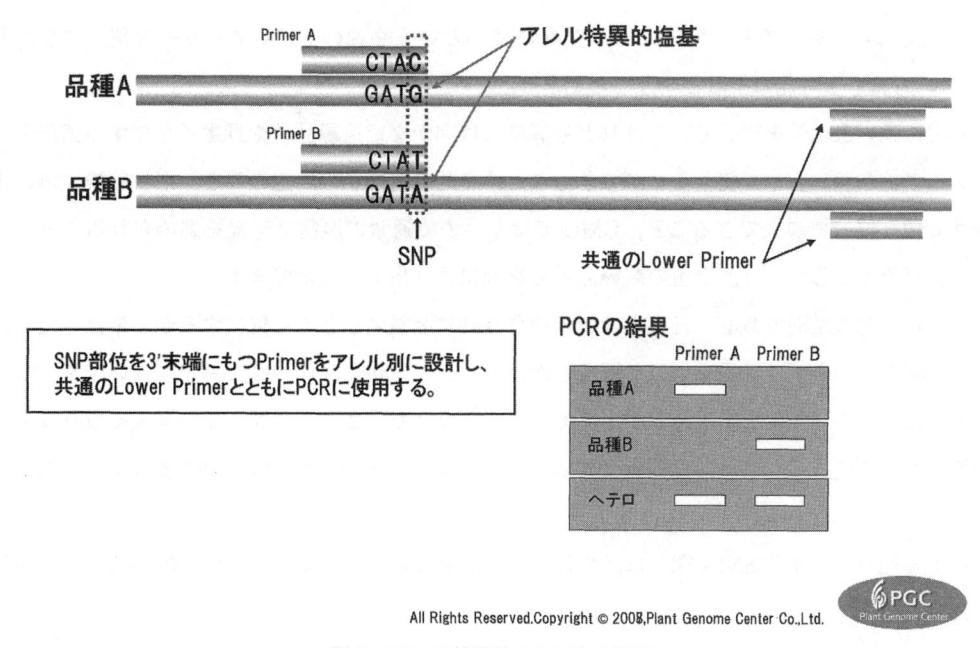

図7　アレル特異的PCR法の原理

り，また新たな方法もどんどん開発されている。SNPデータ自体もいろいろな生物種で公開されているので，目的や実験環境に合った方法を選んでマーカー化し，利用していただきたいと思う。

2.2　PGCにおけるイネSNPs解析

2.2.1　イネでSNPを探す意義

2004年，国際プロジェクトによって「日本晴」というイネ品種のゲノム塩基配列解析が終了し，イネにおいても「ポストゲノムシーケンス時代」に入った。標準品種だけとはいえ全ゲノム情報がわかるため，日本晴と他の品種のシーケンスの違い，すなわちSNPs（SSR，挿入，欠失も含む）を探すことも非常に意義のある課題と考えられた。理由は三つある。

まず一つ目は，形質として表に出てくるもののかなり多くはシーケンスの違いに原因があることから，遺伝子の機能の解明のヒントになるということである。例えば，弊社で2002年初頭に同定した半わい性遺伝子 *sd-1* の場合，この遺伝子の一部の欠失，あるいはたった一つの塩基の違いによって，作られるタンパク質の機能が損なわれ，その結果草丈が低くなることがわかっている。

二つ目は，SNPsはゲノム全体に，高密度に見出すことができ，また目印として使うシステムもどんどん簡単に効率よくなってきているので，小さな苗のうちにゲノム全体をスキャンして，

最も「優れた」もののみを育てて次の交配に使うという高速のDNAマーカー育種，すなわち「ゲノム育種」を可能にするということである。

非常に良い遺伝子を持っているけれども栽培には向かない遠縁品種や野生イネですら遺伝子のドナー（供与親）として使うことができること，目的の遺伝子の周辺のみを，形質転換並みの正確さで切り取って導入できること，GMOではないので通常の温室で育種を進められること，などの利点を生かして，付加価値の高い品種を高速に作り出すことができる。

三つ目は品種鑑別である。日本人はお米を買う時に品種名をとても気にするが，米は見ただけでは品種がわからず，表示を信じて買うしかない。ところがこれにつけこんで，安い米をブランド米と偽って不当表示をする業者が出てくるようになった。また，意図しない混入や取り違えで間違った米を売ってしまい，処罰を受けるケースもあり，米のDNA鑑定の需要は確実に増えてきていた。

以下の通り，イネのSNPs探しは必ず役に立つ。そう確信してイネSNPsの網羅的探索を開始した。

2.2.2 イネSNPsの探し方

SNPsは品種間の多型なので，二つ以上の品種を並べて比較して探す必要がある。そこでどの品種を選ぶかで，SNPsの見つかり具合や，見つかったSNPsの価値が違ってくることになる。

血縁が遠いもの同士ならたくさんのSNPsが高密度に得られてゲノム育種に使え，近いもの同士なら得られるSNPsの数は少ないと予想されるが，従来育種（近縁品種同士の交配）用，あるいは米の品種鑑別に使える，ある意味価値の高いSNPsが得られるはずである。そこで，両方を取り混ぜて解析することにした。

選んだのはジャポニカ水稲5品種（日本晴，コシヒカリ，アキヒカリ，イタダキ，キタアケ），ジャポニカ陸稲1品種（戦捷），インディカ2品種（カサラス，広陸矮4号），野生イネ1系統（*O.rufipogon* Grif. W1943）の合計8品種と1系統である。

次にデータの整理の仕方であるが，合計九つの品種（系統）について約2000カ所の領域をそれぞれ複数回シーケンスしてアライメントをとり，SNPs情報を蓄積していくので，膨大なデータになる。それを整理するために専用のデータベースを作成した。解析位置の染色体上の位置，ゲノムBAC／PACクローン名，解析領域の塩基番号，多型位置，多型があった品種，多型となった塩基種，といったSNPsの情報と，解析時のPCR条件やプライマー配列情報などを取り出しやすく整理してある。なおこのデータベースはシーケンサとも連動した半自動解析システムとなっているので，シーケンス後のSNPs探しと入力の作業はかなり軽減されている。

第6章　ゲノム育種

2.2.3 イネ SNPs 探索の結果

(1) タイプ別

SNPs は，置換前後の塩基種により「トランジション」「トランスバージョン」の二つに分けられる[注1]。「トランジション」とは A⇔G，または C⇔T の置換，すなわち「プリンどうし」「ピリミジンどうし」の置換を示し，「トランスバージョン」とは C⇔A, C⇔G, T⇔G, T⇔A の置換，すなわち「プリンとピリミジンを交換する置換」を示す。

「トランジション」は「トランスバージョン」よりもはるかに起こりやすい変異であり[注2]，通常「トランジション」：「トランスバージョン」比は 2：1 となる。我々のデータでは，全変異（挿入・欠失を含む）の中でトランジションが 60 %，トランスバージョンが 28 %（2.1：1）を占め，挿入・欠失があわせて 12 % となっている。

(2) 品種間

まず，品種間の SNP 出現頻度を見てみると，血縁の遠い「ジャポニカ品種／インディカ品種」や「野生イネ／インディカ品種」ではやはり SNP が多い（10 kb あたり 70～80 カ所）のに対し，日本稲品種どうしの間ではその 20 分の 1 程度（10 kb あたり約 3～5 カ所）であった（図8）。野生イネとして 1 系統選んだ W1943 は，*Oriza rufipogon* といって栽培稲 *Oryza sativa* の祖先と言われているものに属するが，W1943 に関してはインディカよりもジャポニカの方に血縁が近いことが SNP 情報からわかった（図9）。同じような解析は，SSR やトランスポゾンなどを調べて比較することでも行うことができるが，SNP を利用すればより効率的にたくさんのデータを取得して解析することができる。

(3) 機能領域

前の方で，「SNP が遺伝子の機能に影響する場合もしない場合もある」と書いた。五つのよく研究されている遺伝子座（DNA のどの部分がどの機能を担っているかがすでにわかっているもの）について，日本晴／カサラス間で各種領域の SNPs 出現頻度を調査してみた。すると，多型頻度の高い順にプロモーター（多型率 0.75 %），イントロン（0.61 %），ゲノム（0.61 %），5'-UTR（0.39 %），3'-UTR（0.21 %），エキソン（0.15 %），となった。「ギャップ領域」を狙った SNPs 探しでは日本晴／カサラス間の多型率は 0.82 % であったことと比較すると，マーカー設定を目的とする場合にはギャップ領域を中心とした SNPs 探索は有効であることがわかる。

このことの理由として，遺伝子機能を担う領域に，突然変異が起きて SNP が生じた場合，機

注1) SNP は通常，2種類の塩基種の二者択一となるが，ごくまれに「三者択一」になる場合もある。

注2) 一塩基置換の中で最も起こりやすい C→T の変異は，シトシン (C) →メチル化→メチルシトシン (5-Me-C) →デアミネーション→チミン (T) により生じると言われている。

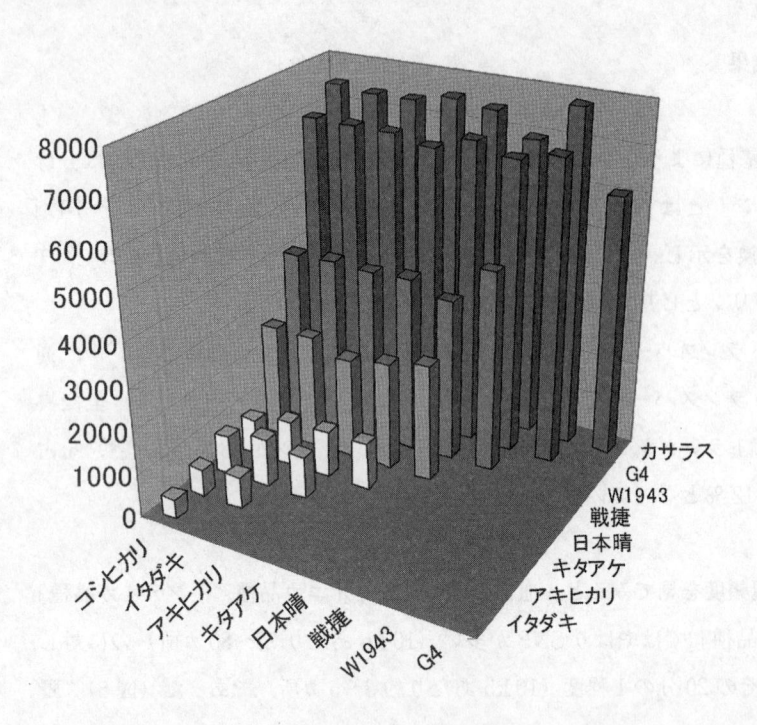

図8　品種間のSNPs数比較
縦軸は，2品種の間に見出されたSNPsの実数を示す。

能を損なうことで生物として不利になるようなことがあれば，その個体は子孫を造らないまま枯死し，その結果変異は受け継がれない，ということが想像できるが，それほど単純な話ではないかもしれない。ギャップ領域は機能を持たない「ゴミ」のようなものと考えられていた時代もあったが，マイクロRNA（miRNA）など，タンパク質とは別の形で機能を担っている領域があることもわかってきており，ギャップ領域だから機能と無関係とも一概に言えなくなっている。

(4) 染色体領域

一般的に，動原体（セントロメア）付近は減数分裂時の交叉・乗り換えが起こりにくいとされている。このことと，SNPsの数との間に何らかの関係があるかもしれない，と考えたが，我々のデータからはセントロメア，テロメアの位置と「解析断片ごとのSNP数」との間に相関は見られなかった。

しかしながら，交叉・乗り換えが起こりにくい領域に生じた突然変異は，淘汰されずに蓄積されやすいと考えられることから，このような領域には「アレルの多様性」が高くなる可能性がある。

第 6 章　ゲノム育種

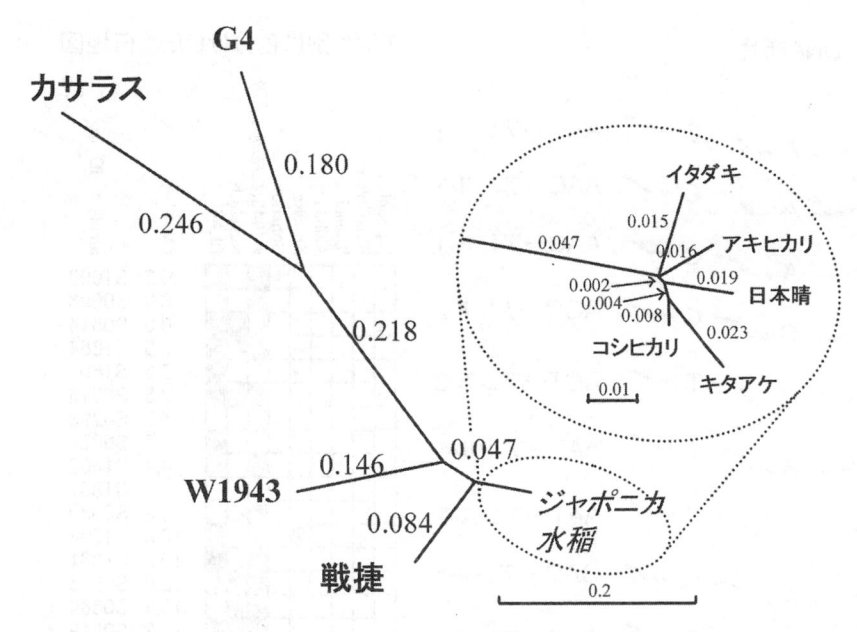

図 9　SNPs から計算した各品種の近縁度
数字が大きいほど血縁が遠いことを示す。

2.2.4　アレル共有という概念

　「アレル」とは，「対立遺伝子」と訳されるが，厳密に言うと遺伝子がコードされている領域とは限らないので，ある特定の染色体領域について，塩基配列が異なるもの，と考えた方がよいかもしれない。そこに遺伝子がコードされていれば「対立遺伝子」として「機能の度合い」などに影響してくることになる（メンデルの法則で有名な豆のしわしわ／すべすべを決める遺伝子のように）。

　SNPs は，ひとつひとつを見れば「二者択一」の多型であるが，近くに存在する複数の SNPs をひとつながりのグループと考えると，SNP ごとの塩基種の組み合わせでいくつものパターンができる。そのパターンはすなわち，染色体領域の「種類」＝アレルを現していることになる（図 10 左）。

　この考え方で，解析単位となる PCR 増幅断片上に存在する複数の SNPs のパターンでアレル識別を行い，遺伝地図上に並べていく作業を行ってみた（図 10 右）。その結果，ジャポニカ水稲 5 品種の間では，ほとんどの領域が同一アレル（mono-allelic）または 2 種類のアレル（bi-allelic）で構成されており，3 種類以上のアレルが存在する領域はほんの少ししかないことがわかった。インディカ品種であるカサラスと GLA4，それに野生イネである W1943 がさらに違う

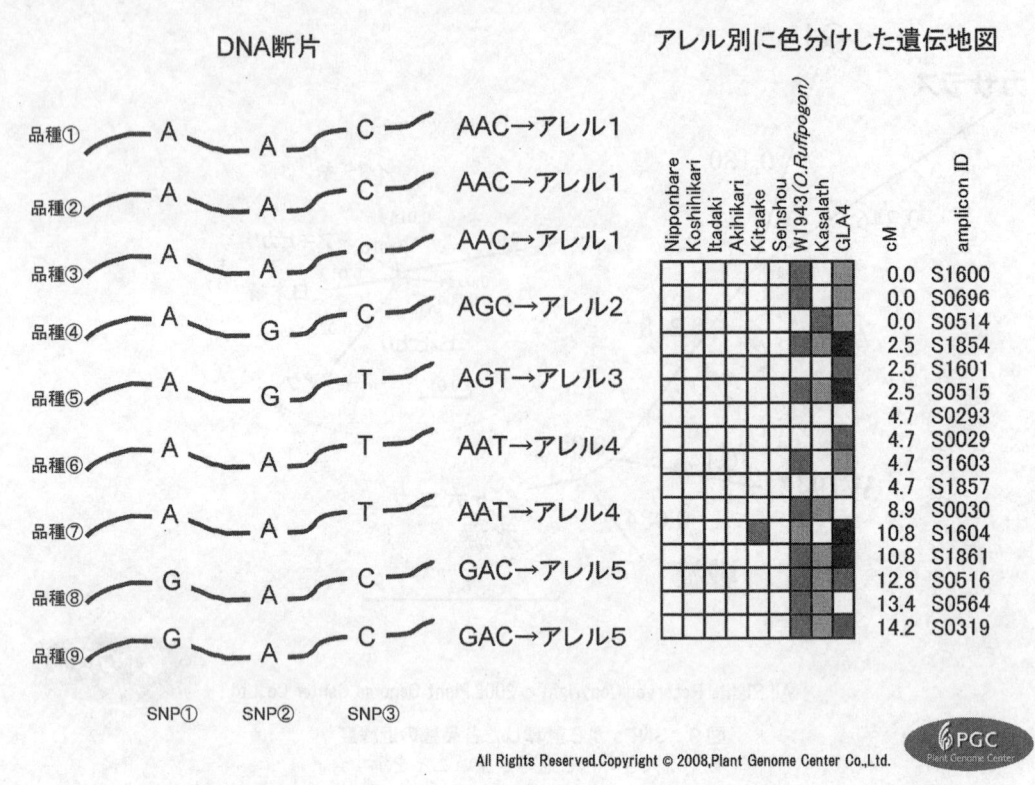

図10 アレル識別の概念図（左）と，アレル共有地図（右，染色体2の短腕テロメア側末端を示す）

アレルを持っている領域が多数あり，最大で6種類のアレルが存在する領域が見つかっている。面白いことに，三つ以上のアレルが存在する領域では，ジャポニカの水稲がインディカや野生イネとアレルを共有する場合があることもわかった。すなわち，私たちが現在日本で栽培し，食べているお米の品種は，野生イネやインディカイネなど様々なイネの遺伝子をモザイク状に受け継いでいる可能性がある，ということである。

繰り返しになるが，この「アレル共有地図（allele-sharing map）」でわかることは，「染色体のこの領域には何種類のアレルが存在していて，どの品種とどの品種が同じアレルを共有している」ということである。さらによく見ていくと，同じ品種の組み合わせが染色体のほかの部分にも共有するアレルを持っているかどうかもわかる。染色体上の離れた位置にある染色体セグメントが，同時に受け継がれているということになると，同時に存在することが機能的に重要な意味を持つからではないか？　と考えることもできる。

もちろん，わずか9品種で，（全ゲノムから考えれば）ごくわずかな領域の解析で，このような考察を行うことは難しいが，今後いろいろな品種や系統のSNPsデータが十分に蓄積されていけば，「アレルの共有」という視点とアソシエーション解析を組み合わせて，有用遺伝子の探索

第 6 章　ゲノム育種

を行うことが可能になると考えている。

　以上に述べてきた結果の中で，「ゲノム育種」の観点からもっとも重要なのは，「遠縁の品種同士では SNPs の頻度も密度ももっとも高い」という，ある意味当然のことが再確認できたことである（図 10 の右図で，「日本晴とコシヒカリ」「日本晴とカサラス」で違う色を持つ四角の数を比べてみるとわかる）。ゲノム育種では，染色体全域にマーカーを設定することはもとより，導入したい遺伝子のできるだけ近くにマーカーを密に設定できることも重要になってくるためである。

　PGC によるイネ SNPs 探索の結果の一部は 2006 年から公開している。自由にご利用いただきたい（http://www.pgcdna.co.jp/snps/index.html）。
　（イネの SNPs 探索の仕事の一部は，農水省の「DNA マーカーによる効率的な新品種育成システムの開発」の課題「イネ品種間 SNPs の効率的検出技術の開発」として平成 14〜16 年度に行われた。）

2.3　有用形質の解析と SNPs マーカー
2.3.1　有用遺伝子の単離・同定の実際

　ここまでは，「イネのいろいろな品種での SNPs 探し」の話であった。本項は「有用形質の解析と SNPs マーカー」であるので，「有用形質の解析，あるいはそれを利用した育種に，SNPs マーカーをどう利用していくか」という話を少しだけしたいと思う。

　RFLP や SSR，CAPS などの DNA マーカー，それにアイソザイムなどの生化学的マーカーなど全てのマーカーに共通のことであるが，マーカー同士，あるいはマーカーと形質との遺伝距離は，「染色体上で近くに存在するものほど，減数分裂のときに挙動を共にする確率が高い」という現象を利用して，分離集団の実測値から計算することができる。

　集団の規模を拡大し，それと同時により近傍の分子マーカーを試していくことを繰り返して，最後に候補遺伝子を一つに絞込む。これが，「ポジショナルクローニング（マップベースクローニング）」と呼ばれる手法である（図 11）。

　私たちはこの方法で，これまでにイネが実るときの背の高さ（かん長）を支配する遺伝子 $sd\text{-}1$ と，出穂する時期を劇的に変える遺伝子 $Lhd4$ を単離・同定した。

　目的の機能を持つ遺伝子はこれだ，と最後に証明する手段は，遺伝子組み換えによる「相補性検定」によるが，$sd\text{-}1$，$Lhd4$ とも，同定された遺伝子の上に SNPs や挿入・欠失があり，品種によってはタンパク質としての機能が損なわれていることが明らかとなっている。これらは「機能に関与する SNPs」の好例である。

図 11

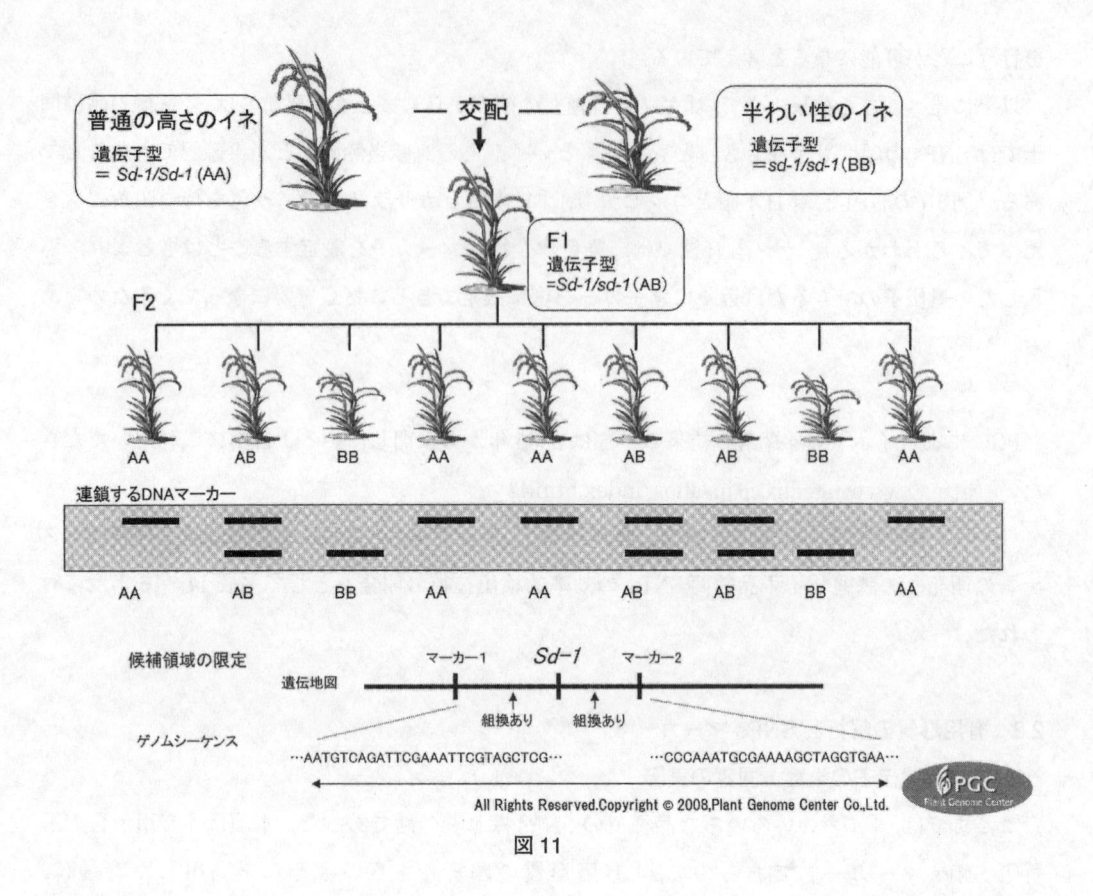

2.3.2 SNPs マーカーと「ゲノム育種」

次章で登場する「ゲノム育種」では、このようにして単離・同定された有用遺伝子を、染色体全域の SNPs マーカーを駆使しながら、効率よく短期間に、母体となる優良品種に組み入れて新しい機能を持つ新品種を作り出していく。

「ゲノム育種」のメリットは少なくとも三つある。

一つ目は、「遠縁の品種が自由に使える」点である。

組み込みたい遺伝子の機能には「アレル」によっていろいろなバリエーションがある場合があり、できるだけ高機能なものを、と思うとやはりかなり血縁の遠いものや古い品種、野生稲などを使いたくなるケースが多くなる。しかしながら、従来の育種法では、インディカ品種や野生稲など遠縁の品種は、目的の遺伝子はともかく、日本でおいしい米を栽培するためには都合の悪い性質をたくさん持っているため、品種改良のためとはいえ交配に使うのはかなり勇気が要ることだった。

ところが「ゲノム育種」では、染色体上の不要な部分は全て、マーカーで確認しながら交配を

第6章　ゲノム育種

進めることできれいに取り除くことができる。むしろ思い切り遠縁の品種の方が，より高密度にマーカーを設定できるため，都合が良い。

　二つ目は，「育種のスピード」である。

　まず親品種を交配してF1，戻し交配してBC1F1を作成したら，目的の遺伝子のところが「ヘテロ」である個体を選んでさらに戻し交配し，BC2F1を作成する。まだ個体が幼いうちに，葉の先を少し切り取ってDNAを抽出し，ゲノム全体をタイピングして「グラフィカルジェノタイプ」を描出し，「次の交配にふさわしい個体」（①目的の遺伝子がヘテロである，かつ②他の染色体領域ができるかぎり反復親ホモ型になっている，など）を選抜してさらに育てる。1，2ヵ月後に穂が出る頃までには，すっかり次の交配の準備が整っているので，時間が無駄にならず，温室を利用すれば1年に3回，世代を進めることが可能である。通常，戻し交配は4回程度で完了するので，その後の固定も含めて2年強で出来上がる計算になる（その後，種子を増やしたり，生産力を検定したりして，品種として認められるのにさらに2，3年かかる）。

　三つ目は，「遺伝子組換が不要」という点である。

　GM（遺伝子組換）作物の是非について議論するつもりはないが，客観的事実として，GM作物が受け入れられにくい状況というものは存在する。その点，従来の育種と同じ「他家受粉」を利用するゲノム育種で作られた品種は議論なく受け入れられる。これは，良い品種を早く世に出して役立てるためには非常に重要な点である。

2.3.3 「ゲノム育種」に最適なSNPsタイピング法の開発

　「育種のスピード」を実現するためには，ごく短期間に，一定の数の個体について，染色体上の数百カ所のSNPs部位をタイピングしてグラフィカルジェノタイプを描出する必要がある。それまでは，前述のアシクロ法を使って，あるSNPマーカーでタイピングして結果を出し，また次のマーカーでタイピングして結果を出し……と繰り返し，数百集まったところで個体ごとのグラフィカルジェノタイプを描き出す，という大変根気のいる作業を，1ヵ月以上かけて行っていた。努力すれば次の交配までに結果を出すことはできるが，やはり労力も時間もかかるのが問題で，交配ごとにこの作業を行うのは現実的ではなかった。

　次の交配に使う個体の選抜に，それほど多数の候補個体があるわけではない。よって，「特定のSNPマーカーについてたくさんのサンプルを処理できる方法」（アシクロ法など）よりも，「ある個体について染色体全体のSNPsを一度にタイピングできる方法」がないものかと考えた。

　そこで我々が考えたのが「マイクロアレイを利用する方法」である。

　マイクロアレイ用のスライドグラスにSNPs部位を含む短いDNAを並べておき，そこに個体のDNA（を増幅して蛍光ラベルしたもの）を載せてハイブリさせ，蛍光強度を測定して，それぞれのSNP部位についてどちらの塩基種を持つDNAが光ったか（＝どちらの塩基種を持って

いるか）を調べるという方法である。

　この方法を使えば，葉を切り取ってから2日か3日でグラフィカルジェノタイプを描出することが可能となる（図6）。

2.4　おわりに

　我々が「イネでSNPsを探そう」と思い立ったときには，その意義を理解してくれる研究者は，イネゲノム解析の分野の中にはあまりいなかった。現在ではSNPsはDNA多型の代名詞のように知らぬ者はいない状態になり，日印間やコアコレクションでSNPsデータを整備しようという動きにまで発展してきている。大変うれしく，意義のあることだと思う。しかしながら，研究の世界はめざましく速く進んでおり，ゲノム全体に超高密度の多型情報を取得する方法がどんどん編み出されていて，ここで紹介したようにシーケンスでSNPsを探したり，一つ一つタイピングしたりする方法は早くも時代遅れになりつつある感がある。それでも遺伝子多型の根底にあるのはSNPsであり，遺伝子機能を左右するおそらく最大の要因がSNPsであることには変わりなく，ゲノム育種の根本的な原理も変わることはない。進歩し続ける手法をたゆまず学び，取り入れ，活用していくことが，これからのSNPs研究とゲノム育種の課題となっていくことと思われる。

文　献

1) Nasu *et al.*, Search for and analysis of single nucleotide polymorphisms (SNPs) in rice. *DNA Res.*, **9**, 163-171 (2002)
2) Monna *et al.*, Genome-wide searching of single nucleotide polymorphisms among eight distantly and closely related rice cultivars (*Olyza sativa L.*) and a wild accession (Oryza rufipogon Griff.), *DNA Res.*, **13**, 43-51 (2006)
3) 美濃部侑三，門奈理佐，王子軒,「ゲノム育種」蛋白質核酸酵素, **48** (3), 252-256 (2003)
4) Monna *et al.*, Positional cloning of rice semidwarfing gene, *sd-1*: rice "green revolution gene" encodes a mutant enzyme involved in gibberellin synthesis., *DNA Res.* **9**, 11-17 (2002)
5)「植物の開花を制御する遺伝子Lhd4とその利用」, 特開2004-290190

3 選抜育種の実例Ⅰ―「コシヒカリつくばSD1号」の育成と事業展開―

王　子軒*

3.1 はじめに

「コシヒカリ」は良食味品種として多くの人々に支持され，品種化されてから現在に至るまでの半世紀にわたり栽培されている。過去約20年間，日本で最も多く栽培されている品種であり，近年，全国のイネ栽培面積の約4割を占めるようになった。しかし，「コシヒカリ」は長稈であるため，台風や大雨により倒伏しやすく，また，いもち病に弱いという欠点がある。そこで，良食味はそのままに，耐倒伏性や耐病性を強化した新品種の育成が待望されてきた。

イネの半矮性遺伝子 $sd1$ は，倒伏抵抗性を向上させることにより，より多肥条件での栽培を可能にするとともに，草型を改善させることにより物質生産能力およびその子実への分配率を高め，世界のイネの収量向上に大きな役割を果してきた[1]。1960年代後半，フィリピンの国際稲研究所（IRRI）は，半矮性遺伝子 $sd1$ を利用して短稈品種「IR8」を育成した。「IR8」は単位面積当りの収量を画期的に向上させ，その普及によってアジアでの食糧危機を救い「緑の革命」をもたらした。その $sd1$ 遺伝子が，植物ホルモンの一種であるジベレリンの生合成酵素の一つであるGA20酸化酵素の情報をコードすることが数年前に報告された[2,3]。「IR8」では，この遺伝子上に機能の喪失をもたらす塩基の欠失のあることが明らかとなっている。

一つの形質を改良するには戻し交雑育種法がよく用いられる。この方法は，付与したい特性を持つ品種を父親として得た雑種（F_1）に，母親とした品種を繰り返し交雑しつつ世代促進を進め，その間に目的とする特性について選抜を続け，遺伝的背景がほぼ母親と同じになった時に自殖をさせて，特性を支配する遺伝子座がホモになったものを選抜するという操作からなる。このような従来の選抜では，表現型のみを指標に行われてきた。そのため選抜に経験を要し，染色体を置換するのに年月がかかり，なおかつ付与したい特性は劣性遺伝子が関与する場合選抜に困難を伴う問題点がある。

過去約20年間，植物ゲノム研究はめざましい発展を遂げ，作物育種に大きな変化をもたらした。DNAマーカーの利用による選抜育種は，育種期間の短縮や選抜方法の簡易化など作物育種を飛躍的に効率化することを可能とした。特にイネでは，全ゲノム塩基配列の完全解読に伴い，育種技術の効率化を図ってきた。筆者らは，イネゲノムの塩基配列情報をいち早く応用して，育種期間を大幅に短縮させる新しい育種技術「ゲノム育種」を開発した。この技術は，ゲノム全域にわたるDNAマーカーを用いて，各戻し交雑後代（BC_nF_1）において理想的な個体を選んで次の交雑に使用し，育種効率を高める方法である。詳しくは第6章「ゲノム育種」の第1節「ゲノ

---

*　Zixuan Wang　㈱植物ゲノムセンター　研究部　部長

ム育種とは何か」を参照されたい。この「ゲノム育種」技術を活用して「コシヒカリ」の良食味を維持しながら耐倒伏性の付与に極めて短期間で成功し，新品種「コシヒカリつくばSD1号」を育成した。以下，その育成過程および事業化について述べる。

3.2 育成経過

図1に「コシヒカリ」と $sd1$ 遺伝子の供与親「IR24」の植物体を示した。「コシヒカリ」は1950年代に福井県によって育成された長稈品種であり，「IR24」は国際稲研究所（IRRI）によって1960年代に育成された短稈品種である。また，両品種とも育成してから20年以上の年月が立っており，育種の母本として自由に使える品種である。一般的に日本型品種の間では，DNAの塩基配列の差異が小さくDNAマーカーの設定が難しいが，血縁の遠い品種間ほどDNAマーカーを作りやすい。そこで，日本型品種「コシヒカリ」と縁の遠いインド型品種「IR24」を $sd1$ 遺伝子の提供親に選定した。

マーカー支援選抜に先立って，これまでに検出したイネ全染色体に渡るSNPs（一塩基多型）[4]の情報に基づき，「コシヒカリ」と「IR24」の間で使用できるSNPマーカーを探索した。SNPの検出にはAcycloPrime–FP SNPs Detection Kit（PerkinElmer Life Science），マルチラベルカ

図1 交配に用いた親品種の草型
左：コシヒカリ，右：IR24

第6章　ゲノム育種

ウンターWallac1420 ARVO sx（Wallac/PerkinElmer Life Science）を使用した。この探索により「コシヒカリ」と「IR24」間で多型を示す141個のSNPマーカーを得た（図2）。これらのSNPマーカーは，12本の染色体にほぼ均等に分布し，各育種世代の個体選抜に用いられた。なお，$sd1$遺伝子は，第1染色体の長腕末端側に座乗しており，マーカーS0011とマーカーS0013によって挟み込むことが可能であった。

　2000年11月に交雑親の栽培を開始した。開花期を合わせるよう，「コシヒカリ」と「IR24」を週に1回温室内で種を播き，植物体の育成を行った。2001年2月に「コシヒカリ」を母親に，「IR24」を父親として人工交雑を行い，同年3月に雑種F_1種子を5粒取得し，直ちに温室で播種し，雑種F_1植物を育成した。2001年7月にF_1植物を母親，「コシヒカリ」を父親として1回目の戻し交雑を行い，同年8月にBC_1F_1種子を34粒得た。直ちにこれを温室で播種し，34個体の幼植物を得た。播種から12日後に幼苗の葉を5 cm程度採取し，それぞれの個体についてゲノムDNAを抽出した。次の戻し交雑に母親として用いる個体を選定するため，それぞれの個体について遺伝子型を調査した。遺伝子型タイピングには上記の141個のSNPマーカーを用いた（図2）。個体選抜には次の2点，①$sd1$遺伝子座が「コシヒカリ」「IR24」のヘテロ接合になっていること，②他の染色体領域において「コシヒカリ」のホモ接合の割合が高いもの，を基準とした。これらの遺伝子型タイピングと，グラフィカルマップによる選抜は出穂前に完了した。$sd1$遺伝子座が「コシヒカリ」「IR24」のヘテロ接合である個体を18個体選抜し，このうち

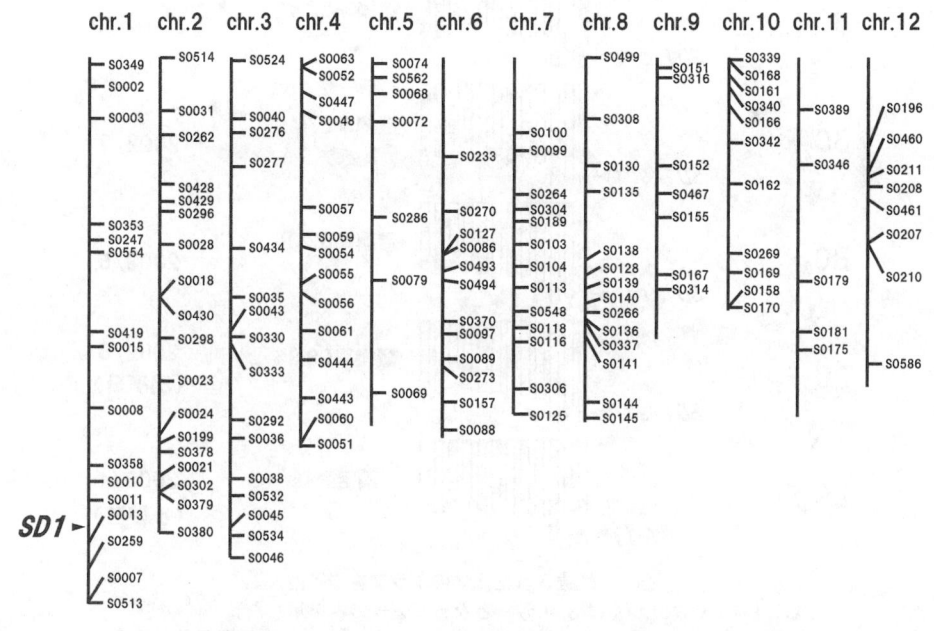

図2　個体選抜に用いたコシヒカリとIR24間の141個のSNPマーカー

52.5％の染色体が「コシヒカリ」に置き換わった個体（図3）を含めて2個体を2回目の戻し交雑に用いた。

その後，同様に戻し交雑，SNPマーカーによる個体選抜の作業を3回繰り返した（図3）。2001年10月に2回目の戻し交雑を行ってBC_2F_1種子を26粒，2002年2月に3回目の戻し交雑を行ってBC_3F_1種子を30粒，同年5月に4回目の戻し交雑を行ってBC_4F_1種子を35粒得た。温室でこれらの種子から植物体を育成してDNAマーカー用いて各個体の遺伝子型を調査した。それぞれの世代において$sd1$遺伝子座が「コシヒカリ」「IR24」のヘテロ接合であり，かつ最も「コシヒカリ」に置き換わった個体（図3）を含めて2〜3個体を選び次の戻し交雑の母親に用いた。2002年7月，BC_4F_1植物から，$sd1$遺伝子座が「コシヒカリ」「IR24」のヘテロ接合であり，約99.3％の染色体が「コシヒカリ」に置き換わった個体を選抜した。この個体については遺伝子型タイピングにより，$sd1$遺伝子座を含む周辺領域以外が「コシヒカリ」の染色体に置換され

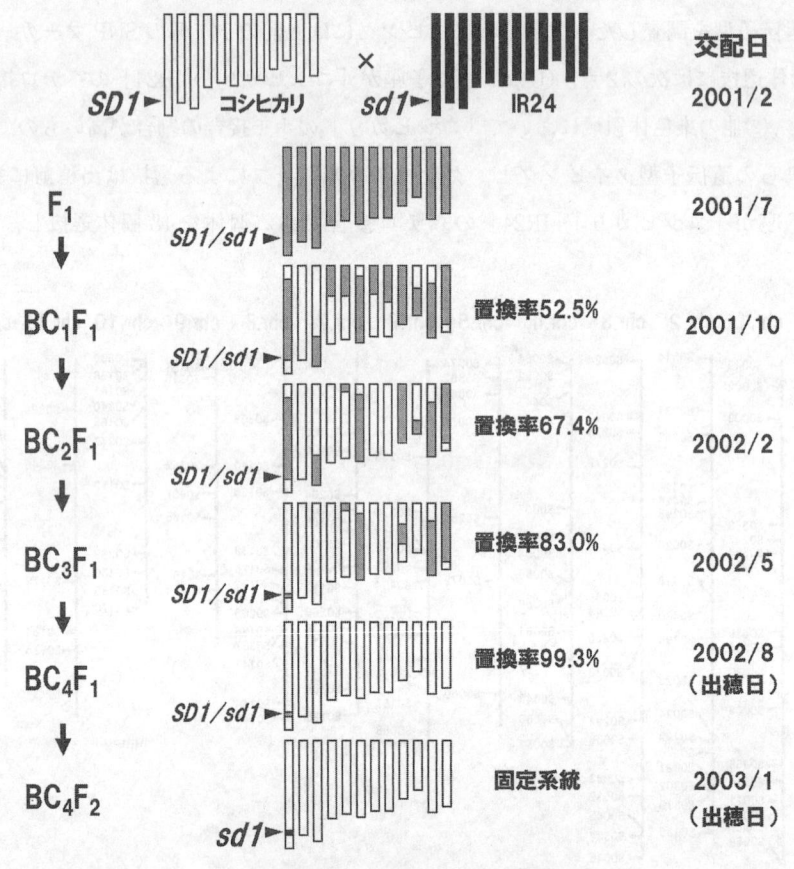

図3 選抜された個体のグラフ遺伝子型
後に「コシヒカリつくばSD1号」となった個体のみを示した。
白はコシヒカリ，黒はIR24，灰色はコシヒカリ／IR24の染色体を表す。

第6章 ゲノム育種

たことが確認できた（図3）ことから，ゲノム選抜を完了した。

2002年9月に選抜したこのBC_4F_1植物より自殖種子（BC_4F_2）を64粒得た。同年10月これらのBC_4F_2種子を育苗箱に播種し，31個体のBC_4F_2植物体を得た。$sd1$遺伝子座が「IR24」のホモ型である植物体を11個体選抜した。これ以後，系統育種法により固定を確認しながら特性の調査を行った。2003年4月，選抜したBC_4F_2植物体の自殖種子（BC_4F_3）を播種し，つくば市本社の研究圃場にて同年5月から屋外栽培を開始した。同年の秋には「コシヒカリ」より短稈化することが確認され，育成目標を達成した（図4）。また，他の特性についても調査を行った。翌年の2004年にその特性が安定していることを再度確認して品種の育成を完了した。育成完了時の世代はBC_4F_4である。図5に育成系譜を示した。

2004年10月に「コシヒカリSD」という名前で品種登録の出願を行った。その後，農林水産

育成系統（BC_4F_3）　　　　　　**コシヒカリ**
（稈長：73.6cm）　　　　　　**（稈長：83.4cm）**

図4　育成系統（BC_4F_3）の自社圃場における栽培（茨城県つくば市，2003年度）

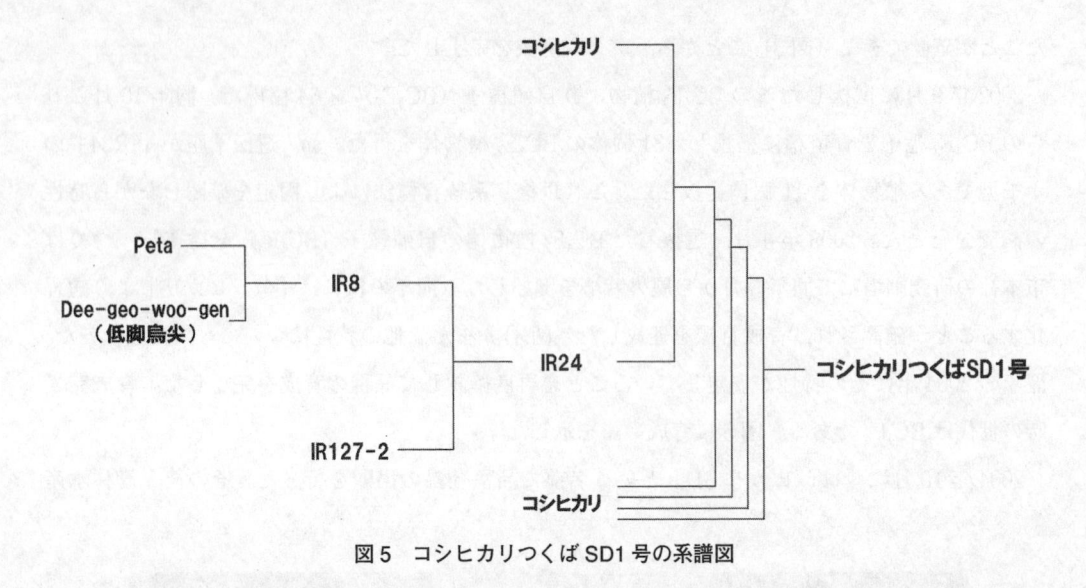

```
                                    コシヒカリ ─┐
                                               │
                                               │
  Peta ─┐                                      │
        ├─ IR8 ─┐                              │
Dee-geo-        │                              │
woo-gen ┘       ├─ IR24 ─┐                     ├─ コシヒカリつくばSD1号
(低脚烏尖)       │         │                    │
                │         ├───────┐            │
        IR127-2 ┘         │       │            │
                                  コシヒカリ ──┘
```

図5　コシヒカリつくばSD1号の系譜図

省種苗課より名前の変更命令があり，現在の名前「コシヒカリつくばSD1号」となった。2005年11月に農林水産省告示第1836号により出願公表された（第17598号），その後，既存品種との区別性や特性の安定性・均一性が厳しい審査を経て認められ，2008年2月に新品種として登録された（第16007号）。

「コシヒカリつくばSD1号」は，イネゲノム研究の成果を活用して育成された第1号の実用品種である。また，育種開始から品種登録出願までを4年以内と極めて短い期間で達成できたことは，多くのイネ育種関係者に高く評価され注目された。

3.3 「コシヒカリつくばSD1号」の特性

「コシヒカリつくばSD1号」の特性概要については表1のとおりである。育成地である茨城県つくば市における出穂期および成熟期は「コシヒカリ」とほぼ同じの"早生晩"に属する。稈長は「コシヒカリ」より約15cm短く，穂長もやや短い。穂数は「コシヒカリ」よりやや多い。草型は"偏穂数型"である。耐倒伏性は「コシヒカリ」の"極弱"に比べ大幅に改善され"中"である。穂発芽性は「コシヒカリ」並の"難"である。いもち病真性抵抗性遺伝子は"+"と推定され，葉いもち抵抗性，穂いもち抵抗性ともに「コシヒカリ」と同様の"弱"である。玄米の粒大は「コシヒカリ」よりやや大きく，千粒重もやや重い。食味は「コシヒカリ」と同様の良食味で「上の中」である。

「コシヒカリつくばSD1号」の特性として，以下の点が注目すべきところである。

① 稈長が短いため耐倒伏性に優れ，台風や雨に強いこと。図6に示すように，2005年度茨

第6章 ゲノム育種

表1 育成地におけるコシヒカリつくばSD1号の特性概要

項目	コシヒカリつくばSD1号	コシヒカリ
出穂期	8月2日	8月1日
成熟期	9月11日	9月10日
稈長	76.2 cm	90.9 cm
穂長	19.7 cm	20 cm
穂数	339.4 本/m^2	294.3 本/m^2
耐倒伏性	中	極弱
穂発芽性	難	難
いもち遺伝子型	+	+
葉いもち抵抗性	弱	弱
穂いもち抵抗性	弱	弱
玄米千粒重	23.7 g	22.9 g
玄米品質	中上	中上
食味	上中	上中
アミロース含量	19.2 %	19.1 %
タンパク質含量	6.3 %	6.3 %

城県つくば市にて初めて大規模な栽培を行った際，隣接して栽培されていた「コシヒカリ」が大雨後に完全に倒伏したのに対して，「コシヒカリつくばSD1号」は倒伏しなかった。また，日本全国の数多くの県において試験栽培を行った結果，「コシヒカリ」より稈長が10〜20 cmほど短く倒伏に強いことが確認され，栽培しやすいことが実証された。耐倒伏性に優れることは高品質の米生産を可能とする。

② 米粒が大きいこと。育成地では「コシヒカリ」より千粒重が約0.8 g重い。日本全国各地でも同じ傾向にあり，平均して約5％重いことが分かった。

③ 良食味であること。㈶日本穀物検定協会が毎年実施している日本全国産の米食味ランキング試験において，2004年度から（2004年度茨城県西産，2005-2007年度山形県庄内産）4年連続「特A」の高い評価を参考品種ながら得た（食味ランキングとは，㈶日本穀物検定協会が毎年全国生産した米を対象に実施する食味に関するランキング付け。「ニッポンバレ」と「コシヒカリ」のブレンド米を基準米とし，それよりも特に良好なものが「特A」になる）。その要因としては，官能試験において粘りなどに高い評価があったことが挙げられる。新品種ながら将来性の高い品種が登場したと評価された。また，2007年11月に島根県奥出雲町にて行われた第9回全国食味分析鑑定コンクールにおいて，良食味の実力を発揮し金賞

図6 「コシヒカリつくばSD1号」の大規模な栽培（茨城県つくば市，2005年度）
大雨後コシヒカリは倒伏，コシヒカリつくばSD1号は倒伏していない。

に輝いた（2007年度山形市産）。

④ 葉の直立性が高いこと。これにより受光態勢が良く，登熟も向上して食味・収量ともに同一条件の「コシヒカリ」以上の成果を出している。また，葉の老化が遅く，遅刈りでも問題ないため，収穫作業の分散化にも貢献するものとなる。

3.4 日本全国各地における適性試験栽培

2004年度から育成地における特性調査・生産力検定の試験を社内圃場で継続するともに，全国各地の農業試験場でも栽培試験が行われるようになった。試験栽培は，第三者評価機関である㈱農林水産先端技術産業振興センター（STAFF）を介して行われた。

初年の2004年度では6県，2005年度は依頼先を拡大して13県，2006年度では8県の9ヵ所，2007年度では8県の9ヵ所に依頼した（表2）。試験結果は表2に示すとおりで，有望とした県は少なかった。また，自主的に生産力検定試験栽培をしていただける県もあった。富山県には2005年度に，愛媛県には2005年度と2006年度に，新潟県と高知県には2007年度に試験栽培

第6章　ゲノム育種

表2　コシヒカリつくばSD1号の各地試験栽培の評価

試験地	実施期間	評価[注]			
		2004年度	2005年度	2006年度	2007年度
宮城県古川農業試験場	2005		×		
山形県農業総合研究センター農業環境研究部	2006〜2007			△	△
山形県農業総合研究センター庄内支場	2005〜2007		△	△	△
福島県農業試験場	2004〜2007	△	△	△	×
茨城県農業総合センター	2004〜2007	△	△	△	△
栃木県農業試験場	2005〜2007		△	△	△
群馬県農業技術センター	2005〜2007		○	○	△
千葉県農業総合研究センター	2005		×		
神奈川県農業技術センター	2006〜2007			△	△
長野県農事試験場	2007				△
福井県農業試験場	2004〜2007	△	△	△	△
愛知県農業総合試験場	2004〜2005	×	×		
三重県科学技術振興センター	2005〜2006		×	×	
滋賀県農業総合センター	2004	×			
和歌山県農林水産総合技術センター	2005		△		
広島県立農業技術センター	2005		×		
宮崎県総合農業試験場	2004〜2005	△	△		

注：◎ 有望；　○ やや有望；　△ 継続；　× 打ち切り；　− 不明・その他

をしていただいた。

　2004年度から2007年度にかけての4年間にわたり，日本全国延べ20の県において試験栽培を行った。しかし，奨励品種決定試験まで進展した県は少なかった。育成地でもある茨城県では，2005年度に奨励品種決定試験予備調査を，2006年度と2007年にかけて2年間奨励品種決定試験本調査を行った。山形県では，庄内支場と農業環境研究部の2カ所において2006年に奨励品種決定試験予備調査を，2007年度に奨励品種決定試験本調査を行った。また，愛媛県では2006年度に奨励品種決定試験予備調査を行った。宮城県と長野県では2007年に奨励品種決定試験予備調査を行った。耐倒伏性に優れ，やや多収，良食味と認められながら，奨励品種とされなかった理由の一つとして民間品種であることが大きい。県としては一旦奨励品種にすると，責任を持ってその原々種，原種，種籾を生産する必要があるので，県が民間品種を採用することは難しい。実際にこれまで民間品種は奨励品種になった例がない。

これらの試験栽培を通じて，品種の生育特性について有用な情報を得た。得られたデータは事業化を行う地域の選定に役に立った。また，公的な研究機関には客観的に評価していただき，その地域の農業法人やJAが本品種の事業化をするにあたり有益な情報の提供が可能となった。更に産地品種銘柄を設定するにあたり，これらの公的な機関の情報は有用な判断材料となった。

3.5 種籾生産

品種としての固定化を確認後，直ちに事業化へ向けて種籾の生産に着手した。一般に，新品種の米生産に先立ち，原々種，原種および一般種籾を生産・管理する必要がある。「コシヒカリつくばSD1号」の原々種および原種の生産・管理は2003年度から自社圃場で実施し，DNAマーカー鑑定により品質を維持・管理している。一般種籾の生産は富山県，山形県，および茨城県の種子生産業者に委託している。このように種子の一元管理を自社で行うため，全くのオリジナル商品として生産販売することができる。

2003年秋に社内圃場で収穫した種子を直ちに沖縄県石垣市へ持って行き，同市の篤農家に栽培を委託した。これは初めての種籾生産であった。2003年12月15日に石垣島で田植えを行い，約30アールを栽培した。温暖な石垣島とはいえ，12月の田植えは冒険と言われた。それでも，新しい品種に農家の方は非常に興味を持ち，協力していただいた。やはり開花期に低温にあって種子稔性が幾分低かったが，2004年4月末に一定量の種籾を収穫できた。この種籾は，茨城県結城市における2004年度の一般栽培に間に合った。そのため，本品種の事業化を1年前倒しで行うことが可能となった。

その後の一般種籾生産は，主に富山県主要農作物種子協会に外注した。2005年度に5ヘクタールの採種を委託した。品種登録はまだ済んでいない品種であったが，快く受託していただいた。しかし，当初は遺伝子組み換え体と間違えられ，生産者に対する説明に追われた。その後出願が公表され，普通の交雑育種によって開発した新品種であることが理解され，種子生産指定圃場で採種面積を拡大していった。2006年度と2007年度はそれぞれ15ヘクタールの種籾生産を行った。富山県はイネ高品質種籾の生産地として広く知られている。ここで生産された高品質種籾は，「コシヒカリつくばSD1号」の全国規模の事業展開の保証となっている。また，山形県と茨城県においても県の農業試験場の協力を得て種籾の生産・供給体制を整えている。

3.6 実用品種としてのデビュー

米生産は2004年度に茨城県結城市の2戸の農家への小規模な委託栽培で始まった。2003年度冬に石垣島で生産された種籾の一部を使って，約50アールの栽培を行った。それは，実際の農家水田における初めての米生産であった。どのような生育パフォーマンスを示すのかと，当初は

第6章 ゲノム育種

非常に不安であった。栽培したイネは，幼苗期から良好な生育を続け，成熟期を迎えた。約2.6トンの米が収穫され，やや多収であった。生産者からは作りやすい品種であると評価された。また，生産された米は，㈶日本穀物検定協会の食味試験により，食味ランキング「特A」という高い評価を得た。生産した米の一部を東京銀座の寿司屋に出荷した。粒が大きくて粘りと甘みがあって美味しいと高い好評を得た。このように生産者も消費者もメリットのある米であったので事業化の手応えを感じ，次年度から規模を拡大して事業化することを決定した。

　2005年度には茨城県つくば市を中心に栽培面積を拡大して，約37ヘクタールの作付けを行った。栽培したイネは，全生育期を通じて生育良好であった。生産した米は自社で全量を買い取った。当時は産地銘柄表示ができないため「恋しぐれ」という商品名で販売し始めた。また，2005年度に山形県庄内において5戸の農家に2.6ヘクタールの米生産の委託栽培を行った。ここでも作りやすさと良食味が評価され，次年度からの作付面積の拡大が期待された。

3.7　本格的な事業化

　茨城県つくば市及び山形県庄内におけるこれまでの栽培実績と生産した米に対する高い評価を受けて，2006年度からは山形県と茨城県を中心に本格的な事業化に入った。全農庄内，全農茨城と委託生産契約を結び，大規模な米生産を行った。

　2006年度山形県庄内では約429ヘクタールの栽培を行い，約2300トンの米が生産された。そのうちの2000トンは関西地区で大阪の米卸・津田物産㈱が高級ブランド米「のびのび」として販売することとなった。しかし，産地品種銘柄がないために「コシヒカリつくばSD1号」と表示して販売することができない。品種名がうたえない中，コメ自体が良いということが認められ，津田物産㈱は積極的なプロモーションを展開した。その結果2000トンを即座に完売した。一方，茨城県では約170ヘクタールの栽培を行い，約850トンの米が生産された。自社で全量を買い取って，前年度と同様に商品名「恋しぐれ」として関東地域において販売経路を開拓しながら販売を行った。

　2007年度は，前年度に続き山形県と茨城県を中心に事業化を展開した。主要産地の山形県と茨城県はそれぞれ約1057ヘクタールと215ヘクタールの作付けを行った。また，新規産地を開拓するため，新潟県，宮城県，秋田県，福島県，栃木県の5県において約42ヘクタールの作付けを行った。作付面積は合計で約1300ヘクタールとなり，2006年の2倍以上の面積となった。民間品種として初めて単年度の作付面積が1千ヘクタールを超えたことを記録した。事業化の形態はライセンス契約と委託栽培契約の2種類を取った。その内訳はライセンス契約が1010ヘクタール，委託生産は300ヘクタールであった。ライセンス契約の大部分は全農庄内によるものであった。ここで生産した約5000トン米は，2006年度と同様に一元的に大阪の米卸・津田物産㈱

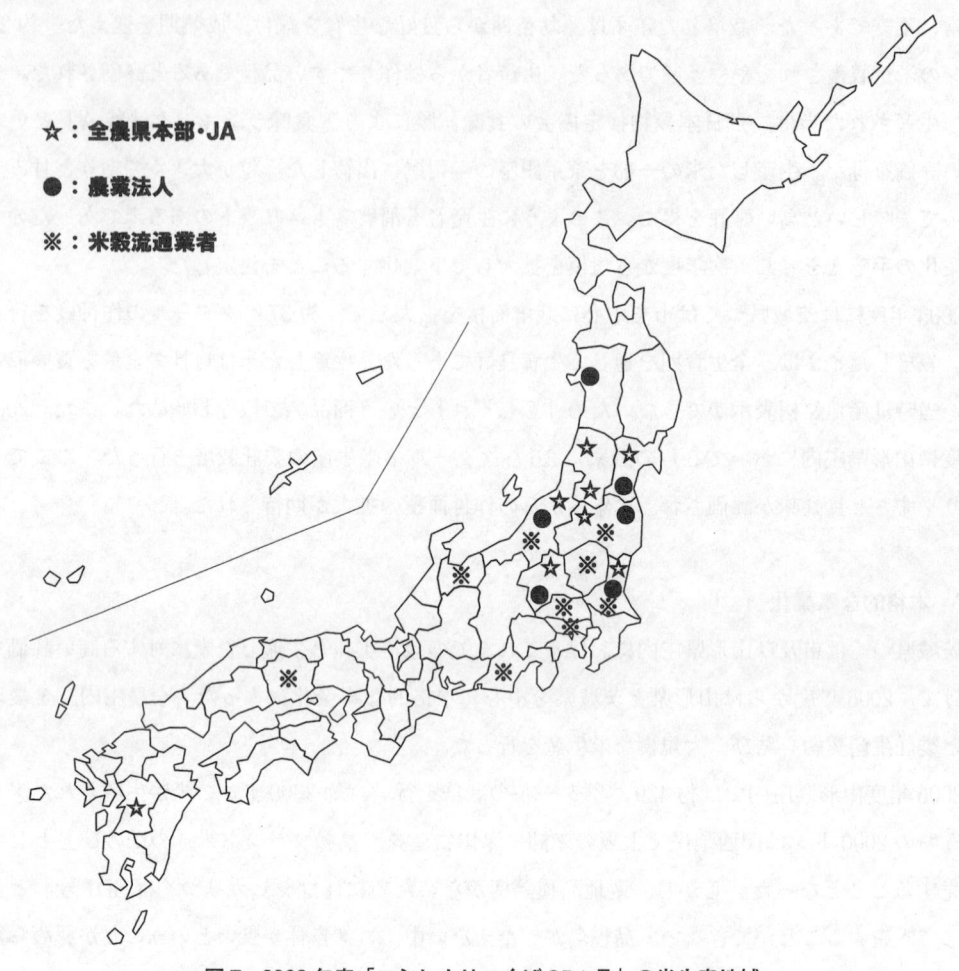

☆：全農県本部・JA
●：農業法人
※：米穀流通業者

図7　2008年度「コシヒカリつくばSD1号」の米生産地域

の関連会社であるライスフレンド㈱を通じて傘下の米穀店から商品名「のびのび」で販売している。茨城のJAつくば市を筆頭に全農茨城，全農山形を中心に委託生産した約1500トンの米は，やはり自社で「恋しぐれ」という商品名で関東地域において特約米穀店が販売を行っている。2007年度産米は山形県と茨城県で「つくばSD1号」という産地品種銘柄の認定を受けたので，米の販売に当たり，産地表示ができるようになった。

　2008年度は14の県（図7）にわたってライセンス契約が約1600ヘクタール，委託生産が100ヘクタール，計約1700ヘクタールの米生産を行っている。2005年度から始まった事業化は4年間経過して栽培面積は年々拡大してきた（図8）。単年度作付面積は，2007年度から1千ヘクタールの大台を超えた。

第6章　ゲノム育種

図8　「コシヒカリつくばSD1号」の栽培面積の推移

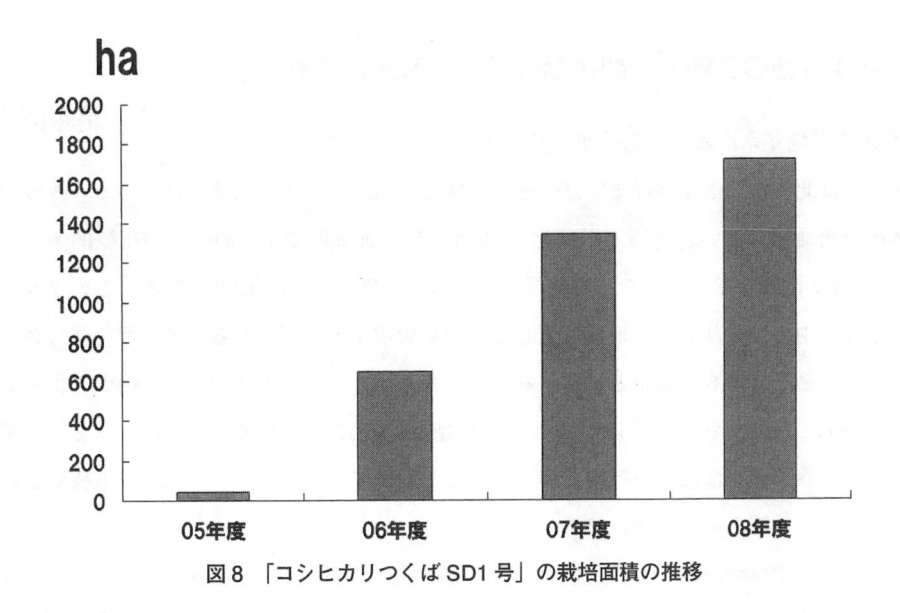

3.8　今後の展開

　「コシヒカリつくばSD1号」は，耐倒伏性に優れるため，生産者に支持されている。また極良食味であることから，消費者にも支持されるようになってきた。今後は，作りやすさ，極良食味を武器に積極的に更に新しい産地を開拓して栽培面積を増やしていきたい。

　これまでの事業化はライセンス生産と委託生産の二本立てで行われてきた。委託生産では収穫物を全量買い取る必要があるので，全量を一定の期間中に売り切るメドが立たなければ買い取るリスクがある。一方，ライセンス契約の場合は収穫物の買い取りを行わず，一定のロイヤルティーを受け取ることで買い取るリスクがない。今後はライセンス契約栽培を中心に事業展開を図っていきたい。また，良食味生産地での生産米を，その産地名を冠した「恋しぐれ」ブランドとした販売も継続する予定である。

文　献

1) 蓬原雄三，菊池文雄，稲学大成（第3巻）遺伝編，pp.216-225，農文協（1990）
2) Monna L. *et al.*, *DNA Res.*, **9**, 11-17（2002）
3) Sasaki, A. *et al.*, *Nature*, **416**, 701-702（2002）
4) Nasu, S. *et al.*, *DNA Res.*, **9**, 163-171（2002）

4 選抜育種の実例 II —開花期の異なる系統群の育成—

北澤則之*

4.1 日本の栽培イネにおける開花期の多様性

　日本は北は北海道，南は沖縄までほぼ全土，幅広い地域でイネが栽培されている．緯度でみるとイネの栽培北限に近い北海道旭川は北緯43度，南の沖縄県でイネの生産が比較的多い石垣島が北緯24度に位置しているので，緯度だけでもおよそ20度近い広がりがある．このように幅広い気象条件の中で，それぞれの地域に適した品種を育成する必要があるため，開花期は育種における選抜指標として最も重要視されている形質である．なお，イネの場合は，穂が（止め葉の葉鞘から）出ることを"出穂"と呼び，通常は出穂と同時に花（頴花）が開く，つまり"開花する"ので，出穂と開花はほぼ同時期に起きていると考えてよい．従って，以後，出穂期と記述した場合も開花期と読み換えて頂いて構わない．

　図1-1は平成19年度の都道府県別の水稲収穫量1位品種を示したものである．コシヒカリは南は九州，北は東北中南部まで作付けされ，全品種総収穫量のうち36.2％（19年度）を占めており，22県で収穫量1位品種となっている．ちなみに2位は「ひとめぼれ」の9.8％，3位が「ヒノヒカリ」で9.6％である．一方，九州から近畿にかけては「ヒノヒカリ」が，岐阜県では「ハツシモ」，愛知県では「あいちのかおり」，和歌山・神奈川県では「キヌヒカリ」，群馬県では「ゴロピカリ」，東北以北ではコシヒカリ以外の品種が占めており，消費者ニーズの最も高いとされるコシヒカリ以外にも多様な品種が生産されていることがわかる．このように，コシヒカリ以外の品種が生産されている背景には，①地域の独自品種を生産，ブランド化している．②栽培に適さないコシヒカリを無理に作らず，その地域での栽培に適した良食味品種を採用している．③コシヒカリを栽培することが不可能な気象条件下にある．などの要因があるようである．ここで，これから述べる「開花期の異なる系統群の育成」は，この②，③の要因をゲノム育種法によって打破し，コシヒカリの栽培適地を拡大する戦略に端を発して進めてきたものである．

　イネの栽培は春先に播種，育苗を経て移植（田植え）を行い，夏場7月下旬から8月上旬にかけて出穂，9月中旬頃から刈り取りを行うのが一般的な作期である．高知県や宮崎県，鹿児島県のように早場米の生産に力を入れている県では3月中の播種が，亜熱帯気候の気象条件下にある沖縄県では年2回の栽培（2期作）が行われるなど特徴的な作期をとる場合もある．これらの農作業は，「奨励品種」を作付けする限りは，通常各県の農業試験場が作成した栽培指針に従って進められる．栽培指針には品種ごとに細かく栽培方法が解説されており，この指針に従って作業を進めれば，一定水準の品質・食味のコメが収穫できるとされている．各都道府県では早生，中

＊　Noriyuki Kitazawa　㈱植物ゲノムセンター　研究部　遺伝資源グループ　サブリーダー

第6章　ゲノム育種

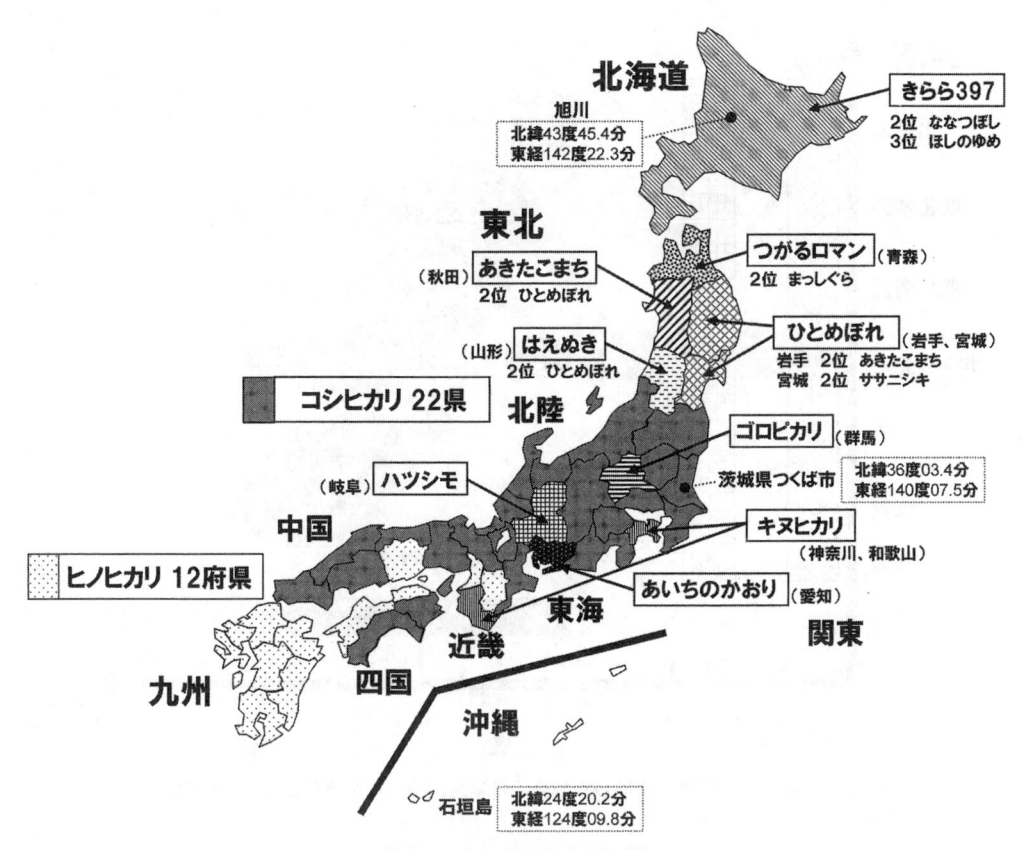

図1-1　平成19年　都道府県別水稲収穫量1位品種
農林水産統計の原図を一部改変

生，晩生と開花期の異なる奨励品種を複数採用し，作付け配分を決めて農家を誘導している。この作付け配分は，作業を分散化することでの効率化，冷害や台風・病虫害などの自然災害・被害に対するリスクの分散化，新品種への作付け転換の効率化，多様な品種を生産して消費者ニーズに応えるなどの意味合いがある。一般的には，その地域で最も安定的に，高品質・良食味米の生産が可能とされる中生品種の作付けが多い。現在，弊社の所在地である茨城県では「コシヒカリ」が中生の，県南の早期栽培地帯では「あきたこまち」が早生の主力品種とされ，2本柱の様相を呈している。

では，近年消費者や米穀市場で評価の高い北海道品種を茨城県で栽培したらどうなるのであろうか。また，良食味品種として評価の高い宮崎県総合農業試験場で育成された「ヒノヒカリ」を栽培したらどうなるのであろうか。図1-2は，図1-1の中で紹介した品種を中心とし，茨城県つくば市の弊社の圃場において同日に播種，移植を行った場合の各品種の出穂期を模式的に表したものである。「きらら397」を含めた北海道品種群は移植から2ヵ月経たない6月下旬から出穂し

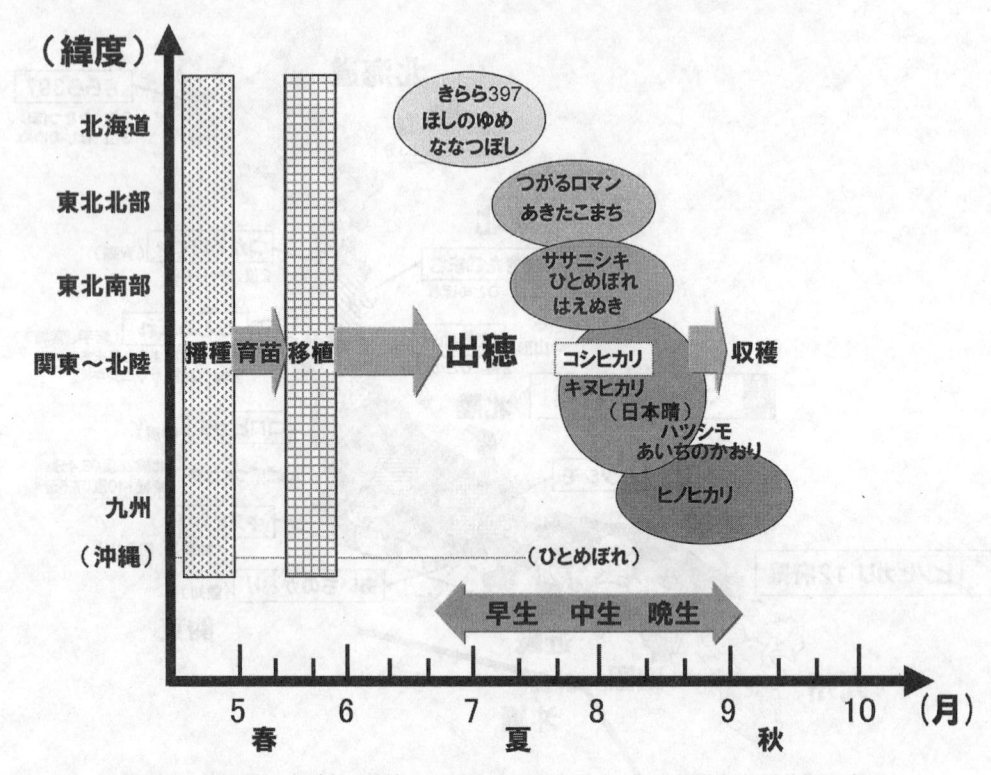

図1-2 茨城県つくば市で栽培した場合の日本全国のイネ主要品種の開花期の違い

始め，栄養成長期間が極めて短いためにとても立派とは言えないイネとなる。また，「ヒノヒカリ」は8月中旬以降の出穂となり，早秋を迎え気温の低下してくる9月に登熟期を迎えるために登熟期間が長くなり，10月まで刈り取りが行えない状況になる。開花期だけみても，北海道品種も「ヒノヒカリ」も茨城県での栽培には適していないと言える。図中には限られた品種しか明示していないが，日本全国の主要品種を同様に調査してみても，作付けされている地域の緯度と出穂期の関係はほぼ図1-2に集約される。つまり，関東以北の高緯度地域で栽培されている品種群は早生から極早生，関東・北陸の品種群は中生，東海・近畿・中国の品種は中生から晩生，緯度が低い九州の品種群は晩生から極晩生のグループをそれぞれ形成する。それぞれのグループに属する品種間では同じか，かなり近い出穂特性を有していると予想される。このように，日本国内で栽培されている実用品種には，出穂期においてかなり幅広い多様性が存在している。そして，多くの場合はこの出穂期の幅の中で，各地域に最適な出穂特性を備えた品種が生み出されている。

4.2 イネの開花期を改良する育種戦略

個々の品種がいつ穂を出すかという出穂特性は各栽培地域の気象条件によって左右されるため，

第6章　ゲノム育種

新品種の開発時には最も基本的な選抜指標の一つとされている。つまり，開発する品種は栽培される地域に適した出穂特性を有している必要がある。一方でそれは，出穂期が異なる優れた形質を持つ品種・系統間の交雑を行ったとしても，出穂特性に関してその地域の早生，中生，晩生の範囲に収まるように選抜圧がかけられるため，結果的に出穂期に関わる遺伝子座に連鎖するような形質に関してはどちらかの親に由来する形質が優先的に選抜され易いことが予想される。例えば，耐冷性遺伝子を持つ極早生の「品種A」と良食味遺伝子を持つ中生の「品種B」を交配して，雑種後代で耐冷性が強く，かつ良食味である中生品種の選抜を目標とする。ここで育種担当者は耐冷性遺伝子の染色体上の座乗領域を知らないが，極早生性に関わる出穂期関連遺伝子座の極近傍に座乗していたとする。担当者は選抜過程で，育種目標とした中生の系統を優先的に選抜したが，その場合良食味のものは選べてきたが耐冷性の強いものが全く選べていなかった。この担当者は一方で耐冷性が強く，良食味の系統を選抜しておいた。しかし，そのどれもが出穂期が極早生であり，とても品種開発の対象地域では実用品種にはならないと判断し，その組み合せに由来する材料を廃棄した。この例では，極早生に関わる遺伝子座と耐冷性に関わる遺伝子座とが染色体上の近傍に座乗していたため，連鎖ブロックとしてこの二つの形質が常に一緒に後代に遺伝していたことが，希望する個体・系統が選抜できなかった原因と考えられる。ここで，極早生性と耐冷性の連鎖を断ち切るには，選抜集団の規模を拡大し，染色体の乗り換えを促し，組み換え個体を選抜する必要がある。つまり，品種Aが持つ極早生遺伝子座領域に関しては品種B型に，品種Aが持つ耐冷性遺伝子座領域に関しては品種A型を保有する個体を選抜する。なお，この選抜には，遺伝子が特定されていない限りは形質を評価して選抜する必要があるので，多くの労力と時間が必要である。このような例を考えるに，欠点の少ない既存の主力品種を対象とし，同熟期のさらに優れた新品種を育成することは非常に困難なことが明らかである。ただ，ここで述べておきたいことは，系統育種法，集団育種法など従来の育種法では上記のようなジレンマの対処に限界がある一方で，新たな育種法として弊社が用いているゲノム育種法ではこのジレンマを現実的に解消する余地があるのではないかということである。それは，これまでの育種法では得ることが極めて困難であった遺伝的背景（染色体構成ともいえる）を有する個体選抜を可能にしているからである。

近年，イネ品種開発の一つの流れとなっているのが，既存の品種に有用な特性のみを1個あるいは複数個付与した同質遺伝子系統の育成である。既存品種の優れた特性を保持しつつ，そこにさらに有用形質を積み重ねていく手法であり，積み重ね育種として以前より提案されてきた育種方法でもある。戻し交雑育種法によって育成されたササニシキのいもち病真性抵抗性同質遺伝子系統群は，その先駆けとなる成果として有名である。また，弊社の「コシヒカリつくばSD1号」は，コシヒカリの良食味性を保持しつつ半矮性形質を付与することで栽培特性が向上しており，

アグリバイオビジネス―その魅力と技術動向―

まさに積み上げ育種の好例と言えよう。さて，この積み上げ型の品種改良でもその変法とも言える品種開発を我々は企画した。既存品種に関しての"開花期の異なる系統群を育成する"という育種戦略である。この育種戦略の狙いをまとめると，①既存品種の優れた特性（遺伝的背景ともいえる）を最大限に利用する。②その既存品種の栽培が不適な地域向けに開花期を改良する。③その既存品種の栽培が不可能な地域向けに開花期を改良する。の三つである。

まず①に関して，どの既存品種を用いるのかであるが，日本で最も好んで食べられている「コシヒカリ」を選択した。コシヒカリの食味特性を他の既存品種の改良により代替することの困難さは名立たる育種家の書いた総説でも明らかであったし，その食味を目標として育種を行っている国・県の育種現場を訪問する機会を受け，その食味を達成する育種の難しさを認識させられていたからである。

次に，どの地域に向けて出穂期を改変するかである。コシヒカリは日長の長さを感知して出穂期が調整される度合いが比較的強い（感光性）品種であるため，沖縄・九州では極早生の品種となり，近畿・中国・四国においては早生品種となるため，中生品種のような安定した生産・管理が難しいとされている。東北中南部では晩生品種として作付けが拡大し，山形県や宮城県でも生産され，従来のコシヒカリ栽培の北限が北上している。しかしながら，東北北部および北海道ではあまりに晩生となるため，秋までに成熟が間に合わず，実質的に生産できない状況にある。図1-2で先述したように，茨城県で「ヒノヒカリ」などの晩生品種を作るようなものである。ただし一方では近年，これら寒冷地帯におけるコシヒカリ以外の品種生産に対して，その安定的な良質性と大規模生産の実績が評価され，外食産業を中心とする米穀業界で高い評価を受けている。このように幅広く日本国内で生産され，今や中国をはじめとする諸外国においても生産が拡大しているコシヒカリは，その広域適応性に関しては認知されているが，最も安定的に栽培が可能な中生品種として利用できる栽培適地は限定されており，各生産地では気象条件に適した栽培方法を個別に検討している。つまり，市場評価が高いコシヒカリを他品種に置き換えることが難しい状況下にあるため，食味・品質の維持を栽培技術で補っているのが実状である。栽培が不可能な東北北部や北海道といった寒冷，緯度の高い地域ではコシヒカリに代わるコシヒカリ並の食味を有する品種開発が最重要課題となっている。そこで，弊社ではこれらの状況を踏まえ，仮にコシヒカリの栽培が可能となれば高品質・良食味米の生産が期待できることから，第一目標をコシヒカリが栽培できない北海道に，次いで栽培が困難とされる東北地域に設定した。

現在，一つの試験場で優れた品種が育成されたとしても出穂特性から栽培適応地域が限定され，他所での導入が困難な状況が多く見られており，効率的な育種と成果利用の障害となっていると思われる。従って，このような品種改良の有効性が実証されていけば，いずれ関東向けの「ヒノヒカリ」中生同質遺伝子系統の育成や，九州向けの「ひとめぼれ」晩生同質遺伝子系統の育成と

第6章 ゲノム育種

いうように，優れた品種における開花期の異なる系統群の育成が重要な育種戦略となっていくのではないだろうか。

4.3 イネの開花期を改良する方法

　染色体上に散在する多数の遺伝子座の作用の総合的効果として発現している形質は量的形質と呼ばれ，出穂期は収量性や耐冷性，草丈，穂長，穂数，一穂粒数などと共にしばしば取りあげられる代表的な量的形質である。出穂期が巧妙なバランスによって調節されていることは，出穂期の異なる二つの品種の交雑後代を圃場に展開して，孫（F_2）やひ孫（F_3）世代の個体群の開花期を調べてみれば一目瞭然である。すべての個体の開花期を調査しグラフにすると，多くの場合連続的な分布を示し，両親の開花期と異なる個体が多数出現してくる。さらには，両親より早生あるいは晩生といった超越分離を示す個体が出現してくることもある。

　これまで，イネ育種における出穂期の改良には，系統・品種が保有する自然変異，放射線や化学物質などの変異原を利用して人為的に生み出した早生・晩生突然変異体，さらには培養細胞のソマクローナル変異（体細胞変異）を利用した早生・晩生突然変異体の誘発の成果が利用されてきた。一方，出穂期の改良における新たな育種法開発の基盤となる研究は，イネゲノムの情報を利用して多くの DNA マーカーが容易に作成できるようなり，それらを用いた出穂期に関するQTL 解析が行われたことに始まる[1~5]。その結果，イネの出穂期の調節に関わる遺伝子座が広大な染色体上のどのあたりに存在するのかが徐々に明らかとなり[6]，その内のいくつかの原因遺伝子が同定された[7~9]。筆者らが単離に成功した *Lhd4* は北海道品種の極早生性を特徴づけている最も重要な遺伝子であるとされる[10]。また，*Hd5* は北海道における極早生品種と中生品種の出穂特性の違いを規定している遺伝子であることが明らかとなっている[11]。また，感光性遺伝子 *Hd1* においては，不感光性品種とされる東北品種では機能欠損型の *Hd1* 対立遺伝子を有していることが明らかとなり，東北品種の出穂特性を特徴づける遺伝子資源として東北地域での栽培に適した品種育成に長く利用されてきたことが予想されている[12]。

　このように，主要な出穂期関連遺伝子の座乗領域と作用が明らかになるにつれ，個々の品種の持つ出穂性をその品種が保有する出穂期関連遺伝子の組み合せの作用として説明することも夢ではなくなりつつあり，将来的にはさまざまな栽培地域に適した出穂特性を有する品種を出穂期関連 QTL・遺伝子の組み合せでデザインする育種（デザイン育種）が可能であると提唱されている。これら QTL・遺伝子解析の成果は，イネの出穂期調節機構のネットワークを遺伝子レベルで解明する研究を推し進めるだけでなく，実際に育種現場において実用品種の開発に利用され始めている。コシヒカリとインド型品種「Kasalath」との間で検出した出穂期関連 QTLs を利用し，コシヒカリの遺伝的背景に Kasalath の染色体断片を1ヵ所ずつ個別に導入したコシヒカリ出穂

期シリーズがDNAマーカー選抜を用い、㈱農業生物資源研究所と㈱作物研究所の共同研究によって育成された[13,14]。その内、最も早生を示すのはKasalathの*Hd1*対立遺伝子座を導入した系統であり、原品種のコシヒカリより12日出穂が早い。この系統は品種化に向け、現在、コシヒカリ極早生同質遺伝子系統「コシヒカリ関東HD1号」として出願公表されている（出願番号：第20119号）。また同様に、Kasalathの*Hd5*対立遺伝子座を導入した、原品種のコシヒカリより10日出穂が遅い「関東HD2号」も出願公表中である（出願番号：第21536号）。

筆者らは、企画した品種開発を図2に示す育種戦略をもって進めた。上述のイネの開花期の改良法とは異なり、「ゲノム育種法」を用いることを特徴としている。以下に、実例をもって詳細を解説していきたい。

STEP1　有用形質の遺伝解析・遺伝子同定
- QTL解析
- マップベースクローニング

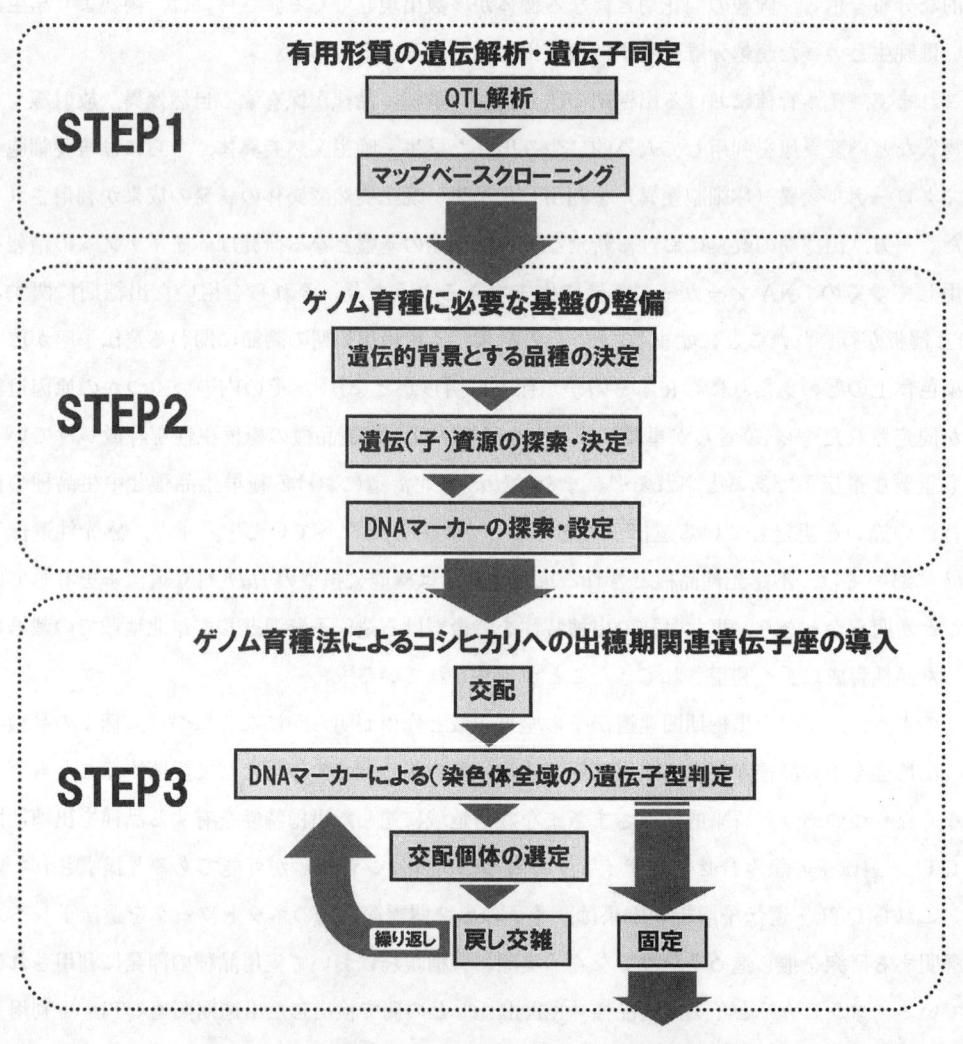

STEP2　ゲノム育種に必要な基盤の整備
- 遺伝的背景とする品種の決定
- 遺伝（子）資源の探索・決定
- DNAマーカーの探索・設定

STEP3　ゲノム育種法によるコシヒカリへの出穂期関連遺伝子座の導入
- 交配
- DNAマーカーによる（染色体全域の）遺伝子型判定
- 交配個体の選定
- 戻し交雑（繰り返し）
- 固定

図2　ゲノム育種法による開花期の異なる系統群の育成戦略

第6章 ゲノム育種

4.4 北海道品種の極早生性を規定している遺伝子の解明

まず，ゲノム育種法を用いる際に重要なのが，ターゲットとする形質を規定している QTL あるいは遺伝子が染色体上のどの位置に存在しているのかが明らかであることである。コシヒカリの出穂期を北海道品種並に極早生化するには，北海道品種の極早生性を規定しているであろう遺伝子座を解明し，さらに，その原因遺伝子を特定できていることが望ましい。幸い，イネの出穂期調節の分子メカニズムを解明する研究を世界的に最も精力的に行っている㈱農業生物資源研究所の矢野先生のグループと共同研究が行えた。この共同研究より前に，図2の STEP1 に相当する，北海道の栽培品種に特徴的な出穂期の極早生性に着目し，その出穂特性に関する遺伝解析が行われた。その結果，北海道品種「ほしのゆめ」とインド型品種「Kasalath」の間で検出された第7染色体セントロメア近傍に座乗する QTL による早生化の作用力が大きく，北海道品種の極早生性を特徴づけている QTL である可能性が示唆された[15]。そこで，筆者らは共同研究において，この QTL に目標を絞り，マップベースクローニング法によって原因遺伝子の単離を行った[10]。低密度連鎖解析の結果，Kasalath 型がヘテロ型より出穂が遅いことから，Kasalath の対立遺伝子が出穂を抑制する正常な機能を持ち，北海道品種の対立遺伝子は機能が低下あるいは欠失した変異型となっている不完全優性遺伝子であることが予想された。よって，この遺伝子座を出穂抑制遺伝子座 *Lhd4*（*Late heading 4*）と名付けた。マップベースクローニング法によって特定した *Lhd4* 遺伝子上において，「ほしのゆめ」では「Kasalath」「日本晴」にはない，推定コード領域内にストップコドンを生じる塩基多型が存在することが確認された。この SNP をもとに設定した DNA マーカーを用いて調査したところ，「ほしのゆめ」の *Lhd4* 遺伝子内のナンセンス変異は，多くの北海道品種で共通して見られることが確認された（図3）。従って，北海道品種の極早生性は *Lhd4* の機能欠失が原因の一つと裏付けられ，コシヒカリの開花期を改良し，北海道型コシヒカリを開発するための遺伝子資源として有用であると思われた。なお，通常ゲノム育種においては遺伝子単離まで行う必要性は必ずしもないと考えられる。例えば，経験的に不良な形質の連鎖がないことが明らかな場合はラフマッピングを行い，ある程度領域を絞り込んだ状況でも開始することは可能である。

4.5 ゲノム育種に必要な基盤の整備

図2の STEP2，まず，遺伝的背景とする品種であるが，先述した理由によりコシヒカリを選択した。ゲノム育種法では，もう一方の交配親となる北海道品種の極早生に関わる遺伝子座 *Lhd4* の遺伝子提供親，つまり機能欠失型の対立遺伝子座を保有する品種に何を利用すべきかが非常に重要である。まず，「ほしのゆめ」を含む北海道品種は *Lhd4* 遺伝子の塩基配列解析から，機能欠失型対立遺伝子を保有していることは明らかであるので，遺伝子提供親となりうる。しか

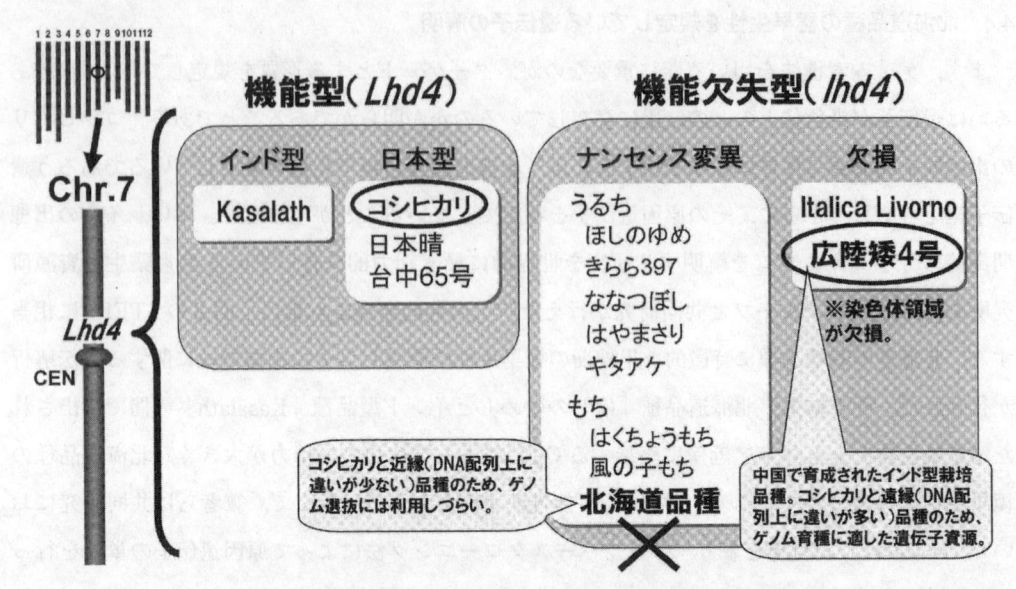

図3 ゲノム育種法における遺伝子資源（親品種）の選択

しながら，ゲノム育種法では染色体全域を選抜対象とすること，可能な限り標的遺伝子座以外の領域は遺伝的背景を原品種に近づけることを目指すため，コシヒカリとの間で染色体上のDNA多型が少ない近縁品種は利用が困難である（図3）。そこで，考えられるのが日本型品種に属するコシヒカリとは遠縁関係にあるインド型品種の利用である。筆者らは，中国のインド型栽培品種で茨城県で早生を示す「広陸矮4号」に着目し，$Lhd4$ 遺伝子座を解析した。その結果は，① $Lhd4$ 遺伝子上およびその周辺領域に設定した多数のプライマーセットを用いたPCRにおいて全く増幅産物が得られない，② $Lhd4$ 遺伝子をプローブとしたゲノミックサザンハイブリダイゼーションによってバンドが検出されない，③ $Lhd4$ 遺伝子転写産物を検出するRT-PCRにおいて増幅産物が得られない，というものであった。この三つの検証から，広陸矮4号の $Lhd4$ 遺伝子座を含む染色体領域は欠損しているため，その機能を果たしていない，と結論づけられた。さらに，コシヒカリとの間でDNA多型が多く，ゲノム育種に好適な遺伝的背景を持っているため，本品種を用いることにした。

ここで考慮したことは，実際にこの「広陸矮4号」の $Lhd4$ 座に相当する領域がコシヒカリの遺伝的背景において早生化の効果をもたらすかは不確定であることであった。それは次のような理由からである。① $Lhd4$ がほしのゆめとKasalathとの間で検出されたQTLであり，コシヒカリの遺伝的背景で $Lhd4$ がどう機能しているのかは不明であること。②さらに，広陸矮4号型の領域がほしのゆめ型と同様な早生化の機能を持っているかは塩基配列上からの予測に過ぎず，実証はされていないこと。このように，遺伝解析に用いた品種組み合わせと実際育種に利用する品

第6章　ゲノム育種

種が異なる場合，特に育種的利用がこれまでなされていない遺伝子座を利用する場合には慎重な選択が必要であると考えられる。そこで筆者らは，この育種を進めるに当たり「コシヒカリ」×「ほしのゆめ」および「コシヒカリ」×「広陸矮4号」の二つの組み合わせに由来するF_2集団を用いて解析を行った。その結果，$Lhd4$座の近傍に設定した共優性のDNAマーカーによる遺伝子型判定結果と出穂期の早晩性には強い相関が見られた。具体的には，$Lhd4$座の遺伝子型がほしのゆめ型あるいは広陸矮4号型となった場合には明らかな早生となり，その効果は非常に大きいものであった。よって，「広陸矮4号」も「ほしのゆめ」と同様に機能欠失型$Lhd4$保有の遺伝子資源として利用が可能であると判断した。

このコシヒカリと広陸矮4号を親品種としてゲノム育種を行うため，この両親間でのDNAマーカーを探索・設定した。弊社では，以前より日本型品種の祖先種とされる野生イネ*Oryza rufipogon* W1943と広陸矮4号の組み合わせから遺伝解析材料の作成とSNPマーカーの作成を進めていた。そこで，SNPマーカーは那須ら[16]，由井ら[17]，阪口ら[18]によってW1943と広陸矮4号間で作成された331個の内，コシヒカリ，広陸矮4号間で同様に多型を示すと確認できた174個を利用した（図4）。さらに，SNPマーカー間の遺伝距離が比較的広い，マーカーの設定密度が不十分と見られる領域には，CAPS，dCAPS，STS，SSRなどのマーカーを作成した。各マーカーの染色体上の位置，品種間の多型情報は，弊社がWeb上で無償で公開している「イネSNPsデータベース（http://www.pgcdna.co.jp/snps/abstract_j.html）」にて入手可能であり，各種のDNAマーカーを容易に作成することが可能となっている。

以上により，図2におけるSTEP2の作業は終了した。なお，ゲノム育種における染色体全域にわたるDNAマーカー選抜はBC_1F_1世代からであるので，DNAマーカーの整備はそれまでに行えば問題ない。筆者らも，実際にはF_1作成の交配が先行し，その間にマーカーの整備を行った。

4.6　ゲノム育種法によるコシヒカリへの出穂期関連遺伝子座の導入

図2におけるSTEP3，ゲノム育種法における最も特徴的な全ゲノム選抜を含む「育成経過」を図5に示す。1回目の交雑ではコシヒカリを母本，広陸矮4号を父本とし，コシヒカリを遺伝的背景とするため反復親とした。細胞質遺伝を考慮し，反復親を母本に用いることにした。コシヒカリ／広陸矮4号//コシヒカリBC_1F_1世代の幼苗期に染色体全域に設定したSNPマーカー（図4）を用いて各個体のグラフ遺伝子型を作成し，$Lhd4$座をヘテロで保持し，かつ他の染色体領域がコシヒカリ型に効率的に置換された数個体を選抜した。以後，それらの個体のみを継続して栽培し，コシヒカリによる戻し交配に使用した。続いて，選抜したBC_1F_1個体それぞれに由来するBC_2F_1集団に対して，同様に幼苗期にグラフ遺伝子型の作成と選抜を行い，同様な選抜

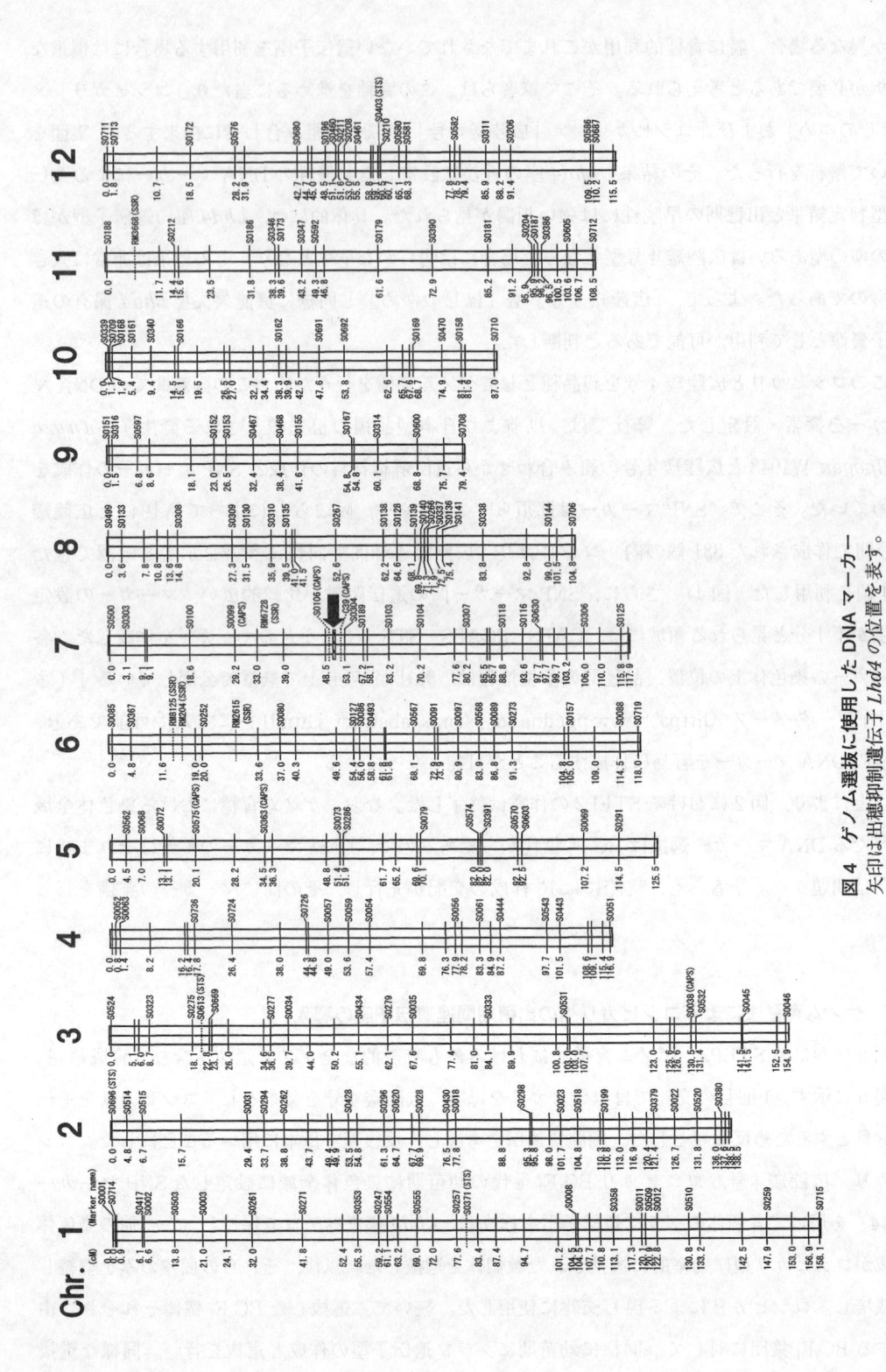

図4 ゲノム選抜に使用したDNAマーカー
矢印は出穂抑制遺伝子 $Lhd4$ の位置を表す。

第6章 ゲノム育種

基準のもと有望な個体を選定した後,コシヒカリによる戻し交雑に供試した。このBC_2F_1世代では,コシヒカリの遺伝的背景に広陸矮4号由来の残存する染色体断片数が最低四つの個体が出現した。さらに,BC_3F_1集団に対してグラフ遺伝子型を作成したところ,*Lhd4*座を含む領域のみがヘテロ型となった個体(BC_3F_1-#1-46)が現れたため,その自殖後代BC_3F_2世代で*Lhd4*座が広陸矮4号型となった固定系統をマーカー選抜した[19]。1回目の交雑からの所要期間はおよそ1年半であった。温室,人工気象室を利用した世代促進により年3回の交配を実施し,3回という少ない戻し交雑数で目標とした染色体断片置換系統を効率良く得ることができたことは,ゲノム選抜の有効性を実証するところである。なお,図5のグラフ遺伝子型は,コシヒカリ早生同質遺伝子系統として品種登録出願を行った「コシヒカリつくばHD1号」の系譜上で戻し交雑に利用した個体のみを例示した。

一方,*Lhd4*座以外の染色体領域を利用して開花期の異なるコシヒカリ系統を育成すべく,育成過程のBC_2F_1で適当な染色体領域を保持している個体を選定し,戻し交雑を行ったBC_3F_1の後代から標的領域のみが広陸矮4号型となった系統を複数確保した。

さて,図5で*Lhd4*座を含む領域のみが広陸矮4号型となり,ほぼコシヒカリに近い遺伝的背景を持つ系統が得られたが,ここで育成が終わりではない。①実際に希望するような開花期(早生化)を示すのか。②*Lhd4*周辺に劣悪形質にかかわる領域は連鎖していないか。の2点を確認した。まず,①については,育成途中のコシヒカリ型への置換がある程度進んでいたBC_2F_2世代でも行ったが,栽培試験を行い,コシヒカリに比較して14～15日早生を示すことを確認した。茨城県では北海道品種はコシヒカリより30日程度早生であるので,残念ながらこの*Lhd4*のみの早生化作用ではそれに到達なしえなかった。この原因が*Lhd4*周辺に残る連鎖引きずりによるものなのか,コシヒカリの遺伝的背景における*Lhd4*の導入ではこの程度の早生化しか示さないのかは,その時点では明らかとすることはできなかったが,単一遺伝子座の導入によって大きな早生化の効果を示すことが実証された。

引き続き行ったのは,*Lhd4*の周辺に残る広陸矮4号由来の不要領域の除去である(図6)。この時点で利用したDNAマーカーは,*Lhd4*遺伝子のマップベースクローニングの際に「ほしのゆめ」「Kasalath」間で作成した各種のPCRベースのもの(CAPS,dCAPS,STSなど)である。「ほしのゆめ」「コシヒカリ」は近縁,「Kasalath」「広陸矮4号」も同じインド型品種であるため,多くのマーカーが流用可能であった。まず,*Lhd4*座が分離するBC_3F_1(図6(a))の自殖集団を展開し,*Lhd4*近傍で組み換えの起きている個体をマーカー選抜した。*Lhd4*遺伝子のマップベースクローニングを行った際に,*Lhd4*周辺領域での組み換えの起きにくさを痛感していたので2000個体以上の集団を展開し,幼苗期における実質1947個体のスクリーニングから,染色体長腕側の連鎖引きずりが解消された最有望個体を1個体選抜した(図6(b))。次に,短

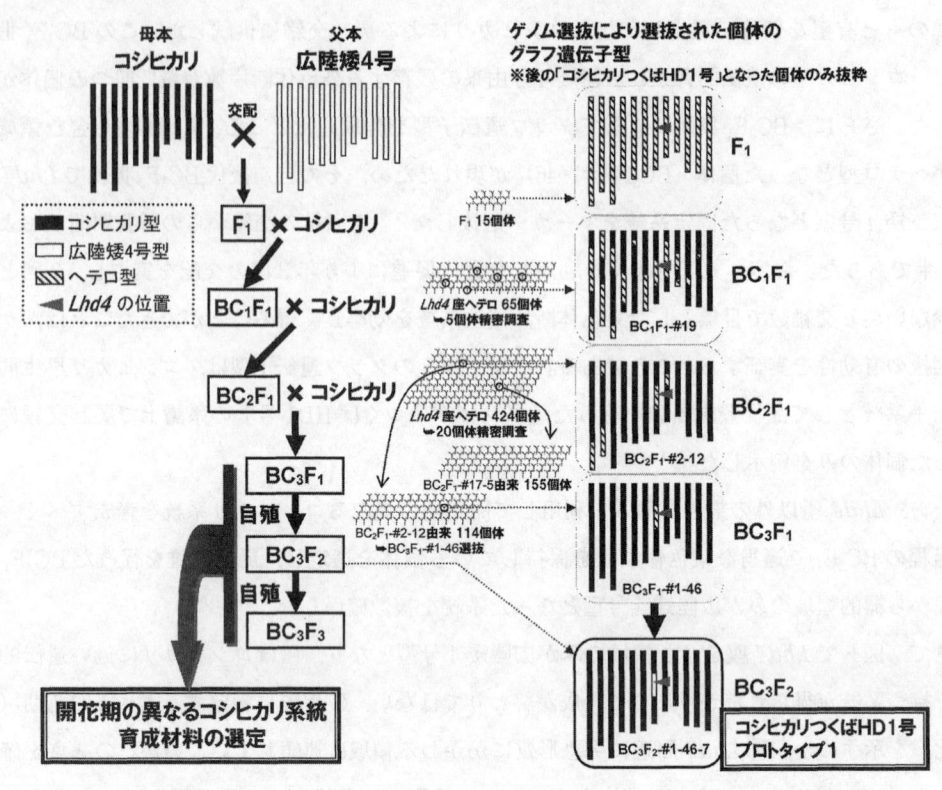

図5 コシヒカリつくばHD1号および開花期の異なるコシヒカリ系統群の育成経過

腕側の連鎖引きずりを解消するため，BC_3F_5集団を4098個体スクリーニングし，$Lhd4$近傍で組み換えの起きている個体を2個体（個体番号：#487および#3358）選抜した（図6(c)）。この組み換え個体の自殖世代BC_3F_6世代で遺伝子型の固定した最終版となる個体を選抜した。最終版の染色体構成は，設定したDNAマーカーで調査した限りでは$Lhd4$を含むごく狭い領域のみが広陸矮4号由来となっているに過ぎず，日本晴のゲノムシーケンス情報を元に換算すると，99.9％以上はコシヒカリの遺伝子を引き継いでいると言えるものとなった。

この最終版に由来する後代世代で，固定度の確認，特性検定，生産力検定を行い，一方で各地の公的研究機関（農業試験場）への生産力検定の依頼を行い，系統の評価と品種登録へ向けた準備を進めた。実際は，図6のプロトタイプ1から系統適応性試験を開始し，この育成段階でも固定度は十分かつ特段の不良形質の連鎖は見られなかったので，選抜効率に自信を深めつつ育成を進めた。これまでの試験から，育成地の茨城県，東北南部では早生となるが東北北部で中生の開花期となり，特に青森県では主力の中生品種である「つがるロマン」と同等の開花期を示すことが確認された。公的研究機関における食味評価も上々であり，農家からの試作の要望も頂いている状況である。本系統は2008年3月に種苗法に基づいて品種登録出願し，現在出願公表中であ

第6章 ゲノム育種

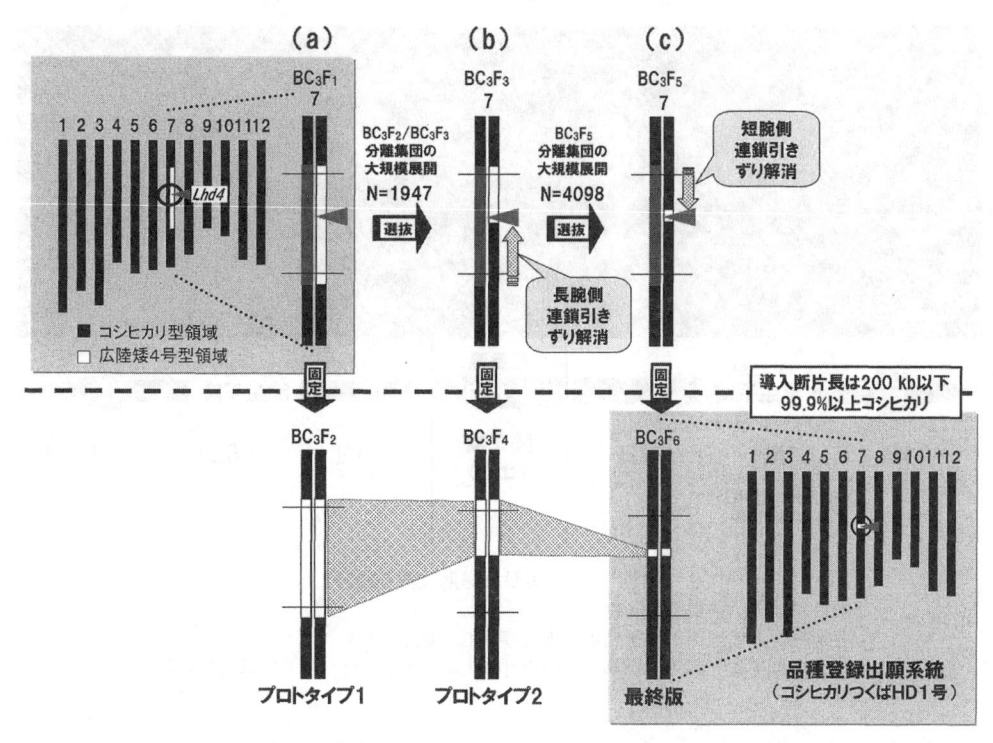

図6 連鎖引きずりの解消を目的とした選抜経過

る（出願番号：第22327号）。現在は，「コシヒカリつくばSD1号」と同様，普及へ向けた取り組みを進めている。

4.7 開花期の異なるコシヒカリ系統群

「コシヒカリつくばHD1号」と同様な育成方法を用いて，図7に示す開花期の異なる系統群を育成してきた。図7の6系統は染色体上の1ヵ所あるいは2ヵ所のみを広陸矮4号由来の染色体で置き換えて育成した系統群である。この6系統だけでその開花期の幅は1ヵ月以上となり，各系統はこれまでコシヒカリの栽培に不適あるいは不可能とされた地域へのニーズにも応えうる系統として，利用が期待される。例えば，9日早生の系統は東北中南部地域への適応が，8.5日晩生の系統は東海・近畿などの温暖地域から九州・沖縄への適応が期待される。各系統の栽培適地の探索は，今後の大きな検討課題である。ただし，連鎖引きずりの影響と思われる不良形質が認められる系統もあるため，よりコシヒカリに近い系統を図6に示す方法を用いて育成していく方針である。また何より，良食味性，耐冷性，難穂発芽性などコシヒカリの持つ優れた特性を受け継いでいることを慎重に確認しながら，開発を進めていきたいと考えている。

一方，当初育種の第一目標とした北海道適応型の開花期を有するコシヒカリの開発は「コシヒ

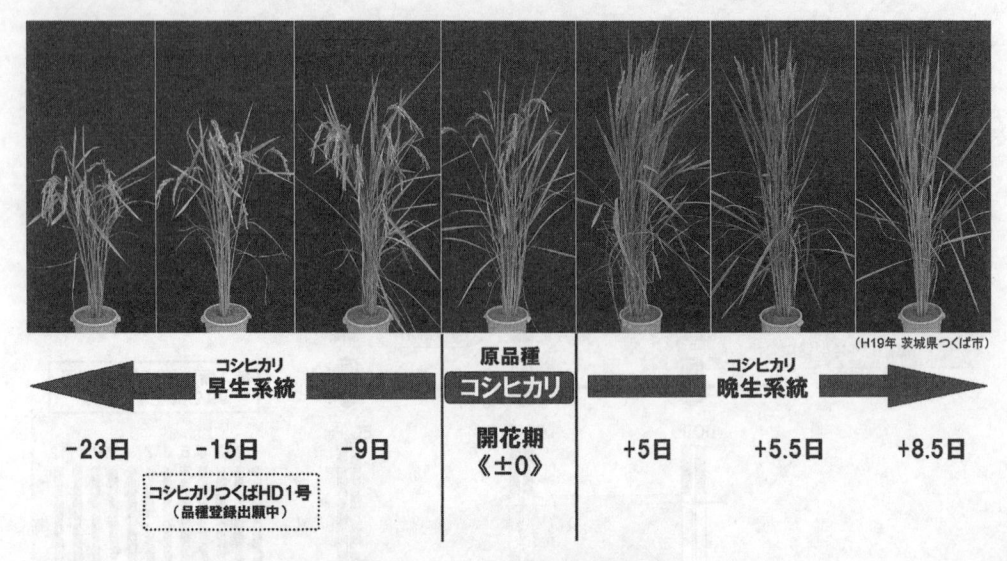

図7　コシヒカリ出穂期改変系統群
同日に播種，移植を行った。
各系統から代表株1株を丸ポットに移植して撮影。
コシヒカリより開花期が早い場合を「−」，遅い場合を「＋」で示している。

カリつくばHD1号」を基盤系統として用い，継続して研究を進めている。平成20年7月時点では，北海道の直播向け早生品種並の開花期特性を有する系統，主力の中生品種と同等の開花期特性を有する系統の育成にも目途が立つ段階まできた。

　ゲノム育種法を用いることで，これら開花期の異なる系統群を効率よく育成することができた。ゲノム育種についての詳細は第6章1節「ゲノム育種とは何か」で説明されているので割愛するが，この実例で押さえておきたい点を列挙した。

① 日本型栽培品種とは遠縁関係にあるインド型イネを交配親とした。コシヒカリとは異なる作用を持つ開花期関連QTLsを内包していたため，開花期の異なるコシヒカリ系統を複数育成できた。これは，遺伝的に遠縁の品種を用いたことが功を奏したと考えられる。なお，図7の23日早生の系統は，遺伝子提供親の「広陸矮4号」より早生であり，親を超越した早生化を達成している。

② 図6に示した通り，限りなくコシヒカリに近い遺伝的背景を有する系統を効率よく育成できた。これも遠縁品種を用いたことで達成できたことである。DNAマーカーの作成が容易であり，設定した高密度のDNAマーカーを用いて，$Lhd4$遺伝子の極近傍までコシヒカリ型となった個体を選抜できた。原品種とは異なる形質を示した場合，それは置換・導入された染色体領域に起因するため，万一劣悪形質が連鎖していた場合も同様な手順で改良系統を育成し，評価することでその原因を追究することが可能である。

第6章　ゲノム育種

4.8　今後の展開について

　筆者らが育成している系統群は，育種素材としても有用であると考えられる。すでに弊社では，図8に示すように（ⅰ）育種素材，（ⅱ）育種的利用に向けた遺伝解析材料，（ⅲ）開花期調節メカニズムの解明，それぞれへの素材として利用を進めている。先述した育種戦略の狙いでは①～③の三つを挙げたが（4.2参照），ごく近いところで実現を目指しているのは，④改良した系統の相互交雑を実施することで開花期の変異幅の拡大を図る，⑤弊社で育成している系統と交雑し，優れた新品種を育成する，の二つである。開花期の異なるコシヒカリ同質遺伝子系統が複数できた場合，それらを相互交雑することで，さらにバラエティに富んだ開花期を示す系統の育成が可能であると考えられる。それらは，早生と中生，中生と晩生の間を埋めるような，より細かいニーズに対応しうる品種育成に，また，極早生や極晩生といった両親と大きく異なる開花期を有する品種育成に繋がるであろう。一方，弊社ではコシヒカリの短稈系統，短稈・低アミロース系統を開発済みであり，コシヒカリの遺伝的背景を用いて改良系統を育成することで，有用な農業形質をコシヒカリの遺伝的背景に集積させることが効率的に進められる。例えば，コシヒカリ晩生系統と短稈系統を交雑すれば，コシヒカリ晩生・短稈系統が容易に育成できるものと期待される。

　これまで述べてきた系統育成は開花期に限ったが，実際には開花期のみの改良でコシヒカリの

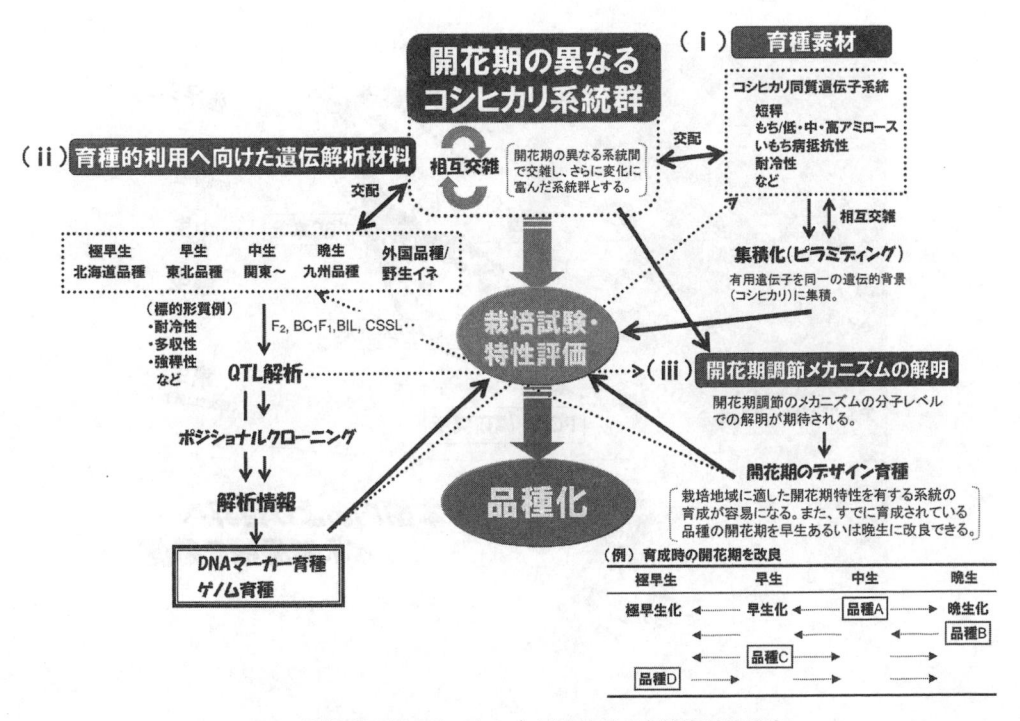

図8　開花期の異なるコシヒカリ系統群の育種的利用戦略

栽培適地を拡大できるとは限らない。例えば，北海道では冷害に対する対策として高度の耐冷性を有していることが必須であるし，東北ではいもち病圃場抵抗性についても厳しい要望がある。各地でさまざまな要求に応えた優良品種が次々と誕生している中で，"コシヒカリ"のブランドのみでの対抗ではやがて限界が来るであろう。従って，図8に示す取り組みは，そのような多様なニーズに即したコシヒカリの改良を視野に入れた内容となっている。これらの取り組みから，民間会社として魅力ある商品となる新品種の候補系統を次々と開発していくことを目指している。

　弊社は，茨城県からおよそ2000 km離れた亜熱帯気候に属する沖縄県石垣島にイネ育種に特化した設備を備えた沖縄研究所を設置している（図9）。そして，日本の中でも特殊な気象条件下にあるこの研究所との間で育種材料を往復させ，さまざまな環境下での栽培を想定したイネ新品種開発を進めている（"シャトル研究"と呼んでいる）。開花期の異なる系統群の育成は日本国内での活用のみでなく，近隣アジアを含む世界へ向けたイネ新品種開発を視野に入れた研究と位置づけていることを最後に付け加えておきたい。

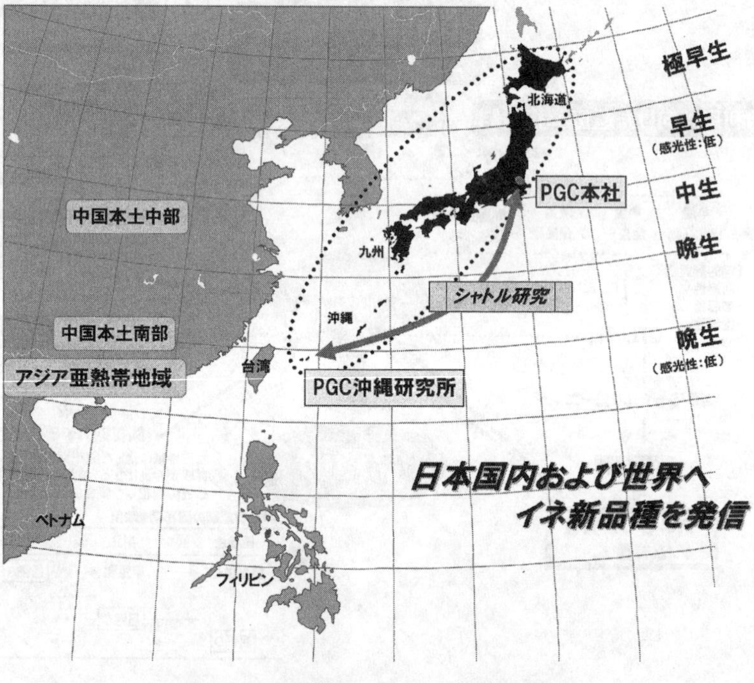

図9　PGCの世界へ向けたイネ育種戦略

第6章 ゲノム育種

文　　献

1) Yano, M., Sasaki, T., *Plant Mol. Biol.*, **35** (1-2), 145-153. Review (1997)
2) Yano, M. *et al.*, *Theor. Appl. Genet.*, **95**, 1025-1032 (1997)
3) Lin, S. Y. *et al.*, *Theor. Appl. Genet.*, **96**, 997-1003 (1998)
4) Yamamoto, T. *et al.*, *Theor. Appl. Genet.*, **97**, 37-44 (1998)
5) Yamamoto, T. *et al.*, *Genetics*, **154**, 885-891 (2000)
6) Yano, M. *et al.*, *Plant Physiol.*, **127**, 1425-1429 (2001)
7) Yano, M. *et al.*, *Plant Cell*, **12**, 2473-2484 (2000)
8) Takahashi, Y. *et al.*, *Proc. Natl. Acad. Sci. USA*, **96**, 7922-7927 (2001)
9) Kojima, S. *et al.*, *Plant Cell Pysiol.*, **43**, 1096-1105 (2002)
10) 北澤則之ほか, 育種学研究, **6** (別1), p.65 (2004)
11) 山内歌子ほか, 育種学研究, **6** (別1), p.66 (2004)
12) 矢野昌裕ほか, 育種学研究, **4** (別1), p.27 (2002)
13) 竹内善信ほか, 育種学研究, **6** (別1), p.304 (2004)
14) Takeuchi, Y. *et al.*, *Breeding Science*, **56** (4), 405-413 (2006)
15) 野々上慈徳ほか, 育種学研究, **2** (別1), p.13 (2000)
16) 那須忍ほか, 育種学研究, **4** (別1), p.88 (2002)
17) 由井里香ほか, 育種学研究, **4** (別1), p.89 (2002)
18) 阪口誠二ほか, 育種学研究, **6** (別1), p.232 (2004)
19) 北澤則之ほか, 育種学研究, **7** (別1, 2), p.216 (2005)

第2編
アグリバイオビジネスの現状と可能性

第1章 国内アグリバイオビジネスの現状と国際化への課題

川畑真人[*1]，廣澤孝保[*2]

1 はじめに

　アグリバイオビジネスに限らず，バイオテクノロジーを基盤とする産業においては，技術の新規性・先進性故に，技術の産業化に対する国家戦略が実用化への道程に大きな影響を及ぼす。我が国においては，2002年に内閣府より"BT戦略大綱"とその詳細行動計画が策定・公表されたが，それから6年経た2008年3月に再度，内閣府科学技術政策担当大臣が主催し，関係6大臣（科学技術，文部科学，厚生労働，農林水産，経済産業，環境），有識者，産業界代表からなる，「BT戦略推進官民会議」が開催された。その開催趣旨は，大綱策定以降の情況を総括し，遺伝子組換え技術やバイオマスの活用といった大綱策定以降の情況の変化に対応すべき課題を整理し，バイオテクノロジーを一層推進していくための重点課題をとりまとめ，その進捗状況を確認するためとされている。

　この6年間に，国内外の経済状況，社会状況は大きく変化してきており，特に近年の食料・エネルギー・環境に係る情況の変化についてはパラダイムシフトとも言うべき様相を呈している。2002年のBT戦略大綱においては，①研究開発の圧倒的充実，②産業化プロセスの抜本的強化，③国民理解の徹底的浸透の三つの基本戦略のもとに，具体的行動計画として50の行動方針，88の基本行動計画，200の詳細行動計画が設けられた。2008年3月に公表された内閣府の総括によれば，200の詳細行動計画の内，完了したもの18％，達成に目途が立ったもの56％，実施中が27％となった。各基本戦略ごとの達成度を図1に示した。戦略1については，完了8％，達成に目途53％，実施中39％，戦略2については完了26％，達成に目途57％，実施中17％，戦略3については，完了が26％，達成に目途59％，実施中15％となった。各戦略ともに，依然として行動計画の大半が，継続して取り組むべき課題として残されているのが現状である。

　一方，この6年間の我が国のバイオ産業の成長率は39％と実質経済成長率の10％を大きく上回っているものの，米国の119％，欧州の53％，カナダ・アジア太平洋地区の200％と比べる

[*1] Masato Kawabata　㈳農林水産先端技術産業振興センター　研究開発部　係長
[*2] Takayasu Hirosawa　㈳農林水産先端技術産業振興センター　研究開発部　理事・研究開発部長

アグリバイオビジネス―その魅力と技術動向―

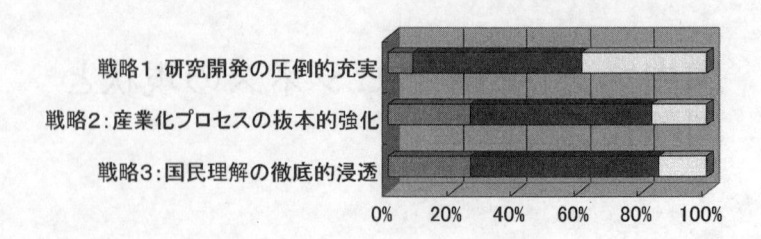

図1 3つの戦略ごとにみた詳細行動計画の進捗状況
（平成20年3月17日内閣府資料より抜粋）

と成長率に大きな差があり，バイオ産業の国際競争を考える上では楽観できる情況とは言い難い。その中で，我が国のアグリバイオビジネスの情況を見てみると，国内における遺伝子組換え作物の商業栽培は実現しておらず，研究開発段階での栽培試験の実施にも大きな障害があるのが現実である。その間，海外からのバイオ作物の輸入は年々増加し，2007年においては，遺伝子組換えトウモロコシの輸入量が前年比38％増の4,126億円，同じくダイズは26％増の1,597億円と世界でトップのバイオ農産物の輸入国となっている（日経バイオ年鑑2008）。

2008年6月になり，BT戦略推進官民会議は，先のBT戦略大綱の総括を含め，近年の環境変化・進捗を取り込み，更にバイオテクノロジーの推進のための新たな国家戦略ともいえる，中間とりまとめ（案）「バイオテクノロジーによるイノベーション促進に向けた抜本的強化方策"ドリームBTジャパン"」を公表した。そこでは，三つの基本戦略①創造的研究開発によるフロンティア開拓の加速化，②新技術開発の加速と社会への迅速な普及，③国民理解の推進に向けて，11項目の強化策を提言している。（図2）

その"ドリームBTジャパン"を受けて，2008年7月に，我が国の広範なバイオ産業の代表企業を会員とする，バイオ産業人会議（JABEX）が，BT戦略推進官民会議への民間サイドからの具体的提言をまとめ発表した（http://www.jba.or.jp/jabex/）。その提言骨子の内，直接アグリバイオテクノロジーに関連する提言は，"国内での先端農業技術開発・実用化と食料自給率の向上（国際協力を含む）"と，その具体的重点施策として，①食料問題解決に資する先端農業技術開発・高性能植物新品種開発に向け官民連携基盤整備の推進，②農業の活性化・先端技術の実用化を促進するための規制緩和の実現，③研究開発成果の実用化推進による，国際貢献と食料生産の向上への貢献をあげている。

上記提言において注目すべき点は，特に国際協力，国際貢献に触れている点であり，その背景としては，①食料生産を始め農業生産が抱える各種課題にバイオテクノロジー産業として貢献し

第1章　国内アグリバイオビジネスの現状と国際化への課題

1：創造的研究開発によるフロンティア開拓の加速化
(1) イノベーションを継続的に創造する研究基盤の抜本的強化
(2) 重要なバイオテクノロジー関連の革新的な技術について，「革新的技術戦略」等を活用し，オールジャパン体制で研究開発を促進
(3) バイオテクノロジー研究で得られた情報のデータベース化・生物遺伝資源の保存により，国民共有の財産として研究や医療，農業等に活用していくための研究基盤整備
2：新技術の開発の加速と社会への迅速な普及
(4) バイオテクノロジーを活用した革新的な医薬品や医療機器の開発を加速させる基盤の整備及び関連の技術開発
(5) 健康の保持増進に関する国民の期待に応える食品の研究開発と実用化の推進
(6) 食料問題解決のためのバイオテクノロジー研究と実用化の推進
(7) 環境に優しい低炭素社会実現と環境修復のための技術開発と実用化支援
　　①バイオマス資源の効率的な利活用とその普及
　　②食料と競合しないバイオ燃料の効率的な生産技術
　　③従来の石油化学工業からバイオ化学工業へ移行するための技術開発
　　④環境問題解決のためのバイオ研究の推進
(8) 研究開発の実用化に向けた社会基盤の整備とシステム改革の実施
3：国民理解の推進
(9) バイオテクノロジーに関する教育の推進
(10) リスクコミュニケーションの更なる推進
(11) 国のリーダーシップによるバイオテクノロジーに関する国民理解の推進

図2　「ドリームBTジャパン」が示すイノベーション強化11項目
（BT戦略推進官民会議）

ていく上では，国際化・グローバル展開が避けて通れないとの認識，②ビジネスとして，バイオテクノロジーの研究開発に係る先行投資の回収を考える上において，国内市場のみでは不十分との認識，③避けられないグローバル化に対する国家戦略構築が遅れているとの認識があると言える。

　2007年度の国内食料自給率はカロリーベースで40％に回復した（農林水産省平成19年度食料需給表）と発表されたが，エネルギー自給率が水力等によるわずか4％前後である現状においても，食料自給率の方が大きくマスコミに取り上げられているのは一面的である。食料自給率は食料安全保障と同義で論ぜられることが多いが，WTOやFTA農業交渉の中においても，もはや重要農産物といえども対象外とすることは不可能である現状において，食料自給率の向上を唱って，補助金による国内生産向上のみでその改善を図ろうとすることは誤りであり，その分野へのアグリバイオビジネスの直接的貢献は限られていると言わざるを得ない。いかに先端アグリバイオテクノロジーをもってしても，狭隘な国土，農業人口の減少・高齢化（担い手の問題），専業農家の減少といった問題を単独で解消することは難しい。むしろ，国内農業に向けた技術開発戦略に加え，FTA等のネットワーク内における農業生産と農産物の輸入を含めて論議し，それら環境変化に対応した海外における農業生産にも日本オリジナルなアグリバイオテクノロジーを

適用していくこと等，国際化を念頭においた技術開発戦略とビジネスモデルの構築が，国および産業サイドで求められている。

その中で，アグリバイオビジネスの中核の一つである，種苗関連産業基盤整備の重要課題として，①早急な食料農業植物遺伝資源条約等の各種国際条約の批准による，国際的な遺伝資源の安定的活用の実現，②遺伝子組換え作物の第一種使用審査の運用の改善及び地方自治体による組換え作物の栽培試験に関する上乗せ規制の撤廃，③企業の生産法人への出資比率や農地取得等の規制緩和を提言している。

以上のように，アグリバイオビジネスにおいて国際展開の重要性が叫ばれている中において，国による企業の国際展開支援のユニークな事業および，アグリバイオビジネスの中核を成す種苗事業にかかる育成者権保護の国際ルールについて概説する。

2 国のユニークな国際展開支援事業の一例

農林水産省においては，平成18年に東アジア食品産業活性化戦略を策定・公表した。東アジア食品産業活性化戦略は，「東アジアとともに成長・発展する」という視点に立ち，東アジアの活力を活かして我が国食品産業の国際競争力の強化を図るとともに，東アジア各国の食品産業の発展に寄与することを通じて，我が国主導の下，WIN-WINの関係を構築しようとするものである。その下に，平成19年に食品企業の東アジアへの投資を支援する目的で「食品産業海外事業活動支援センター」が，㈶食品産業センター内に開設された。同時に農林水産省総合食料局の提案公募型事業として，バイオテクノロジーを含めた，食品関連技術の海外展開支援を目的としたとして「食品産業技術海外展開実証事業」が平成19年度よりスタートしている（図3）。この事業において，国は国内において技術開発の大半を完了した技術の東アジアへの展開・実証を支援している。

この事業は食品企業が東アジアにおいて新たな事業展開を図る場面において，直面するリスクの軽減を図る観点から，我が国の食品の製造加工・流通等の技術シーズの海外での応用実用化モデルの提案を公募し，当該技術について海外で適切に機能するように検討・工夫を施しつつ，現地での有効性の実証・定着を図る取組みを支援することを目的としている。

平成19年度は，10課題が採択され，現在2ヵ年計画により実証活動が進められている（表1）。各実施機関は，中国，タイ，シンガポール等の東アジア諸国において，現地の大学，研究所，現地法人等との連携の下に，実証活動を進めている。実施機関は，現地の市場，ニーズ等を分析した上で，自らの有するアレルゲン測定技術，非破壊品質検査技術，食味検査技術，殺菌技術，米品質評価技術等について，現地の実状に沿う方向で技術的改良・検討を加えると共に，その普

第1章　国内アグリバイオビジネスの現状と国際化への課題

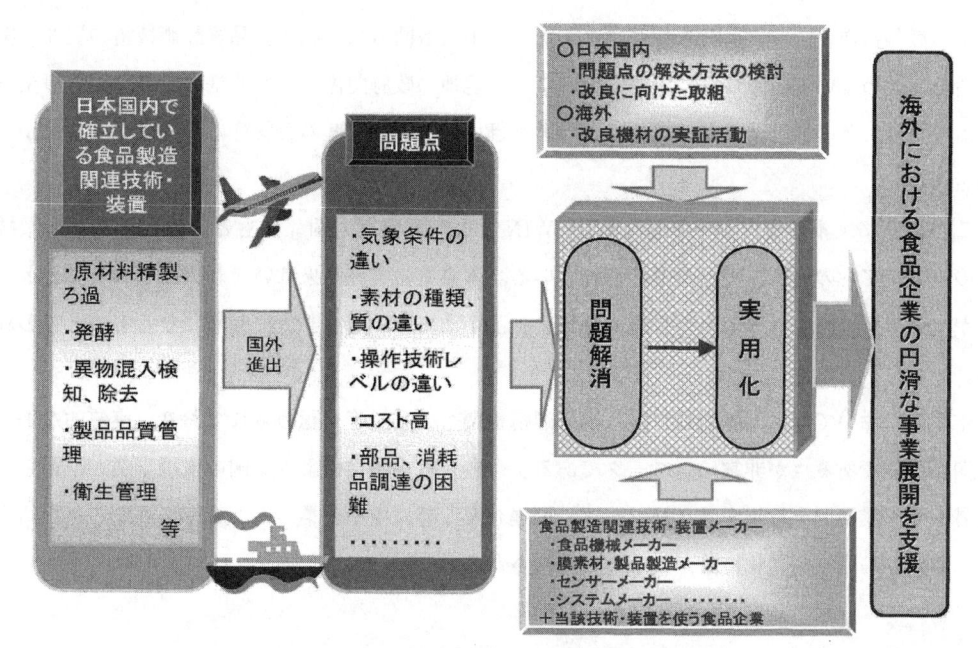

図3　「食品産業技術海外展開実証事業」概要図
（農林水産省資料より）

表1　「食品産業技術海外展開実証事業」における平成19～20年度実施課題

実施機関	実施課題名
㈱森永生科学研究所	タイでの食物アレルゲン測定法適用可能性の実証
㈶雑賀技術研究所	マンゴスチン果実障害・可溶性固形物オンライン選別機の開発
㈱インテリジェントセンサーテクノロジー	東アジア食品技術向上のための味認識装置と前処理装置の実用化
㈱ポッカコーポレーション	交流高電界技術を利用した果汁原料および果汁の高品質化技術開発
㈱サタケ	中国における米品質評価機器の実用化
江崎グリコ㈱	品質保証のための分析検査技術を日本から中国へ移管
㈱加藤美蜂園本舗	中国におけるハチミツおよびローヤルゼリーの精製方法の開発と実証
高千穂精機㈱	中国における高生産性小麦全粒粉製造技術の適用可能性の実証
高梨乳業㈱	中国における機能性乳酸菌及び関連発酵乳製造技術の開発と実証
越後製菓㈱	高圧処理を利用した東アジア産穀物の機能性食品の開発

及・定着に向け現地行政との情報交換を含め活動している。

　事業を実施する過程では，現地担当者への技術移転も積極的に行われており，現地での技術向上・人材育成に貢献している。技術の定着に当たっては，現地の慣行との調整も重要な問題であ

るが，機器操作・メンテナンスなどソフト面での工夫も図られている。品質評価技術の展開・実証活動を進めているいくつかの機関については，現地の政府関係者とも連携を取りながら事業を進めており，その活動結果が，現地での品質評価に関する法制度の改善等にも貢献することが期待される。

このように，本事業においては，WIN-WINという国際協力関係のもと，我が国食品産業技術の東アジアへの展開・実証が進められている。本事業の実施結果はいずれ公開されることとなるが，東アジア諸国への進出を目指す後続の食品企業において，非常に参考になるものと思われる。

本事業においては，実証活動に伴う海外連携機関への委託等も認められており，実質的な海外展開が可能である点が非常にユニークである。今後とも本事業のような国の支援事業が推進され，海外への事業展開を目指すアグリバイオの関連企業，特に中小企業・ベンチャー等がこれを活用し，我が国の産業活性化に繋がることが期待される。

3 育種・種苗の海外展開にかかる知的財産関連の国際条約の現状について

農業生産の基盤は種苗であり，品種の能力とその流通実体としての種苗の質の向上が農業生産の効率を左右することは明らかである。本書の第1編に列記されているように，アグリバイオビジネスにおいては，その殆どは遺伝子組換えを含めた先端バイオテクノロジーの育種面での活用をベースにした事業が目立つ。種苗産業自体がグローバル化している事に加え，バイオテクノロジーの研究開発投資を回収するといった観点からも，海外展開は我が国におけるアグリバイオビジネスの回避できない方向であると言える。

かつての"植物遺伝資源は人類共通の財産"（FAO）との楽天的認識から，"バイオパイラシー"（バンダナ・シバ博士）との表現に象徴されるような遺伝資源保有国の権利主張が明確になり，我が国アグリバイオビジネスがグローバル展開するに際して，国際ルールの動向が無視できない情況となっている。ここでは，課題となっている生物多様性条約，食料農業植物遺伝資源条約の現状と日本政府の取組みについて概説する。

植物遺伝資源は，新品種の育成，新規有用遺伝子の解明・利用だけでなく，新規有用物質の探索などにも利用することができ，研究機関や種苗企業のみならず，食品企業，医薬品企業等においてもその積極的利用が進められている。有用な植物遺伝資源は，国内外に広く存在しており，それらを効率的に入手・利用できる仕組みが求められているが，生物多様性保護の観点も非常に重要である。

1983年には，国際連合食糧農業機関（FAO）において，植物遺伝資源は人類共通の財産であ

第1章　国内アグリバイオビジネスの現状と国際化への課題

るとする「植物遺伝資源に関する国際的申し合わせ」(International Undertaking on Plant Genetic Resources：IU) が採択され，植物遺伝資源については「フリーアクセス」との認識があった。

しかしながら，1993年には，生物多様性の保護を目的とした「生物多様性条約」(Convention on Biological Diversity：CBD) が発効した。CBDでは，各国が自国の遺伝資源（ヒトを除く全ての生物資源）について主権的権利を有するとされ，植物遺伝資源の入手に当たっても二国間交渉が必要となった。

FAOは，1983年に採択されたIUをCBDと整合させるために，7年間という長期交渉を経て，2001年の総会において「食料農業植物遺伝資源条約」(International Treaty on Plant Genetic Resources for Food and Agriculture：ITPGR) を採択し，2004年6月に本条約は発効した。ITPGRは，主要作物の遺伝資源へのアクセスを促進する国際的仕組みの構築等を目的としたものである。

3.1　生物多様性条約（CBD）

生物多様性条約（CBD）は1992年に国連環境開発会議（地球サミット）で採択された条約の一つで，1993年12月に発効し，我が国も加盟している。CBDは，ヒトを除く全ての生物資源を対象としており，「生物多様性の保全」，「生物資源の持続的利用」，「利益の公正かつ衡平な配分」が目的とされている。

本条約においては，原産国が主権的権利を有するとの考え方が規定され，遺伝資源の取得に当たっては相互に合意する条件により，かつ提供国の事前同意を必要とするとされた。遺伝資源を利用しようとする場合は，その利用によって得られる利益の一部を原産国に公正かつ衡平に配分しなければならない。

CBDの発効により，フィリピン，タイ，コスタリカ，ブラジル，アンデス協定諸国等では，遺伝資源の持ち出しを規制する法律や地域協定の整備を進めた。

1993年の条約発効以降，締約国会議（Conference of the Parties：COP）は9回開催されているが，各国における法律整備の背景のもと，2002年4月に開催されたCOP6においては，国内法の制定や私契約締結の任意の国際ガイドラインである「ボン・ガイドライン」が採択された。これは現行の国際方針であるが，法的拘束力は持たないため，途上国の一部は，法的拘束力のある利益配分の国際制度の制定を主張している。しかしながら，先進国側は，新たな法的枠組みは必要ないとしており，これまでのCOPにおいても検討が進められているが，結論は出ていない。

CBD下における遺伝資源アクセスに関しては，以下のような問題が生じている。

① 海外探索で収集できる点数が減少している。

143

② 探索・収集できる国が限られている。
③ 合意書の締結に時間がかかる。

3.2 食料農業植物遺伝資源条約（ITPGR）

1983年のFAO総会で決議された「植物遺伝資源に関する国際的申し合わせ」（IU）は，「植物遺伝資源は人類共通の財産」との考え方に基づいていた。

しかし，1993年に発効したCBDにおいて，「各国は自国の遺伝資源に関して主導的権利を有すること，遺伝資源の利用から生じた利益は衡平に配分すること」が規定されたため，FAOは1994年からIUをCBDに整合させる方向で改定交渉を開始した。当時，農業関係者の間には，農業植物では複数の国から導入された遺伝資源の利用による交雑育種が行われていることから，遺伝資源入手のために多数の二国間協議を要すると思われるCBDを農業植物遺伝資源に適用すれば，育種活動が阻害されるとの懸念もあったようである。

7年越しの交渉の末，2001年，FAOは総会において，食料農業植物遺伝資源の保全及び持続可能な利用並びにその利用から生じる利益の公正かつ衡平な配分を目的とした「食料農業植物遺伝資源条約」（ITPGR）を採択した。2004年3月には条約の発効に必要な40カ国の加入手続きが終了したため，90日後の6月29日に発効した。我が国は，知的所有権等に関する規定の曖昧性に懸念を有し，交渉結果を本国に持ち帰り，国内法制との整合を精査する必要があることから棄権した。

ITPGRの内容は，以下のようなものである。

1) アクセスと利益配分のための多国間システム

遺伝資源の利用，提供を各国共通のルール下で行うことができるシステム（マルチラテラルシステム（MLS））を構築する。

（1） 対象作物の範囲
① クロップリスト（表2）に掲げられているもの（35作物＋飼料作物29属）。
② 締約国が管理・監督しているもの。
③ 知的財産権が消滅しているもの（パブリックドメイン）。

（2） アクセスの条件

遺伝資源の移転に当たっては，当事者間で標準材料移転契約（標準MTA）を締結。標準MTAには，必須条件として以下を含む。
① 食料・農業のための研究，育種及び研修の目的での利用に限定。
② 配布を受けた植物遺伝資源については，そのままの形態では知的所有権を主張しない。
③ 配布を受けた植物遺伝資源を利用して利益が生じた場合には金銭的利益配分を行う。

第 1 章　国内アグリバイオビジネスの現状と国際化への課題

表 2　ITPGR におけるクロップリスト（対象作物）

		クロップリスト記載の作物
作物 （35 種）		パンノキ，アスパラガス，エンバク，ビート，キャベツ等，キマメ，ヒヨコマメ，カンキツ類，ココナツ，サトイモ類，ニンジン，ヤムイモ，シコクビエ，イチゴ，ヒマワリ，オオムギ，カンショ，グラスピー，レンズマメ，リンゴ，キャッサバ，バナナ，イネ，トウジンビエ，インゲンマメ，エンドウ，ライムギ，バレイショ，ナス，ソルガム，ライコムギ，コムギ，ソラマメ，ササゲ類，トウモロコシ
飼料作物 （29 属）	マメ科 牧草類	レンゲ属，ナタマメ属，オウゴンハギ属，ヘディサリウム属，ラチラス属，ハギ属，ミヤコグサ属，ルピナス属，ウマゴヤシ属，シナガワハギ属，オノブリキス属，オルニソパス属，プロソピス属，プエラリア属，トリフォリウム属（シャジクソウ属）
	イネ科 牧草類	アンドロポゴン属，アグロピロン属，コヌカグサ属，スズメノテッポウ属，オオカニツリ属，カモガヤ属，ウシノケグサ属，ドクムギ属，クサヨシ属，フェレウム属，イチゴツナギ属，トリプサカム属
	その他	アトリプレックス属，サルソラ属

(3)　金銭的利益配分

　植物遺伝資源の利用により生じた成果物を販売し，利益が生じた場合には，その販売者は，標準 MTA に従い，利益の一部を FAO 信託基金勘定に支払わなければならない。

2)　農民の権利

　植物遺伝資源の保全と開発等は伝統的知識として農民の貢献であるとする「農民の権利」を認め，各国が国内法に従い保護する措置を取ると規定。

　対象となるクロップリストである 35 作物と飼料作物 29 属については，食料安全保障と相互依存性の基準により決定された。しかし，ダイズ，ラッカセイ，トマト，サトウキビ等の主要作物の一部は，個別に交渉した方が有利と考える一部の原産国の反対でクロップリストから除外されている。

　MLS に含まれる遺伝資源は，①クロップリストの作物，②締約国が管理・監督しているもの，③知的財産権が消滅しているもの（パブリックドメイン），のすべてを満たすものである。具体的には，ジーンバンク，国立大学法人等が保有する種苗登録等の権利が消滅した植物遺伝資源が義務の対象となり，地方自治体や民間等が保有する植物遺伝資源は任意の対象となるものと想定されている。ただし，政府は民間企業等に対して MLS に参加するように奨励する適切な措置を取る必要があるとされている。

条約の根幹ともいうべき標準MTAについては,「専門家グループ会合」等において,「商業化とは」,「取り込みとは(成果物の定義)」,「成果物が制限無く研究・育種に利用できる場合とは」,「支払いの水準・方法」,「受領者により異なる支払い水準を設ける必要性」,「途上国の小農の支払い免除」,「金銭的利益,その他の利益とは」等を議題にして検討が進められている。

金銭的利益配分の方法については,遺伝資源の利用国にとって非常に重要な事項であるが,これまでの検討の結果,受領者は成果物を商業化した場合には,成果物の売上高から30%を差し引いた額の1.1%を支払わなければならない,との規定となっている。但し,「研究,育種に制限なく利用できる場合」,「購入した場合」,「商品として売られているもの」については,支払いの義務はない。

ITPGRへ加盟した場合のメリットとしては,以下の内容が考えられる。
① MLSを通して植物遺伝資源を容易に入手でき,我が国の育種研究,新品種開発を活発化。
② 我が国の意見を標準MTA等の検討に反映できる。
③ 遺伝資源保全の理解国。
④ 国際農業研究協議グループとの協力関係。

一方,ITPGRへ加盟した場合のデメリットとしては,以下の内容が考えられる。
① 成果物の商業化から生じる利益の衡平な一部を支払う義務が生じる。
② 遺伝資源の提供が求められたときには提供する必要がある。

我が国は,食料及び農業のための植物遺伝資源の保全,持続的な利用の推進という重要な意義を有している一方で,いくつかの解決すべき問題があるとして,本条約には加盟していない。条約に関する国際的な動向を踏まえ,既存の国際条約との関係の整理や国内で実施するために必要な措置などに照らし,引き続きこの条約への対応を検討することとしている。

3.3 現状と今後に向けての日本の立場

CBDとITPGRとの違いについて表3にまとめた。現状では,ヒトを除く全ての生物資源について,CBDに従って入手する必要があり,当然,植物遺伝資源についても同様である。しかしながら,今後,我が国がITPGRへ加盟した場合は,主要な農作物についてはITPGRに従い,それ以外についてはCBDに従い,それぞれ遺伝資源を入手する必要が出てくる。

CBD,ITPGR共に国際会議の場で検討が進められており,その動向は我が国の産業界にとっても非常に重要なものである。CBDについては,2006年のCOP8において「民間部門に条約への参画を促す決議」が採択され,2008年のCOP9において「ビジネスと生物多様性イニシアチブ」に世界で34社,日本も9社が署名するなど,民間企業が直接,国際的な動向に参画する動きも出てきている。

第1章　国内アグリバイオビジネスの現状と国際化への課題

表3　CBDとITPGRとの比較

	CBD	ITPGR
発効年	1993年	2004年
加盟国数	190カ国	115カ国＋EU
日本の対応	加盟	未加盟
目的	生物多様性の保全 持続的利用 利益の公正かつ衡平な配分	食料および農業に関する植物遺伝資源の保全 持続的利用 利益の公正かつ衡平な配分
対象	ヒトを除く全ての生物資源	食料および農業に関する植物遺伝資源 （35作物＋29属牧草類）
アクセス方法	二国間 　相手（提供）国の国内法に従う	多国間システム 　条約で規定
アクセスに要する手続き	ボン・ガイドライン ・事前の情報に基づく同意 ・相互に合意する条件 ・提供国へ利益配分	標準MTA ・材料の移転を条約事務局へ通知
アクセス手順	①提供国（機関）へ調査・収集の事前打診 ②双方で合意 ③事前通報 ④農水省植物防疫所へ事前連絡 ⑤調査・収集の実施前に，材料移転合意書の調印 ⑥相手国の植物防疫所で輸出検疫 ⑦農水省植物防疫所で輸入検疫 ⑧大学・研究所へ輸送	①遺伝資源提供国への打診（作物種，内容等） ②標準MTAに調印 ③日本植物防疫所へ事前連絡 ④日本の植物防疫所で輸入時検疫 ⑤大学・研究所へ移送
拘束力	拘束力なし，フレーム	拘束力あり

　現在，我が国が植物遺伝資源の入手に際して従うべきCBDについては，円滑な遺伝資源アクセスを可能とするような仕組みの検討が進められており，我が国も産業界の参画の下，これに積極的に貢献すべきである。しかしながら，前述のバイオ産業人会議による提言にもあるように，遺伝資源の利用・提供を各国共通のルール下で行うことができるITPGRに対する産業界からの期待は大きいものがあり，我が国も早期にITPGRに批准し，標準MTAの検討等に関与していくべきである。

4　種苗法における自家増殖について

　産業活性化のためには，知的財産の保護・活用が非常に重要である。農林水産分野の主要な知的財産である育成者権については，種苗法により規定されているが，農業者による自家増殖に関

しては，原則として育成者権が及ばないこととされている。

新品種の育成による正当な利益の確保のため，種苗業界からの自家増殖の原則禁止に関する要望は大きい。農業者による自家増殖の扱いに関する日本政府のこれまでの取組等について概説する。

4.1 種苗法における自家増殖の扱い

農業者の自家増殖とは，農業者（農業者個人と農業生産法人）が登録品種の種苗を用いて収穫物を得，その収穫物を自己の農業経営においてさらに種苗として用いることを指す。

我が国の植物品種保護制度として，昭和53年に種苗法が制定されたが，当時，有償目的の生産・譲渡は禁止されていたものの，自家増殖，無償譲渡は可能とされていた。しかしながら，育成者権の保護を基本とし，必要があれば合理的な範囲で自家増殖を許容するとするUPOV条約（植物の新品種の保護に関する国際条約）の1991年法（UPOV91年条約）に準拠して，我が国も平成10年に種苗法の改正を行った結果，無償目的の生産・譲渡も禁止となり，23属種について自家増殖が制限されることとなった。また，平成18年には，種苗法施行規則が改正され，自家増殖の制限範囲が23属種から81属種に拡大した（表4）。

種苗法においては，自家増殖について，①省令で定める栄養繁殖をする植物の種苗を用いる場合，②契約で別段の定めをした場合を除き，育成者権者の許諾無しでも実施可能とされているが，①については，現在，前述のように81属種が省令で定められている。

栄養繁殖性植物については，観賞用のものを中心に契約等による自家増殖制限が，既に相当程度定着しているものがあること，種子繁殖性の植物に比べ，短期間に大量の同品質の種苗を増殖することが容易で，育成者の利益を侵害する可能性が高いこと，等の理由から，自家増殖制限の対象となっている。

4.2 政府における自家増殖の扱いに関する検討の経緯
4.2.1 植物新品種の保護に関する研究会報告（平成16年12月）

農林水産省生産局では，平成16年4月から12月にかけて，学識経験者等で構成される「植物新品種の保護に関する研究会」を開催し，植物新品種の保護について今後必要と考えられる方策を幅広く検討した結果，自家増殖について以下の結論を得た。

① 新品種の育成者の正当な利益を確保し，新品種の育成を促進して我が国農業の国際競争力の強化を図るためには，農業者の自家増殖について，農業生産現場への影響に配慮しつつ，育成者権の効力の及ぶ範囲を拡大し，将来的には，自家増殖には原則として育成者権を及ぼすことを検討すべきである。

第1章　国内アグリバイオビジネスの現状と国際化への課題

表4　農業者の自家増殖に係る育成者権の例外規定が適用されない省令で定める栄養繁殖をする植物

	農業者の自家増殖に係る育成者権の例外規定が適用されない省令で定める栄養繁殖をする植物
野菜 (4種類)	おもだか属，ししうど属（とうきを除く），スマランサス属，せいようわさび属
果樹 (3種類)	パパイヤ属，まつぶさ属，マルピーギア属
草花類 (52種類)	アガスタケ属，アルストロメリア属，アンゲロニア属，イソトマ属，いわだれそう属，ヴァーレンベルギア属，エオニウム属，エクサクム属，エボルブルス属，エリンギウム属，オドントグロッサム属，おりづるらん属，オンシジウム属，かすみそう属，カトレア属，ガーベラ属，カランコエ属，カリシア属，グラプトペタルム属，クレマチス属，ジゴカクタス属，シンビジウム属，スカエウォラ属，スコパリア属，セネキオ属（シネラリア属を除く），セントポーリア属，ソリダゴ属，ソリダステル属，たつなみそう属，ちぢみざさ属，チューリップ属，ディアスキア属，ディーフェンバキア属，ディサ属，デンドロビウム属，とけいそう属，なでしこ属，ノラナ属，はえとりぐさ属，ビデンス属，プラティア属，プレクトランツス属，ペチュニア属，ペラルゴニウム属，ヘレボルス属，ほうせんか属，まるばびゆ属，まんねんぐさ属，ローマかみつれ属，らっきょうときいいとらっきょうとの交雑種・らっきょうとやまらっきょうとの交雑種，かきつばた種，カーネーション種
観賞樹 (19種類)	あじさい属，アデニウム属，えごのき属，エルウァタミア属，きだちるりそう属，げっけいじゅ属，シンフォリカルポス属，セルリア属，たばこそう属，つた属，デイコ属，ディジゴテカ属，ドゥランタ属，パキラ属，ばら属，ひさかき属，ポインセチア種，ルクリア属，ゆすらうめ種
きのこ (3種類)	しいたけ種，はなびらたけ種，ほんしめじ種

② しかしながら，現状においては，多くの農業者にとって，自家増殖に関する許諾についての認識が十分でないため，自家増殖に育成者権の効力が及ぶこととした場合には，大きな混乱が想定される。また，農業者には，種苗の購入費等の増大により農業経営が圧迫されることや安定的な種苗供給に支障が生じることについて，強い懸念がある。

さらに，育成者権者において，自家増殖に関する許諾料の徴収をはじめ，権利行使の方策が確立されていない場合には，制度の実効性が確保されない。

③ このため，当面は，

A：自家増殖に関する許諾料の徴収等の契約が定着した植物

B：従来我が国ではほとんど経済栽培が行われておらず，自家増殖の慣行のほとんど存在しなかった植物

C：新たに栄養繁殖による増殖が開始されており，かつ，種子繁殖による自家増殖の慣行がほとんどない植物

について，順次，育成者権の効力が自家増殖に及ぶ植物として追加していくことが適当であ

④ また、自家増殖に関する許諾についての農業者の認識の定着を図るためには、自家増殖に関する許諾料の徴収等の契約の普及が重要であるので、農林水産省、育成者権者、農業団体等の関係者が連携して、新品種保護制度の意義や自家増殖に関する契約についての正確な認識の浸透に努めるとともに、農業者の懸念を払拭し、新品種の育成・利用から得られる利益の分配等が育成者権者と農業者の間で適切に行われるような環境整備を検討していく必要がある。

平成18年の規則改正は、上記研究会報告を踏まえ、同年3月に開催された、農林水産省、育成者権者、農業団体等の代表からなる「自家増殖検討会」において検討を加え、広く意見募集を行った上で行われたものである。

4.2.2 植物新品種の保護の強化及び活用の促進に関する検討会報告（平成18年12月）

平成18年には、同年6月に決定された農林水産省知的財産戦略本部による「農林水産省における知的財産戦略の対応方向」を踏まえ、育成者権の保護の強化及び活用の促進に関する総合戦略の策定を目的として、「植物新品種の保護の強化及び活用の促進に関する検討会」が開催された。

本研究会では、「自家増殖の特例見直しの具体的な検討への着手」として以下の結論を得た。

① 育成者権の保護・活用をより一層推進する観点から、平成16年度の研究会報告において、「将来的には、自家増殖には原則として育成者権を及ぼすことを検討すべきである」としたことを受け、自家増殖に関する制度改正に向けた具体的な検討を開始すべきである。

② 具体的な検討を開始するに当たっては、自家増殖に関する現状の把握、関係者の意見調整等を進め、農業生産者への普及・啓発の促進、品種登録表示の明示化、適切な許諾契約の定着等必要な措置を講じ、農業生産現場において混乱が生じない環境整備を図る必要がある。特に、自家増殖に関する現状の把握に当たっては、植物により自家増殖や許諾契約の実態が大きく異なることから、農林水産植物の種類ごとに個別・具体的に調査・検討を進めていく必要がある。

4.3 各国の対応

UPOV条約においては、合理的な範囲内で、かつ、育成者の正当な利益を保護することを条件として、このような自家増殖に対して育成者権の例外を各国の任意で認めている。つまり、自家増殖を条件付きで認めるのが原則であるが、日本の種苗法の規定は逆になっている。

ヨーロッパにおいて、オランダでは自家増殖が禁止されており、EU、ドイツ、英国等につい

第1章 国内アグリバイオビジネスの現状と国際化への課題

ては，自家増殖の対象作物を限定している。例えば，EUでは，小麦・大麦・ライ麦等の穀物，エン麦・クローバー等の飼料作物，馬鈴薯，アマ等が自家増殖の対象作物とされている。ヨーロッパにおいては，農家の自家増殖には育成者権が及ぶことが前提で，一部の例外を規定している国が多いようである。

これに対し，アジア諸国においては，UPOV未加盟のタイ，インドネシア，フィリピン，マレーシア，インド等のみならず，UPOVに加盟している中国，韓国，ベトナム，シンガポールについても，農家の自家増殖は可能であり，育成者権の対象外とされている国が多い。

4.4 種苗産業・農家に与える影響

自家増殖を原則禁止とした場合，固定種や栄養繁殖性植物等について品種開発がより積極的に進められ，種苗業界全体が活性化することが予想される。また自家増殖が減り，育成者の生産量が多くなれば，コストが軽減され，価格が安くなり，育成者，生産者双方にとって望ましい状況になり得る。国際的な面からすると，日本の制度を踏まえて，規制や禁止など強い要望が可能となり，育成者権が守られる基盤ができる。

自家増殖を原則禁止とした場合，農家においては，米麦など，重要な作物では問題が発生する可能性がある。栄養繁殖性植物では，契約によって制約されている作物については影響は少ないと考えられるが，その他の一般の栄養繁殖性植物，固定種などでは影響が出ることをも考えられる。また，種苗の供給量を気にする意見もあるが，反面，品質の良い種苗を用いることによる生産性の向上も期待できる。

4.5 育成者権者の対応

育成者権者は，自らが育成した栄養繁殖性植物について，生産者との間で契約を締結し，自家増殖の制限（許諾）等を行っている。

A社においては，ある花卉品種について，JA，経済連，生産者部会を相手先として，「生産者名・生産場所が明確であること」，「それ以外の他者への挿し穂及び親株の提供の禁止」，「販売した切り花全数量を報告し，利用料を支払うこと」等を条件に生産希望を確認して，契約書を交わして挿し穂の増殖を許諾している。

B県においては，ある野菜品種について，市場流通量と占有率の向上により全国ブランドとしての地位を確立するため，県外における生産等も許諾している。農業者の自家増殖は制限しておらず，許諾については，3年契約・定額（一時金）方式であり，県内，県外，民間種苗会社等に分けて許諾料金を設定している。

4.6 まとめ

　種苗の生産・流通がグローバルに行われている現代においては，自家増殖の問題についても，世界各国の動向を注視しつつ，対応を進めていく必要がある．平成20年には，ASEAN+3に参加する国がメンバーとなり，植物品種保護制度についての情報交換，各国での植物品種保護制度の整備やそれらの国際的な調和などを図ることを目的とした「東アジア植物品種保護フォーラム」が設置された．フォーラムにおいては，自家増殖も含めた制度の発展・調和に向けた活動等が期待される．

　知的財産については，今後益々，その保護・活用が進められ，産業の活性化が図られていくと思われる．平成19年12月に施行された種苗法の改正においては，権利侵害に対する救済の実効性向上を目的とした訴状上の救済円滑化措置，故意の権利侵害の防止を目的とした罰則の引き上げ，品種登録表示の信頼確保を目的とした表示の適正化等が盛り込まれ，育成者権の強化が図られている．

　育成者権の強化は，種苗産業の活性化に繋がるものであり，国内の農家に対する影響を考慮しつつも，世界的な動向も踏まえて，種苗産業の活性化に資するように，自家増殖に関する制度改正が行われていくことを期待する．

第2章　遺伝子組換え農作物の安全性評価

田部井　豊*

1　はじめに―遺伝子組換え農作物の利用の現状―

　1973年に大腸菌を用いて世界で最初の遺伝子組換えが報告された。遺伝子組換え技術を用いて日持ち性を改良した遺伝子組換えトマトが，1994年に米国で商品化された。日本では，1994年に遺伝子組換え大腸菌により製造されたキモシンの食品添加物としての利用が初めて認可され，1996年から除草剤耐性ダイズやナタネ，害虫抵抗性トウモロコシやジャガイモなどの商業栽培が開始されたことで，遺伝子組換え農作物の本格的な利用が開始された。1996年における世界の遺伝子組換え農作物の栽培総面積は170万ヘクタールであったが，2007年には世界の23カ国で遺伝子組換え農作物の商業栽培が行われ，その栽培総面積は日本国土の約3倍にあたる1億1430万ヘクタールと，12年で63倍に増加した（図1)[1]。

　2007年では，米国が5,770万ヘクタール（遺伝子組換え農作物の栽培総面積の51％）と最も大面積で栽培しており，次いでアルゼンチンの1,910万ヘクタール（同17％），ブラジルの1,500万ヘクタール（同13％），カナダの700万ヘクタール（同6％），インドの620万ヘクタール（同5％），中国の380万ヘクタール（同3％）となっている[1]。新たに遺伝子組換え農作物の栽培国として登場したチリは遺伝子組換えトウモロコシ，ダイズ，ナタネを栽培しており，同じくポーランドは遺伝子組換えトウモロコシの栽培国として登場した。遺伝子組換え農作物を5万ヘクタール以上の規模で栽培している国は13カ国であり，作付け面積の増加率をみると，インドでは害虫抵抗性ワタの作付け面積が前年比で＋63.2％となり，最も高い増加率を示した。次いでフィリピンの50％，ブラジルの30.4％，パラグアイと続いている。オーストラリアではワタの栽培面積が10万ヘクタールと2006年度に比べ半減しているが，これは旱ばつなどの影響により作付けが困難になっているためと推定される。

　現在，日本へ輸入されるダイズやトウモロコシの多くは，飼料または加工原材料として使用されるため，遺伝子組換え農作物と非遺伝子組換え農作物を分別せずに（不分別）輸入されるため，遺伝子組換え農作物の正確な輸入量は不明である。しかし，日本への輸入量と，輸入相手国における遺伝子組換え農作物の作付け比率から，ある程度推測することは可能である。例えば2007

---

*　Yutaka Tabei　㈱農業生物資源研究所　遺伝子組換え研究推進室　室長

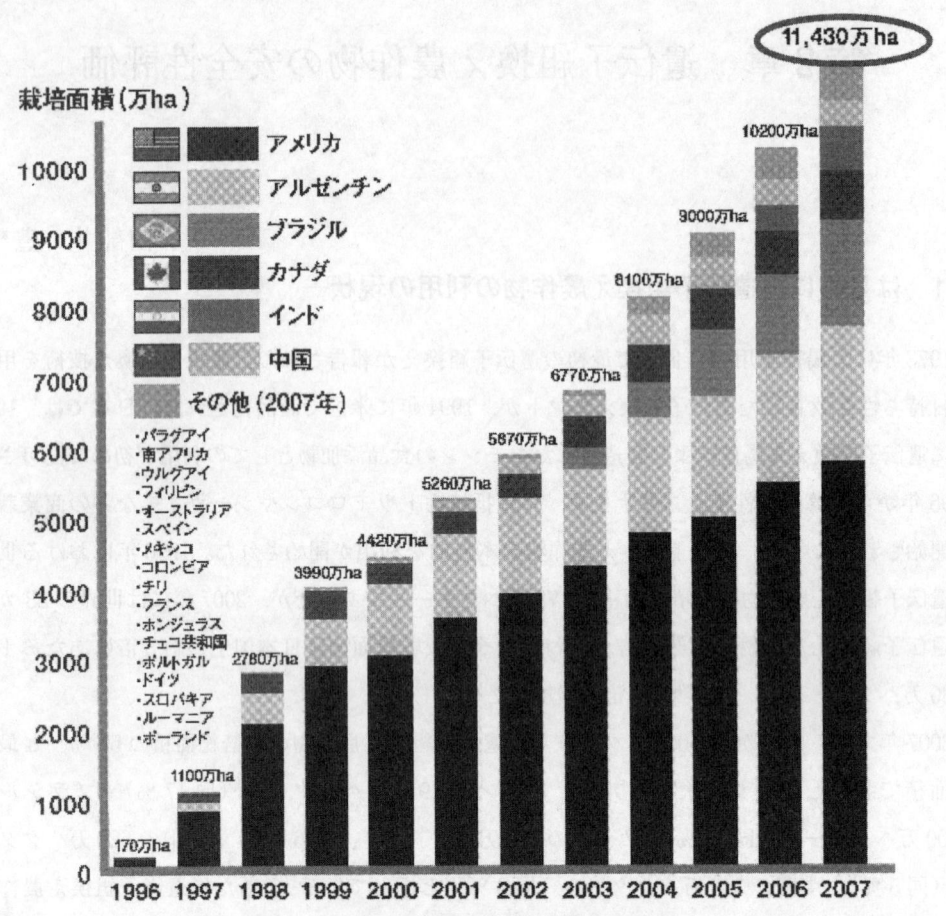

アグリバイオビジネス―その魅力と技術動向―

図1 世界の遺伝子組換え作物栽培の推移
農林水産省 Do you know より

年における遺伝子組換えトウモロコシの輸入量は1,663万トンであり，1,556万トンが米国から輸入されている（日本国財務省「貿易統計」）。2006年の米国における遺伝子組換えトウモロコシの作付け比率が61%である（USDA-NASS Acreage）ことから，およそ950万トン程度の遺伝子組換えトウモロコシが輸入されている可能性がある（図2）。同様に，遺伝子組換えダイズは米国やブラジルから約300万トン，遺伝子組換えナタネがカナダから約160万トン程度輸入されていると推定される[2]。

2 遺伝子組換え生物に関する安全性評価の規制の経緯

1973年の遺伝子組換え実験の成功を受けて，遺伝子組換え生物等の安全な取扱に関する規制は，研究者などの自主的規制として検討された。1976年に米国立衛生研究所（NIH）が実験指

第2章　遺伝子組換え農作物の安全性評価

我が国への輸出状況（2007年）

生産国	輸出量（千トン）	シェア（％）
米国	15,557 (9,489)	93.5%
中国	648	3.9%
アルゼンチン	376	2.3%
その他	52	0.3%
合計	16,633	100.0%

財務省貿易統計、USDA「Acreage」より作成
括弧内は遺伝子組換えトウモロコシの推定輸入量

最大輸出国（米国）における栽培状況の推移

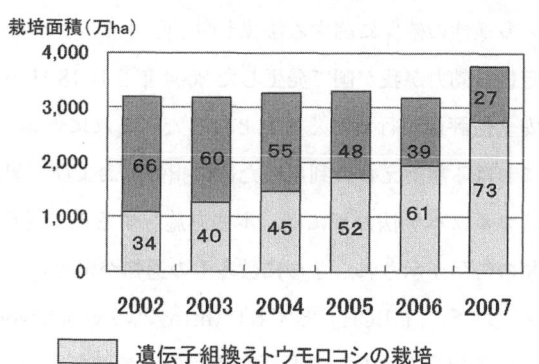

栽培面積（万ha）

年	2002	2003	2004	2005	2006	2007
非組換え	66	60	55	48	39	27
遺伝子組換え	34	40	45	52	61	73

■ 遺伝子組換えトウモロコシの栽培
■ 非組換えトウモロコシの栽培
グラフ中の数値は，それぞれの作付面積の割合（％）を示す（USDA「Acreage」より作成）

図2　トウモロコシの主要輸出国と最大輸出国における遺伝子組換えトウモロコシの栽培状況の推移

針を策定して規制の方向性を示し，次いで各国で指針が策定された。我が国でも，当時の文部省と科学技術庁が同様の内容の「組換えDNA実験指針」を1979年に示した。産業利用としての規制のあり方は経済開発協力機構（OECD）において検討され，1986年に「組換え体の産業利用のための安全性に関する勧告」が出された。さらに，食品としての安全性評価の基本的な考えとなる「実質的同等性」や，環境への影響評価では，これまでの栽培や育種の経験や知見を利用する「ファミリアリティの原則」に関する見解が取りまとめられた。

国内の規制として，当時の通商産業省が，1986年に組換え微生物の工業利用に関する「組換えDNA技術工業化指針」を策定し，農林水産省が，1989年に農林水産省の「農林水産分野等における組換え体の利用のための指針」を策定した。また，厚生省（当時）は，1991年に組換えDNA技術応用食品・食品添加物（いわゆる「遺伝子組換え食品」）の安全性を確保するため「安全性評価指針」を定めた。文部省と科学技術庁が策定した「組換えDNA実験指針」は，省庁再編に伴い文部科学省の「組換えDNA実験指針」に統合された。

生物多様性は人類に様々な恵みをもたらすものであるが，生物に国境はなく生物多様性の保全は世界全体で取り組むことが重要であるとして，世界の生物多様性を保全するために，1992年5月に「生物多様性条約」が策定され，日本を含む多くの国々が生物多様性条約を批准した。生物多様性条約のもとに，遺伝子組換え生物及び科を超えた細胞融合生物の使用による生物多様性への悪影響を防止することを目的とした国際条約として，「バイオセーフティに関するカルタヘナ議定書」（以下，「カルタヘナ議定書」とする）が，2000年に採択された。日本は，2003年11月にカルタヘナ議定書に批准し，カルタヘナ議定書の的確かつ円滑な実施を図る目的で，カルタヘ

ナ議定書の国内担保措置として，2003年6月に「遺伝子組換え生物等の使用等の規制による生物の多様性の確保に関する法律」（以下，「カルタヘナ法」という）を定め公布した。カルタヘナ議定書の効力が我が国で発生した2004年2月18日から，カルタヘナ法の下で遺伝子組換え生物の安全性評価が行われることとなった。これに伴い，「組換えDNA実験指針」，「農林水産分野等における組換え体の利用のための指針」および「組換えDNA技術工業化指針」は廃止となった。カルタヘナ法の下には，本法を施行する上で必要となる2種類の政令，3種類の省令及び4種類の告示が示され，さらに数多くの通知が定められている（バイオセーフティクリアリングハウス（以下，「J-BCH」とする）（http://www.bch.biodic.go.jp/）。

遺伝子組換え食品・食品添加物の安全性評価については，1991年に食品添加物の安全性評価指針を策定し，1994年に組換えDNA技術応用添加物としてキモシンの安全性を確認した。1996年に，遺伝子組換え体（種子植物）の安全性評価に対応するために安全性評価指針を改定し，同年，遺伝子組換え食品（7品目）の安全性を確認した。平成12年よりCodex委員会バイオテクノロジー特別部会で検討が開始され，同年，「食品衛生法」の企画基準を改定し，遺伝子組換え食品の安全性評価は指針から「食品衛生法」に基づく審査になった。平成15年に食品安全基本法が施行され，内閣府に食品安全委員会が発足したことに伴い，平成15年7月1日以降，遺伝子組換え食品の安全性審査は食品安全委員会の意見を聴いて行うこととなった。

遺伝子組換え体の飼料及び飼料添加物の規制として，1996年の「組換え体利用飼料の安全性評価指針」と「組換え体利用飼料添加物の安全性評価指針」が農林水産省により制定された。農林水産省が指針に基づいて安全性を確認した飼料または飼料添加物だけが流通するように指導したが，安全確認をしていない遺伝子組換えトウモロコシCBH-351が飼料用として流通して社会的な問題となった。そこで，2003年4月に指針を廃止し，「飼料の安全性の確保及び品質の改善に関する法律」と「飼料及び飼料添加物の成分規格等に関する省令」において，遺伝子組換え技術を利用した飼料及び飼料添加物に関する規定を盛り込むことにより，農林水産大臣の安全確認を受けることが法律で義務づけられた。

さらに，2003年7月に内閣府に設置された食品安全委員会において，遺伝子組換え飼料または飼料添加物を摂取した家畜の畜産物が，人の健康へ与える影響評価を実施することとなり，2004年5月に「遺伝子組換え飼料及び飼料添加物の安全性評価の考え方」が示された。

3 遺伝子組換え農作物の生物多様性影響評価

3.1 カルタヘナ法の概要

カルタヘナ法には，実験室や閉鎖系温室，特定網室など外界から遮断された施設内で遺伝子組

第2章 遺伝子組換え農作物の安全性評価

換え農作物を利用する「環境中への拡散を防止する意図をもって行う使用」（第二種使用等）と，隔離ほ場や一般ほ場などの周囲の環境と隔離されていない条件で栽培する場合や商業的な流通を行うなど「環境中への拡散を防止しないで行う使用」（第一種使用等）がある。一般ほ場栽培に対する認可は，日本国内における商業栽培や日本国内で栽培は行わないが加工原材料として種子を輸入する場合，さらに極めて限られた場所でのみ試験的に栽培する場合など，目的や食品・飼料の安全性確認の状況により様々な認可の形態がある。

カルタヘナ法により安全確認が終了し，日本において栽培地を限定されずに栽培できるか，または日本へ種子などの輸入が可能な遺伝子組換え農作物は，ダイズ5系統，トウモロコシ33系統，ワタ13系統，セイヨウナタネ10系統，アルファルファ3系統，テンサイ1系統，カーネーション5系統，バラ2系統の72品目である（平成20年9月現在）。なお，農林水産省の「農林水産分野等における組換え体の利用のための指針」により環境に対する安全性が確認され，カルタヘナ法の経過措置が適用されたため第一種使用等に係る承認がなされたとみなされる遺伝子組換え農作物としてパパイアがある。

これまで，我が国で生物多様性影響評価が終了した遺伝子組換え農作物等において，我が国の生物多様性へ影響がないと判断されたものが国内栽培・輸入等の認可を受けている。なお，認可を受けるために提出された影響評価書の概要は，J-BCHの「カルタヘナ法に基づき承認された遺伝子組換え生物検索システム」(https://ch.biodic.go.jp/bch/OpenSearch.do) から検索できる。

3.2 第二種使用等

第二種使用等は，施設内において拡散防止措置を執って行われる使用であるため，カルタヘナ議定書では「contained use」となり，規制の対象となっていない。しかし，国内法であるカルタヘナ法を策定する際に，第二種使用等も併せて法律で規制することとなった。

第二種使用等には，遺伝子組換え植物・微生物・動物を用いた研究開発等を行うに当たって執るべき拡散防止措置，及び執るべき拡散防止措置が定められていない場合の拡散防止確認のために必要な事項を定めた「研究開発等に係る遺伝子組換え生物等の第二種使用等に当たって執るべき拡散防止措置等を定める省令」(http://www.bch.biodic.go.jp/houreiList06.html) と，遺伝子組換え生物等の第二種使用等のうち産業上の使用等において執るべき拡散防止措置，及び執るべき拡散防止措置が定められていない場合に拡散防止措置の確認のために必要な事項を定めた省令として「遺伝子組換え生物等の第二種使用等のうち産業上の使用等に当たって執るべき拡散防止措置等を定める省令」(http://www.bch.biodic.go.jp/houreiList05.html) がある。

3.2.1 研究開発等

研究開発等において，実験分類は危険度に応じてレベル1～4に分けられており，危険度が最

も小さいレベル1は，「微生物，きのこ類及び寄生虫のうち，哺乳綱及び鳥綱に属する動物（ヒトを含む。以下「哺乳動物等」という）に対する病原性がないものであって，文部科学大臣が定めるもの並びに動物（ヒトを含み，寄生虫を除く）及び植物」となっている。宿主および遺伝子供与体の安全度のレベルにより，微生物実験ではP1～P3，大量培養実験ではLSC～LS2，動物実験ではP1A～P3A，植物実験ではP1A～P3Aの拡散防止措置が定められている。それ以外の実験については，「第二種使用等拡散防止措置確認申請書」にしたがって，拡散防止措置の確認を受ける。

3.2.2 産業利用等

遺伝子組換え生物等のうち，遺伝子組換え微生物を第二種使用等において産業利用を行う場合，「GILSP遺伝子組換え微生物」と「カテゴリー1遺伝子組換え微生物」の区分が定められている。それ以外の拡散防止措置をとる場合には，遺伝子組換え微生物・動物・植物等において申請書の様式は定められており，主務大臣より拡散防止措置の確認を受ける必要がある。

3.3 第一種使用等

第一種使用等では，その使用に先立って生物多様性影響評価に関するデータを申請し，主務大臣から，遺伝子組換え農作物の系統及び利用形態ごとに栽培認可を得る必要がある。

カルタヘナ法における「生物多様性影響」とは，野生動植物や微生物の種又は個体群の維持に影響を及ぼすことを意味する。遺伝子組換え農作物の第一種使用等における生物多様性影響評価を以下の紹介するが，詳細な手続き等については他の資料[3]も参照されたい。

3.3.1 生物多様性影響評価の考え方

遺伝子組換え農作物の生物多様性影響として，①遺伝子組換え農作物が農耕地以外の生態系に侵入して，その繁殖力の強さ等が増して在来の野生植物を駆逐してしまわないか（競合における優位性），②遺伝子組換え農作物が近縁の野生種と交雑して野生種が交雑したものに置き換わってしまわないか（交雑性における優位性），③遺伝子組換え農作物が作り出す有害物質によって周辺の野生動植物や微生物が死滅してしまわないか（有害物質の産生），を評価し，これらが生じたときに生物多様性への悪影響が生じたと見なされる（図3）。このような生物多様性への影響を未然に防止するため，積み上げてきたデータから生物多様性影響の有無を判断する。

3.3.2 生物多様性影響に必要な情報

カルタヘナ法の下に定められている生物多様性影響評価実施要領（http://www.bch.biodic.go.jp/houreiList08.html）（以下「実施要領」という）は，生物多様性影響評価が科学的かつ適正に行われ，またその結果を記載した生物多様性影響評価書が適正に作成されるように必要な事項を定めている。生物多様性影響の評価に必要となる情報は，宿主又は宿主の属する分類学上の種

第2章　遺伝子組換え農作物の安全性評価

生物多様性影響評価の観点

競合における優位性
野生植物と栄養分、日照、生育場所等の資源を巡って競合し、それらの生育に支障を及ぼす性質

有害物質の産生性
野生動植物又は微生物（以下「野生動植物等」という。）の生息又は生育に支障を及ぼす物質を産生する性質

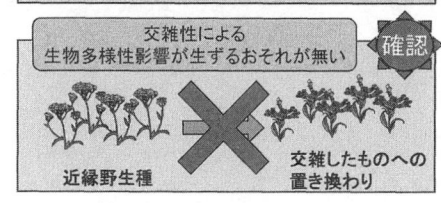

交雑性
近縁の野生植物と交雑し、法が対象とする技術により移入された核酸をそれらに伝達する性質
注）交雑することがいけないという意味ではない。

図3

に関する情報，遺伝子組換え生物等の調製等に関する情報，遺伝子組換え生物等の使用等に関する情報である（表1）。さらに生物種の基本的な生理学的及び生態学的特性，遺伝子組換え生物等の作成に関する情報，遺伝子組換え生物等の使用等に関する情報など，実施要領の別表第一に従い基本となる情報を収集する。実際の生物多様性影響評価において，「2の（6）宿主又は宿主の属する分類学上の種との相違」については，種々の実験を通して遺伝子組換え農作物と非遺伝子組換え農作物の違いについて確認する必要がある。

3.4　生物多様性影響評価の手順

上記の情報により明らかになった遺伝子組換え農作物の特性等を考慮して，生物多様性影響を生じさせる可能性について，「競合における優位性」，「有害物質の産生性」，「交雑性」及び「その他の性質」についてそれぞれ判断される。その手順は，「影響を受ける可能性のある野生動植物等の特定」→「影響の具体的内容の評価」→「影響の生じやすさの評価」→「生物多様性影響が生ずるおそれの有無等の判断」となる。

はじめに「影響を受ける可能性のある野生動植物等の特定」を行う。遺伝子組換え生物により影響を受ける可能性のある野生動植物等が，国内で生息していることに関する情報を収集し，その野生動植物等を特定する。さらに，それらの生息・生育環境，有害物質への感受性，遺伝子組

表1 生物多様性影響評価のために収集すべき情報

1　宿主又は宿主の属する分類学上の種に関する情報
　(1)　分類学上の位置付け及び自然環境における分布状況
　(2)　使用等の歴史及び現状
　(3)　生理学的及び生態学的特性
　　　イ　基本的特性
　　　ロ　生息又は生育可能な環境の条件
　　　ハ　捕食性又は寄生性
　　　ニ　繁殖又は増殖の様式
　　　ホ　病原性
　　　ヘ　有害物質の産生性
　　　ト　その他の情報
2　遺伝子組換え生物等の調製等に関する情報
　(1)　供与核酸（法第二条第二項第一号に掲げる技術の利用により得られた核酸又はその複製物のうち，移入された宿主内でその全部又は一部を複製させるもの（以下「ベクター」という）以外のものをいう。以下同じ）に関する情報
　　　イ　構成及び構成要素の由来
　　　ロ　構成要素の機能
　(2)　ベクターに関する情報
　　　イ　名称及び由来
　　　ロ　特性
　(3)　遺伝子組換え生物等の調製方法
　　　イ　宿主内に移入された核酸全体の構成
　　　ロ　宿主内に移入された核酸の移入方法
　　　ハ　遺伝子組換え生物等の育成の経過
　(4)　細胞内に移入した核酸の存在状態及び当該核酸による形質発現の安定性
　(5)　遺伝子組換え生物等の検出及び識別の方法並びにそれらの感度及び信頼性
　(6)　宿主又は宿主の属する分類学上の種との相違
3　遺伝子組換え生物等の使用等に関する情報
　(1)　使用等の内容
　(2)　使用等の方法
　(3)　承認を受けようとする者による第一種使用等の開始後における情報収集の方法
　(4)　生物多様性影響が生ずるおそれのある場合における生物多様性影響を防止するための措置
　(5)　実験室等での使用等又は第一種使用等が予定されている環境と類似の環境での使用等（原則として遺伝子組換え生物等の生活環又は世代時間に相応する適当な期間行われるものをいう）の結果
　(6)　国外における使用等に関する情報

「第一種使用等による生物多様性影響評価実施要領」より作表

換え生物との近縁性等を考慮し，以下の「影響の具体的内容の評価」及び「影響の生じやすさの評価」の対象とする生物種を選定できることになっている。なお，影響を受ける可能性のある野生動植物等が国内に生息していない場合は，生物多様性影響が生ずるおそれはないと結論づけられる。

　「影響を受ける可能性のある野生動植物等」が特定されると，次いで「影響の具体的内容の評価」が行われる。影響を受ける可能性のある野生動植物の種又はそれらの代表種の個体が，影響を受ける可能性を明らかにする。そのため，野生動植物等の生理・生態学的特性に関する情報を

第2章　遺伝子組換え農作物の安全性評価

収集するとともに，必要に応じて生物検定や交雑試験等を新たに実施することになる。どのような試験を行うべきかについては，移入される遺伝子の種類等によって異なるために，省令や通知等により予め全てを示しておくことは困難であるため，申請者が自ら判断することが求められる。

特定された野生動植物等の種又はそれらの代表種について，地域個体群（固有の特性を有し，我が国における生物多様性の構成要素として保護すべきと考えられるもの）を考慮し，「影響の生じやすさの評価」を行う。そのため，特定された野生動植物等の生息域や生息時期等に関する情報を追加的に収集し，可能な範囲で野外調査等を実施することになる。

最終的に，「影響の具体的内容の評価」及び「影響の生じやすさの評価」の結果を踏まえて，「生物多様性影響が生ずるおそれの有無等の判断」を行う。

評価の一例として，過去に実際に評価を受けた害虫抵抗性の遺伝子組換えトウモロコシを紹介する。鱗翅目害虫（アワノメイガ）抵抗性の遺伝子組換えトウモロコシを栽培する場合，もし本遺伝子組換えトウモロコシの花粉にも殺虫成分が生産されて蓄積しているなら，本遺伝子組換えトウモロコシから飛散した花粉が食餌植物とともに標的でない鱗翅目昆虫に摂食される可能性があるため，我が国に生息する鱗翅目昆虫が「影響を受ける可能性のある野生動植物等」であると考えられる。しかし，実際には遺伝子組換えトウモロコシの花粉が飛散して蓄積する範囲が限られており，自然生態系に生息している非標的鱗翅目昆虫（トウモロコシの害虫でない鱗翅目昆虫）の一部がトウモロコシほ場の近辺に多少生息していたとしても，個体群レベルで花粉による影響を受ける可能性は極めて低いと，「影響の生じやすさの評価」において結論されるなら，最終的に，「生物多様性影響を生じるおそれはない」と判断される。

4　遺伝子組換え農作物の食品としての安全性評価

4.1　遺伝子組換え農作物の食品としての安全性評価の考え方

現在の遺伝子組換え食品の安全性評価は，「遺伝子組換え食品（種子植物）の安全性評価基準」と「遺伝子組換え微生物を利用して製造された添加物の安全性評価基準」に従って行われている。平成20年6月に「遺伝子組換え食品（微生物）の安全性評価基準」が公表された。将来，組換え微生物や組換え家畜や魚などを直接食するなど，新たな遺伝子組換え生物等の食品としての利用が申請された場合には，新たな基準を作成する必要がある。

食品としての安全性評価の基本的な概念は，OECDにより「実質的同等性」が示された。遺伝子組換え食品は，食品添加物や農薬などの単品の化学物質と異なり，多くの成分から構成されており，構成成分の全てに関して安全性を科学的に評価することは困難である。一方，遺伝子組換え食品は従来品種に新たな形質を付与するものであるが，既存の品種に含まれている成分につ

いては，長い食経験において安全性が確認されている。そのため，遺伝子組換え食品の安全性において，まず最初に食経験のある従来品種と比較しえるか否かが判断される。この最初の判断が「実質的同等性」の考え方である。しかし，遺伝子組換え食品の利用に反対する市民団体などから，「遺伝子組換え食品には新たに導入された形質が付与されているにも関わらず，既存の品種と同等であると無理に解釈している」などと誤解され，混乱が生じている。そこで，Codex委員会において，「既存の食品との比較に基づいて安全性評価を実施するための出発点」と再定義された。さらに食品安全委員会では，「組み換える前の既存の食品と比較できて，相違が明らかであること」を評価の出発点として，既存の食品を比較対象にして相違点に着目し，遺伝子組換えDNA技術によって付加されることが予想される全ての性質の変化について，その可能性も含めて安全性評価を行うこととしている。評価の結果，比較対象とした既存の食品と同等の安全性が確認された場合に，食品としての使用を認める。

　遺伝子組換え食品としての安全性を確認する場合，申請者は厚生労働省へ申請を行う。申請書が受理されたら厚生労働大臣は食品安全委員会に対して食品としての安全性評価を諮問する。食品安全委員会は，社会的・倫理的影響などは一切考慮せずに科学的に安全性評価を行い，問題がないとなった場合，厚生労働大臣に評価を通知する。最終的に厚生労働大臣が安全性認可について公表することになる（図4）。安全性審査と認可を分けたのは，リスク評価とリスク・マネージメントを分けることにある。

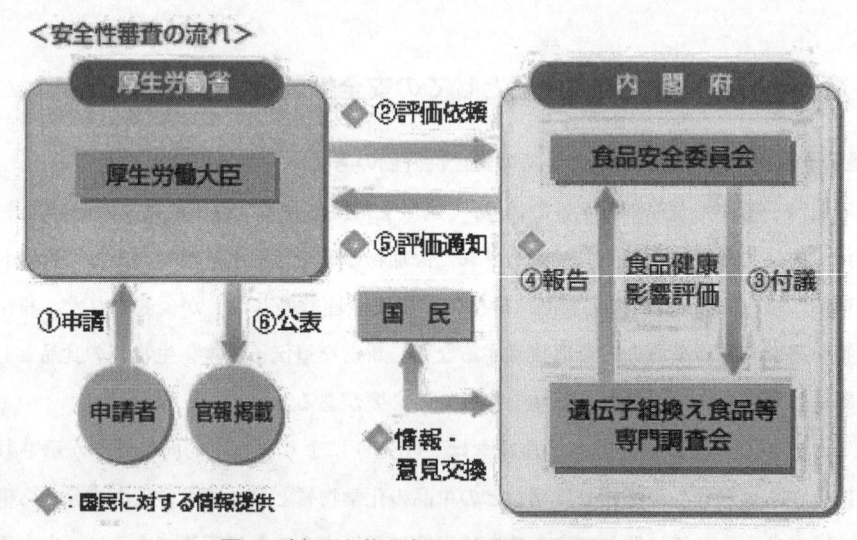

図4　遺伝子組換え食品の安全性確認手順

第2章　遺伝子組換え農作物の安全性評価

4.2　遺伝子組換え農作物の食品としての安全性評価のポイントと評価法の概要

　遺伝子組換え食品の安全性評価の基本的なポイントは，①比較対象となる作物の安全な食経験の有無（もとの植物の性質が明らかなこと），②導入される遺伝子およびその産物（タンパク質）の安全性（作られるタンパク質からの予想される影響が明らかなこと），③挿入された遺伝子による非意図的な影響，④宿主等との比較（有害成分，栄養分，栄養素外物質等の含有量の変化や，遺伝子組換え農作物全体への影響），である。

　そのなかで，導入遺伝子産物によるアレルギー誘発性の可能性については，挿入遺伝子の供与体および挿入遺伝子産物（タンパク質）がアレルギーを起こすことが報告されているか，遺伝子産物が既知のアレルゲンと共通するアミノ酸配列を有するか，さらに挿入遺伝子産物が加熱や人工胃液や人工腸液により分解されやすいかを確認し，導入遺伝子の発現量も含めて総合的に判断する。アレルゲンとなりえる可能性が否定できないときには，アレルギー患者のIgE抗体との結合能を検討し，さらに疑わしい場合はヒトによる皮膚テストや経口負荷試験等の臨床試験を行うことになっている[4]。

　有害成分や栄養阻害成分等として，主要作物で含有量の変化で注意すべき成分は，OECDのコンセンサス文書や文献等から，既にリストアップされており（表2），これを参考に宿主等との比較を行う。

　また，非意図的影響の有無を確認するための情報として，挿入遺伝子とその近傍配列に関する情報が求められている。この情報から，意図した遺伝子配列が導入されているか，周辺配列に転写される可能性のあるオープンリーディングフレームが生じているか，目的外のタンパク質が発現する可能性はないか，宿主の遺伝子が破壊された可能性の有無などを評価する。

4.3　ダイズ構成成分の分析項目例

　遺伝子組換えダイズの食品としての安全性を評価する際の，ダイズの構成成分の分析項目例を表3に示した。これらの成分について宿主等との比較を行い，含有量に違いがないか，または差異が認められた場合に統計的な有意差があるか，などについて検討し，総合的に判断される。

表2　主要作物における注意すべき成分

ジャガイモ	トリプシンインヒビター，糖質アルカロイド類，など
ダイズ	トリプシンインヒビター，レクチン，フラボノイド類，フィチン酸，アレルゲン，など
トウモロコシ	フィチン酸，DIMBOA，など
ナタネ	エルシン酸，など
ワタ	ゴッシポール，マルバリン酸，ステルキュリン酸，ジヒドロステルキュリン酸，など

表3 ダイズ構成成分の分析項目例

主要構成成分	タンパク質，脂質，炭水化物，灰分，繊維分
アミノ酸組成	アスパラギン酸，スレオニン，セリン，グルタミン酸，プロリン，グリシン，アラニン，アルギニン，システイン，メチオニン，トリプトファン
種子貯蔵タンパク質の組成	
脂肪酸組成	パルミチン酸，ステアリン酸，オレイン酸，リノール酸，リノレン酸，等
栄養阻害物質	トリプシンインヒビター，フィチン酸，レクチン，ラフィノース，スタキオース
機能成分	ゲニステイン，ダイドゼイン，グリシテイン，クメステロール
ビタミン，ミネラル類	トコフェノール，リン，カリウム，等

4.4 スタック系統の増加と掛け合わせについての安全性評価の考え方

近年，1つの遺伝子組換え農作物に複数の利点を付与するため，除草剤耐性と害虫抵抗性などを有する遺伝子組換え農作物を交配することで，2～3の異なる性質をあわせ持たせた「スタック」と呼ばれる品種の利用が増えている。このような「スタック」として導入された性質の数を反映するために「形質ヘクタール」を用いると，単なるヘクタールを用いるより導入形質数の増加を正確に計算できる。「形質ヘクタール」で計算すると，2006年（1億1,770万ヘクタール）から2007年（1億4,370万ヘクタール）までの成長率は22％（2,600万ヘクタール）と，2006年から2007年の遺伝子組換え農作物の総栽培面積の成長率である12％（1,230万ヘクタール）の約2倍となる。それを反映して，安全性評価に申請されるスタック系統数が多くなっている。

スタック系統の安全性評価の考え方は，新たに獲得した形質に変化がないこと，亜種間の交雑でないこと，摂取量・食用部位・加工法等の変更がないことに加えて，導入遺伝子が宿主の代謝系へ影響を及ぼさないことであれば，詳細な健康影響評価は必要ないとしている。

平成20年2月12日までに，食品としての安全性が確認された遺伝子組換え食品は，ナタネ（15品種），トウモロコシ（36品種），ダイズ（5品種），ワタ（18品種），ジャガイモ（8種類），テンサイ（3品種），アルファルファ（3品種）の合計88品種で，食品添加物は14品目である（http://www.mhlw.go.jp/topics/idenshi/dl/list.pdf）。

4.5 遺伝子組換え飼料又は飼料添加物を摂取した家畜の畜産物がヒトの健康影響へ及ぼす評価

平成15年7月1日以降，遺伝子組換え飼料または飼料添加物を摂取した家畜の畜産物が人の健康へ与える影響について，農林水産大臣が食品安全委員会に安全性評価を諮問し，食品安全委員会において評価されることになった。

飼料及び飼料添加物に係る食品健康影響は，当該飼料中に含まれる有害成分が家畜への給餌を介して畜産物中に移行したり，飼料中の成分が家畜の体内で代謝され有害物質に変換・蓄積され

第2章　遺伝子組換え農作物の安全性評価

る可能性などを考慮して，安全性を評価することにしている。安全性評価は，遺伝子組換え食品や遺伝子組換え微生物を利用して製造される食品添加物と同様，既存の非組換え体由来の飼料あるいは飼料添加物を対象とし，新たに付け加わる可能性のある上記のようなリスクについて評価することが妥当と考えられる。

遺伝子組換え飼料及び飼料添加物の安全性評価は，①当該遺伝子組換え飼料または飼料添加物中に組換え体由来の新たな有害物質が生成され，これが肉，乳，卵等の畜産物中に移行する可能性，②遺伝子組換え飼料または飼料添加物中の遺伝子組換えに由来する成分が畜産物中で有害物質に変換・蓄積される可能性，③遺伝子組換え飼料または飼料添加物中の遺伝子組換えに起因する成分が家畜の代謝系に作用し，新たな有害物質を産生する可能性があるかを考慮する。その可能性が想定される場合，畜産物を摂食した結果として，ヒトの健康に影響を及ぼす可能性がないかについて評価することにしている。

一般的に，挿入された遺伝子または導入遺伝子によって産生されるタンパク質が肉，乳，卵等の畜産物中に移行するということは報告されておらず，また，害虫抵抗性，除草剤耐性，ウイルス抵抗性，抗生物質耐性などの形質が付与されるものについては，上記の①～③の可能性も考えにくいことから，安全性に関して新たな問題は生じないと考えられている。また，食品としての安全性評価が終了した遺伝子組換え食品については，導入遺伝子が作るタンパク質等の安全性が既に評価されていることから，その成分が家畜において有害物質に変換・蓄積されること等を疑う合理的理由がない限り，これを摂食した家畜由来の畜産物について安全上の問題はないと考えられる。

ただし，家畜が食品としての可食部以外の部分を摂食することを考慮して，必要な場合には安全性評価に関する追加資料を求めることがある。また，穀類等のように飼料と同時に食品としても利用される可能性が高い作物については，原則として，食品としての安全性評価も同時に行われるよう配慮することが付記されている。

5　遺伝子組換え飼料及び飼料添加物の安全性評価

5.1　安全性評価の申請

安全性評価は，「組換えDNA技術応用飼料及び飼料添加物の安全性に関する確認の手続き」（農水省告示）に従って行われる。遺伝子組換え作物の安全確認申請は，飼料としての利用形態にかかわらず遺伝子組換え作物の系統ごとに行い，全ての飼料としての利用形態を考慮して安全性審査が行われる。遺伝子組換え微生物に製造させた物質の安全性評価の申請は，当該の遺伝子組換え微生物と製造方法も併せて，製造された物質ごとに行う。

遺伝子組換え作物では，すでに安全確認された系統間で交配などを行い，害虫抵抗性と除草剤耐性などを併せ持った系統（スタック系統）を利用することがある。スタック系統の飼料の安全性については，遺伝子組換え食品の安全性と同様に，「遺伝子組換え体植物の掛け合わせについての安全性評価の考え方」に従って安全性確認を行う。

　遺伝子組換え飼料の安全性評価を申請する者についての規定はないものの，申請書には分子生物学的な情報や安全性評価データが必要になり，また安全性評価の過程でデータが不十分と判断されれば，追加データを要求されるため，それに対応できる開発企業やその代理人があたる。

　我が国で用いる遺伝子組換え飼料及び飼料添加物は，飼料安全法に従って安全確認をする必要がある。ただし，日本と同水準以上の安全確認の制度を有する海外で安全性が確認されたものについては，1％を上限として混入を許容している。

5.2　申請から安全確認まで

　安全性確認は，①確認申請，②確認，③公表，④確認の取り消しの手順となっている。申請書及び関係書類は，農林水産省消費安全局衛生管理課薬事・飼料安全室に提出され，申請が受け付けられると，農林水産大臣は，家畜に対する安全性については学識経験者で構成される農業資材審議会に対して諮問を行い，安全性について審査が始まる。前述したとおり，遺伝子組換え飼料または飼料添加物を摂取した家畜の畜産物が人の健康へ与える影響については，食品安全委員会に諮問する（図5）。

　農業資材審議会は4つの分科会に分かれており，遺伝子組換え飼料及び飼料添加物の安全性は飼料分科会及び同分科会に設置された安全性部会で評価される。農業資材審議会では，農林水産省生産局長・水産庁長官通知「組換えDNA技術応用飼料及び飼料添加物の安全性審査基準」に従って審査を行う。また，申請資料は申請者の権利を損ねない限り一般に公開され，パブリックコメントなども参考に審議される。審査の結果，安全と確認して良いとなった場合に農林水産大臣へ答申される。最終的に安全と認可されたものは，官報及びプレスリリースを通じて公表される。

　なお，一度安全性を確認したものであっても，その後の新たな知見により飼料及び飼料添加物として安全性に問題があると判断された場合は，再審査が行われ，安全性に問題があると判断されれば認可が取り消される可能性もある。

5.3　安全性審査基準

　遺伝子組換え飼料及び飼料添加物の安全性は，「組換えDNA技術応用飼料及び飼料添加物の安全性審査基準」に従って行われる。

第2章　遺伝子組換え農作物の安全性評価

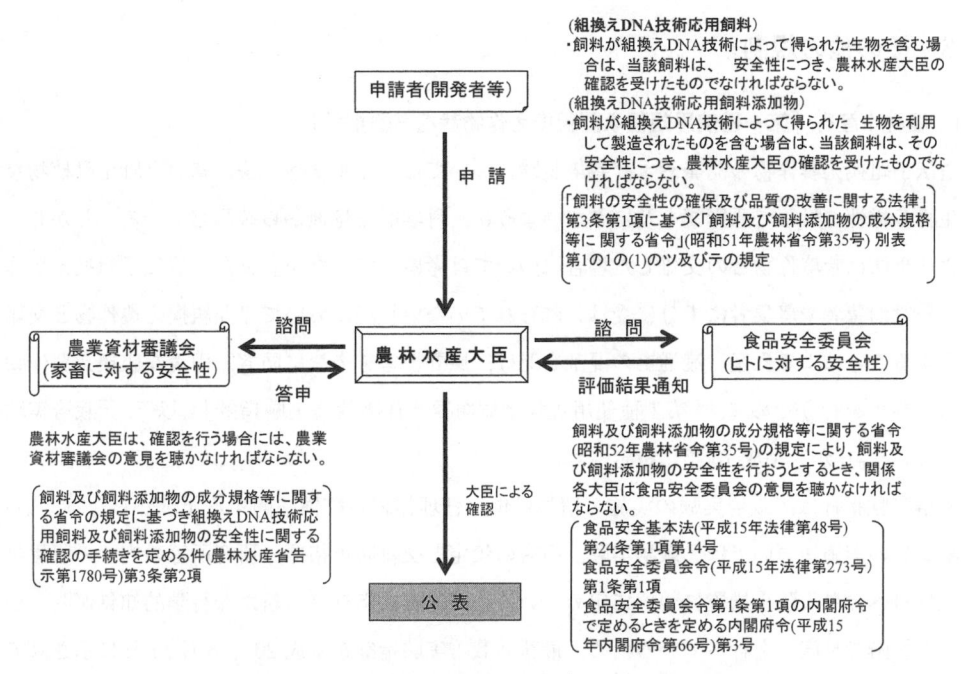

図5　組換え DNA 技術応用飼料及び飼料添加物の安全性確認手順

　遺伝子組換え農作物では，遺伝子組換え技術によって付加された特性以外については，これまで飼料として利用経験のある宿主と同等と見なし得るかを判断した上で，宿主として比較することにより，遺伝子組換え技術により宿主に導入されると考えられる特性と，利用形態や加工方法による影響等も考慮して評価する。

　遺伝子組換え微生物を利用して製造した飼料や飼料添加物については，既存の飼料や飼料添加物と同等と見なせるかを判断した上で，遺伝子組換え微生物そのものについて，生産される生理活性物質などについて評価される。飼料添加物については，飼料安全法に基づき「飼料添加物」と指定されているものに限る。さらに微生物を利用して飼料や飼料添加物を製造する場合は，製造施設や装置，職員や組織が，告示で示された基準を満たしているかについて，製造所ごとに農林水産大臣の確認を受けなければならない。

　評価項目の詳細は，本評価基準を確認するか，他の解説[5]を参照されたい。

　平成19年10月25日までに，安全性が確認された遺伝子組換え食品は，ナタネ（15品種），トウモロコシ（17品種），ダイズ（5品種），ワタ（10品種），テンサイ（3品種），アルファルファ（2品種），飼料添加物（4品目）の合計56品種で，飼料添加物は14品目である（http://www.maff.go.jp/j/syouan/tikusui/siryo/pdf/dna_itiran.pdf）。

6 その他の規制

6.1 農林水産省「第一種使用規程承認組換え作物栽培実験指針」

遺伝子組換え農作物の開発および栽培試験については，カルタヘナ法に基づき野生動植物などの生物多様性に対して悪影響を及ぼさないように，科学的な見地から確認している。しかし，カルタヘナ法は栽培作物との交雑した場合については考慮していない。また，遺伝子組換え農作物が，一般消費者や農業者に十分に受け入れられていない状況において，非組換え農作物と交雑・混入することによる生産・流通上の混乱を避け，風評被害を未然に防ぎ，円滑な組換え農作物の栽培実験等を行うために，「第1種使用規程承認組換え作物栽培実験指針」（以下，「栽培実験指針」という。）が，平成16年に策定された。

栽培実験指針は，栽培実験の実施と情報提供，管理体制の整備に関する記載からなっている。栽培試験の実施については，栽培実験計画書の策定と交雑防止措置，研究所等の内での収穫物・実験材料への混入防止措置について定めている。栽培実験指針は，新たな科学的知見が明らかになった段階で見直しを行っているため，最新の栽培実験指針が平成20年8月11日に示されている（http://www.s.affrc.go.jp/docs/press/pdf/080811-03.pdf）。

6.1.1 交雑防止策

栽培試験を行っている遺伝子組換え農作物と，研究所内や研究所外の同種栽培作物との交雑を防止するための措置を作物ごとに定めている。この措置には，隔離距離による交雑防止措置と隔離距離によらない交雑防止措置がある。

自殖性作物であるイネやダイズの花粉飛散距離は小さいことが知られており，イネは30 m，ダイズが10 m，トウモロコシや西洋ナタネは600 m隔離することになっている。平成20年の改正において，過去のデータに基づき，開花期の平均風速が毎秒3 mを超えない場所を選定して行うものとし，その場合においても，台風等の特段の強風が想定される場合には，防風ネットによる抑風又は除風を行うものとすることが追加された。さらに，イネ及びダイズについて，開花前の低温により交雑の可能性が想定される場合には，隔離距離によらない交雑防止措置を執ることとなった。

指針改定についての詳細は，「第1種使用規程承認組換え作物栽培実験指針」改正についての考え方（http://www.s.affrc.go.jp/docs/anzenka/pdf/kangae.pdf）が示された。

6.1.2 混入防止措置

収穫物や実験材料への混入防止のために，栽培実験用の遺伝子組換え農作物の種子や種苗は，他の作物と区分して保管・管理し，他の作物に混入しないように措置する。また，遺伝子組換え農作物の種子や種苗が，野鳥等の食害により拡散しないように留意する。さらに遺伝子組換え農

第2章　遺伝子組換え農作物の安全性評価

作物の収穫物が他の作物の収穫物に混入しないよう厳重に区分して保管・管理することが求められている。

6.1.3　情報提供

栽培試験開始前に適切な情報提供を行うため，「栽培実験計画書」の作成が求められている。記載事項は，①栽培実験の目的，概要，②栽培実験に使用する第一種使用規程承認作物，③栽培実験の全体実施予定期間，各年度ごとの栽培開始予定時期及び栽培終了予定時期，④栽培実験を実施する区画の面積及び位置，⑤同種栽培作物等との交雑防止措置に関する事項，⑥研究所等の内での収穫物，実験材料への混入防止措置，⑦栽培実験終了後の第一種使用規程承認作物の処理方法，⑧栽培実験に係る情報提供に関する事項，⑨その他必要な事項，である。さらに必要に応じて「参考資料」を添付する。農業生物資源研究所で行われているスギ花粉症緩和米の隔離ほ場試験についても，栽培開始1ヵ月前までに栽培実験計画書を策定して研究所のホームページに掲載している（http://www.nias.affrc.go.jp/gmo/briefing/20080502/plan20080502_1.pdf）。栽培実験計画書の公表以外にも，プレスリリース，一般説明会などを開催して，広く情報提供に努めることになっている。

6.2　地方自治体の規制

遺伝子組換え農作物を栽培することによる風評被害等を未然に防止するなどの目的で，地方自治体で独自の規制が策定されている。岩手県や茨城県，滋賀県，東京都，京都府，兵庫県，徳島県は方針または指針などを策定し，北海道や新潟では国が安全としたものであっても無許可で商業栽培した場合には罰金や懲役刑を科すなど条例による厳しい規制を策定した[6]。さらに千葉県など他の地方自治体においても規制の検討が進められている。農林水産省所管の研究機関が集中するつくば市においても，平成18年7月に「遺伝子組換え作物の栽培に係る対応方針」が定められた。

これまで，遺伝子組換え農作物の試験栽培に伴う風評被害は起こっていないが，今後，商業栽培が行われた際の風評被害等の可能性があるなら，農業従事者や行政が懸念して何らかの規制をするのは当然であろう。今後の遺伝子組換え農作物の利用には，欧州のように遺伝子組換え農作物と慣行農業，有機農業との共存を実現するため[7]，補償について取り決めた日本版共存ルールを定めることが必要と思われる。

7　おわりに

遺伝子組換え農作物の安全性は，科学的データに基づき評価がなされてきており，これまで

10年以上も栽培し，食品・飼料として利用されてきたにも関わらず，遺伝子組換え農作物に起因する事故等は起こっていないことから，安全性評価システムが機能していると評価できる。かつて，栄養強化の目的でブラジルナッツからメチオニン含量の高い2S-アルブミン遺伝子をダイズに導入したところ，食品安全性評価の過程で2S-アルブミンがブラジルナッツの主要アレルゲンということが明らかになり，当該遺伝子組換えダイズの商品化されなかった。これは，遺伝子組換え食品としての安全性評価が十分に機能した一例である。

遺伝子組換え技術は日進月歩であり，高度な環境ストレス耐性を付与した遺伝子組換え農作物は，従来の作物が生育できない環境下で生育できるため，生物多様性への影響の可能性も高まるかもしれない。また，食品安全性に関しては，高度な機能性を有する遺伝子組換え食品の評価のあり方や，転写因子を導入した遺伝子組換え農作物では多数の遺伝子が働くため，従来のように特定の導入遺伝子産物を評価することでは対応できないケースが想定される。従って，安全性確保のためには，科学的な見地から適切な評価の考え方や評価法が求められている。

一方，我が国では，前述したように大量に遺伝子組換え農作物を輸入して利用しているにも関わらず，一般的に行われるアンケート調査では多くの消費者が遺伝子組換え農作物の安全性に懸念があると回答している。農林水産省の「『遺伝子組換え農作物等の研究開発の進め方に関する検討会』最終取りまとめ」（平成20年1月，http://www.s.affrc.go.jp/docs/commitee/gm/last_summary/pdf/summary.pdf）では，「研究開発を進めるに当たって配慮しなければならない事項として，国民理解と双方向コミュニケーションが記されている。具体的には，①遺伝子組換え技術に対する理解増進に向けたコミュニケーションの一層の推進と，②研究サイドからの分かりやすい情報発信の取組み」とされている。また，第2回BT戦略推進官民会議の中間取りまとめ（ドリームBTジャパン）において，官民が協働で取組むべき最重点課題として，「バイオテクノロジーに関する教育や国民理解の促進」としている（http://www8.cao.go.jp/cstp/project/bt2/haihu2/siryo4.pdf）。

文　　　献

1) James, Clive., *ISAAA Brief*, No.37, ISAAA：Ithaca, NY. (2007)
2) 田部井豊，食品工業，p.20-28，光琳（2008）
3) 田部井豊，新しい遺伝子組換え組換え体（GMO）の安全性評価システムガイドブック，p.153-170, NTS（2005）
4) 手島玲子，農林水産技術研究ジャーナル，p.22-27，社団法人農林水産技術情報協会

第 2 章　遺伝子組換え農作物の安全性評価

　　（2007）
5)　小迫孝実，新しい遺伝子組換え組換え体（GMO）の安全性評価システムガイドブック，p.284-308, NTS（2005）
6)　佐々義子，農林水産技術研究ジャーナル 3, p.25-29，社団法人農林水産技術情報協会（2007）
7)　立川雅司，農業生物資源研究所研究資料，No.5（2005）

第3章　機能性食品からみたアグリバイオビジネス

津志田藤二郎*

1　はじめに

人間の青地図ともいえるヒトゲノムの塩基配列の解読は，1953年のワトソン・クリックによるDNA二重らせん構造の発見から50年後の2003年に完了した。また，クローン生物の量産につながる体細胞からの全能細胞（iPS Cell）の作成は，ゲノム解読完了からわずか4年後の2007年に我が国や米国で達成され話題になっている。このように，21世紀の高度に発達した文明の中でも，科学技術はとどまることなく，絶えず発展している。

この生命科学の分野ほど顕著ではないが，食品分野においても，1984年に我が国において食品の三次機能が発見され，ヒト遺伝子が本来持っている能力の限り，その命を全うするための食生活のあり方を解明するための糸口が示されるまでになった。食品の機能性に関する研究は，こうした科学技術の進歩を背景として生まれた概念であり，我々は今後この分野の発展により，様々な生活習慣病のリスク低減など，大きな恩恵を得ることができるものと期待している。

食品機能性に関するこれまでの二十数年の研究から，厚生労働省が認可する特定保健用食品の開発に加え，多くの健康に寄与する食品や食品成分に関する情報が蓄積され始めている。これは，食品を提供する側にとっては，まさに新しいビジネスの台頭を意味するものであり，アグリバイオビジネスの一つとして，消費者の期待を裏切らないよう，真摯で粘り強い取り組みにより育てていく必要があると感じている。

ここでは，健康に寄与する食品開発につながる可能性のある食素材と食品成分を取り上げ，解説する。

2　特定保健用食品の開発に向けた食素材

特定保健用食品（トクホ）は，我が国が世界に先駆けてヘルスクレーム（健康表示）を許可した画期的な商品であり，世界的に注目されている。このトクホの売り上げは，2007年には医薬

---

*　Tojiro Tsushida　㈱農業・食品産業技術総合研究機構　食品総合研究所　食品機能研究領域　食品機能研究領域長

第3章　機能性食品からみたアグリバイオビジネス

表1　コレステロールが高めの方に適する食品に含有される関与成分

1. 大豆たんぱく質	6. キトサン
2. リン脂質結合大豆ペプチド	7. 植物ステロールエステル
3. 低分子化アルギン酸ナトリウム	8. 植物ステロール
4. 植物スタノールエステル	9. 植物性ステロール
5. ブロッコリー・キャベツ由来の天然アミノ酸	10. 茶カテキン

品の1割弱に当たる6800億円に達しており，毎年増加傾向にある．しかし，そのジャンルの拡大は見られず，この制度をもっと身近なものとして盛り上げるためには，トクホへの地域からの参入が必要であると感じている．地域には地域特有の食料資源があり，それらが地域の健康を支えるために利用されている場合も見受けられる．そうした資源については，地域の取り組みとして，地域行政と連携したブランド作り体制を組織化し，いわば地域を代表する機能性食品としてトクホの取得を考えることも一つの有力な方向であろう．

ここでは，そのような視点からトクホとして許可された商品群に利用されている食品成分に着目し，地域から発信することを思い描き記載する．

2.1　規格基準型の特定保健用食品

難消化性デキストリン，ポリデキストロース，グァーガム分解物，大豆オリゴ糖，フラクトオリゴ糖，乳果オリゴ糖，ガラクトオリゴ糖，キシロオリゴ糖，イソマルトオリゴ糖の9成分については，厚生労働省が定める基準に適合するものであれば，規格基準を満たすものとしてトクホの許可が与えられる．

このうち，大豆オリゴ糖のラフィノースとスタキオースに着目すると，大豆のラフィノース，スタキオース含量は4％程度であることから，1日の摂取目安量の2 g以上6 g以内の基準を満たす規格基準型のトクホとして提供する場合は，この大豆を100 g程度摂取できる商品として提供すれば良いことになる．また，ヤーコン塊茎には乾物で7％程度のフラクトオリゴ糖が含有されていることから，フラクトオリゴ糖を含有する規格基準型のトクホの1日の摂取基準3～8 gをクリアするためには，ヤーコン乾燥物100 g程度を含有する商品を開発すれば良いことになる．ただし，規格基準型に用いられているオリゴ糖には，定義，含量，性状が記載されているため，大豆やヤーコン等の生鮮物をそのまま許可することにはならない可能性が高い．

また，規格基準には該当しないものの，整腸作用を示すトクホの関与成分であるコムギフスマ，コムギ由来食物繊維についても，全粒粉を用いた試験は可能であり，容易にその機能を確認することができる．

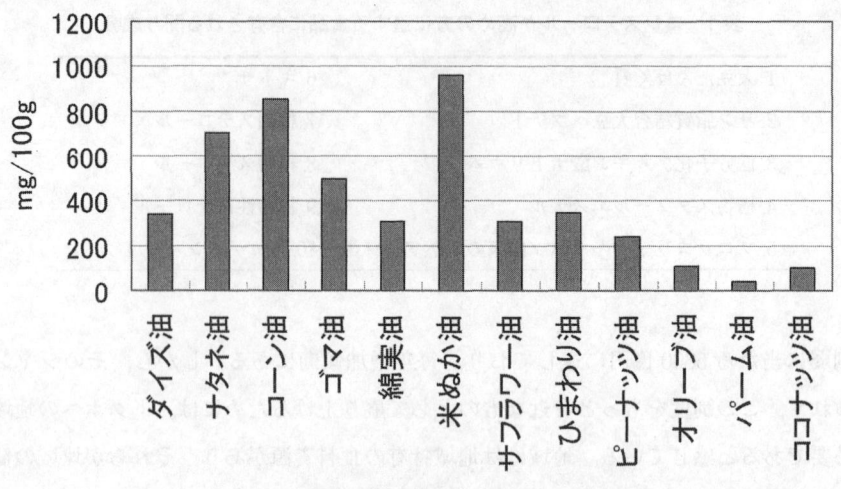

図1 各種食用油の植物ステロール含量
（油化学便覧（改訂三版など））

2.2 コレステロールを低減する食素材

　特定保健用食品に使用されているコレステロール低減成分は，表1に示したとおり，大豆タンパク質をはじめとする10種類である。この内，大豆タンパク質については，世界各国でコレステロール低減作用が検証されており，米国においてはSignificant Scientific Agreement (SSA) として認可され，心疾患の発症リスクを低減させる成分であるとして，その摂取が推奨されている。これらのことから，大豆を使用した伝統的な地域食品にも同様の効能が充分期待できるので，その生産・消費運動活性化が期待される。

　植物ステロールあるいは植物性ステロールも同様に，血清コレステロールを低減する食品成分として，海外でも盛んに利用されており，1日に1～2g程度の摂取で腸管からの胆汁酸吸収が阻害され，血中のLDLコレステロールが有意に低下することが分かっている。植物ステロールは，植物由来の食用油脂に含有されているが（図1），特に米ぬか油やコーン油，ナタネ油に多い。米ぬかにはγ-オリザノール（植物ステロールのフェルラ酸エステル）が1～2.7％程度含有されており，全量を米ぬか油に溶解する技術が開発されれば，現状のトクホ商品と遜色のない植物ステロール含量となり，その利用が大いに期待できる。最近は，自給率向上のため米の摂取が推奨されているが，米ぬかも積極的な活用が期待される注目素材であるといえる。一般的に，植物ステロール含量は，栽培温度に影響されることも分かっており，大豆では高温栽培において最大2.5倍の増加が観察されていることから，今後は植物ステロールを高める栽培技術についても強い関心が寄せられることになる。

第3章 機能性食品からみたアグリバイオビジネス

表2 血圧が高めの方に適する表示が可能になった特定保健用食品の関与成分

1. ペプチド	2. γ-アミノ酪酸
・カゼインドデカペプチド	3. 酢酸
・サーデンペプチド	
・かつお節オリゴペプチド	
・ラクトトリペプチド	
・イソロイシルチロシン	
・わかめペプチド	
・海苔オリゴペプチド（ノリペンタペプチド）	
・ゴマペプチド	
・ローヤルゼリーペプチド	

2.3 高血圧を改善する食素材

　血圧が高めの方のためのトクホには，関与する成分として表2のとおり13種類の成分が認められている。この血圧上昇抑制に関する分野では，これまでアンジオテンシン変換酵素（ACE）の阻害作用を持つペプチド類の開発を主要なターゲットとして多くの研究が行われ，多様な素材提供が可能になっている。

　これに加え，最近注目を集めている成分としてはγ-アミノ酪酸（GABA）がある。γ-アミノ酪酸はエノキダケ，トマト，カボチャ，温州みかん，ナス，ジャガイモなどに約70〜20 mg/100 g程度含有されている。GABAは遊離アミノ酸であるため，栽培条件（ストレス栽培）や収穫時期（熟度）を制御することによって，その含量を高めることが可能であり，トマトでは水分過小ストレスや塩分過多ストレスで約2倍程度含量が高まる[1]。一方，GABA含量を高めることを目的とした巨大胚芽米品種が開発され，またGABAを高度に蓄積するサトウキビ品種の開発も行われている。GABAはグルタミン酸にグルタミン酸脱炭酸酵素（GDC）が作用することによって生じることから，GABA含量を高めるためには，組織内で分離されている基質のグルタミン酸とGDCとが共存する条件（組織の傷害）を作らなければならない。ギャバロン茶では嫌気的処理による生体膜の傷害がGABA蓄積の引き金になっているが，ジャガイモやミカンなどでは酵素が比較的安定であるため，細断や摺り下ろしなどの処理によってGABAが増加する。GABAには精神的な興奮を静めたり，ストレスを緩和する作用も見いだされており，今後はこのような生理作用に着目したGABA高含有の生鮮食品や加工食品が開発されるものとして期待されている。

　なお，酢酸による血圧上昇抑制作用の検証も行われ，平成16年に酢酸は血圧が気になる方に

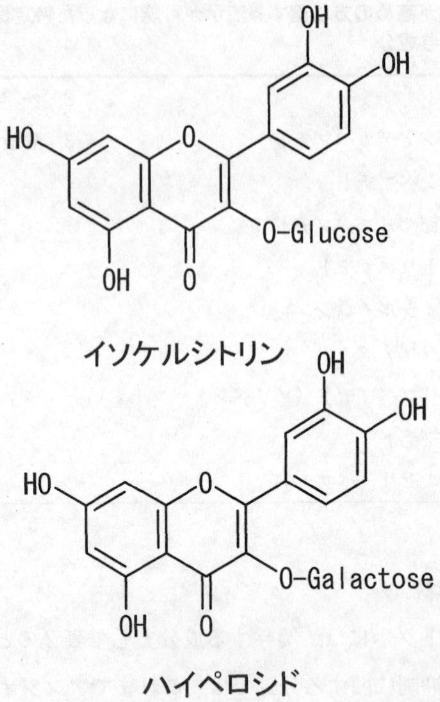

図2 血圧上昇抑制作用を示すケルセチン配糖体

適する食品の関与成分として認められ，これまでにリンゴ酢飲料やトマト酢飲料がトクホとして許可されている。従来から地域で生産される種々の農産物を原料として用いて製造した酢が地域特産物として販売されてきたが，今後はこれらについても血圧上昇を抑制するトクホとしての許可を得てブランド化を図り，地域での生産・消費活動を活性化することが期待される。

一方，平成19年4月には燕龍茶飲料がトクホとして許可されフラボノイドのハイペロシドとイソクエルシトリン（図2）が関与成分として位置づけられた。この両フラボノイドのアグリコンはクエルセチンであることから，こうしたフラボノイド含有食品のトクホ化も新たなターゲットになるものと思われる。米国のユタ大学のグループも最近365 mgのケルセチンを1日に2回経口摂取するヒト試験を行い，正常域よりやや高めのグループにおいて，拡張期，収縮期の血圧がそれぞれ有意に低下したとの結果を報告している[2]。

2.4 ミネラル吸収を促進する食品成分

ミネラルの吸収を助ける成分としては，CPP（カゼインホスホペプチド），CCM（クエン酸リンゴ酸カルシウム），ヘム鉄，フラクトオリゴ糖，乳果オリゴ糖の5種類が特定保健用食品の関与成分として位置づけられている。この内，フラクトオリゴ糖と乳果オリゴ糖は大腸で腸内細菌

第3章 機能性食品からみたアグリバイオビジネス

によって有機酸に代謝され,カルシウムやマグネシウムの溶解性を高め腸管からの吸収を促進する。トクホ等として販売されるフラクトオリゴ糖は酵素反応によって製造されたものであるが,天然食材の中ではヤーコンの他キク科のチコリやゴボウ,ユリ科のラッキョウ,タマネギ,ニンニクに含有されている。特にヤーコンではフラクトオリゴ糖が7％程度含有されており,チコリの2～3％,ゴボウの2％に比べはるかに高い。ただし,ヤーコンのフラクトオリゴ糖は収穫後の貯蔵に伴い分解されるので注意が必要である。一方,ラッキョウはイヌリンよりも分子量の大きなフルクタンを17％程度含有しており,これを乾物当たりに換算すると約70％に達する[3]。ラッキョウのフルクタンは水への溶解性が高く,酸性溶液中ではオリゴ糖を生成するなどの特性もあり,ミネラル吸収を助ける糖質系の食材としての利用が期待される。

2.5 血糖値改善作用を示す食品成分

糖の腸管吸収を穏やかにするトクホの関与成分として,難消化性デキストリン,グアバ葉ポリフェノール,小麦アルブミン,L-アラビノース,豆鼓エキスが認められている。これらは,いずれも腸管内の糖質関連消化酵素の阻害を通じて,遊離糖の生成を抑制し,血糖の急激な上昇を抑制する作用を示す。腸管内のα-アミラーゼやα-グルコシダーゼの阻害作用を持つ食品成分はたくさん見いだされている。J. Gordonら[4]は,各種農産物のポリフェノール抽出物の膵液α-アミラーゼ阻害作用を検討し,その強さはイチゴ＞ラズベリー＞緑茶＞ブルーベリー＞ブラックカランドの順であったとしている。イチゴやラズベリーにはタンニンが含有されており,彼らはこれがα-アミラーゼの活性を強く阻害するものと推定している。一方,α-グルコシダーゼ活性の阻害作用は,タンニンよりもむしろアントシアニンが勝っているとの結果も得られており,ポリフェノールはその種類によって消化酵素の阻害特性が異なる。各種ポリフェノールによるα-アミラーゼやシュークラーゼ,マルターゼ,グルコアミラーゼなどの阻害作用に関する研究はかなり蓄積しており,今後それらを含有する食素材の活用が期待される。

2.6 中性脂肪,体脂肪値を改善する食品成分

中性脂肪や体脂肪の低減作用を持つトクホについては,ジアシルグリセロール,グロビン蛋白分解物,中鎖脂肪酸,茶カテキン,EPAとDHA,ウーロン茶重合ポリフェノール,コーヒー豆マンノオリゴ糖,ベータコングリシニン,豆鼓エキス【条件付きトクホ】,植物ステロールが関与成分として位置づけられている。

この内,茶カテキンやカテキン重合物について注目すると,徳島県産の阿波番茶,高知県の碁石茶,岡山県の玄徳茶などにも,カテキン類の濃度を通常より高めることによって,同様の作用が認められるものと推定されることから,生産量が少ないながらも地域の健康を守る緑茶飲料と

しての開発が期待される。

3 各種農産物の機能性の概要と高機能作物の開発

食品機能に関する研究が始まってから20年以上経ったことから，各地で農産物の機能性に関する研究成果が蓄積されるとともに，機能性成分を高度に含有する作物の新品種開発が進められている。こうして開発された新品種に関する情報は，必ずしも実需者に充分届いているという状況になっていない可能性があり，健康に寄与する食品を開発・提供するための産学官連携が特に重要になっている。

3.1 穀類
3.1.1 米
(1) 低タンパク質米と易消化性プロラミン米

米のタンパク質は，精白米では約6％程度であるものの，主食であるため1日に摂取するタンパク質の1割以上に相当するとされている。そのため，腎臓障害を持つ方々のために，低タンパク質米の開発が検討されている。米のタンパク質は，難消化性のプロラミンを含有するプロテインボディーⅠと易消化性のグルテリンを含有するプロテインボディーⅡに局在するが，このグルテリンが半分に減少し，プロラミンが2倍以上増加した突然変異系統が発見され，これをもとにした「エルジーシー1（LGC-1）」が育成され，2002年に品種登録されている。その後，大粒の「春陽」や食味を改善した「LGCソフト」が開発され，グルテリンが2〜3割低下した「低グルテリン米」あるいは「低タンパク質米」の栽培が可能になり，腎臓への負担を低減した米としての利用が期待されている[5]。

一方，プロテインボディーⅡに収納されているプロラミンは，不消化であるため人や実験動物の糞中にそのまま排泄されるが，米タンパク質をアルカリ処理すると，プロラミンが糞便から消失し，易消化体に変換されることが最近明らかになった。米のアルカリ処理タンパク質には，血中の中性脂肪やコレステロールの低下作用も動物実験で確認されていることから，軽度のアルカリ処理米の保健効果が期待されている。

(2) 低グリセミック・インデックス（GI）米

穀類の中で最も市場規模の大きな米については，これまで良食味米用としての低アミロース米が求められ，コシヒカリなどが消費者に受け入れられ，その生産量を伸ばしてきた。こうした良食味を求める方向とともに，最近は健康に寄与する米も求められるようになり，消化の遅い高アミロース米をエスニック料理に用いるなどの工夫が行われるようになった。高アミロース米は，

第3章　機能性食品からみたアグリバイオビジネス

α-アミラーゼによるでん粉の分解が低アミロース米に比べて遅く，食後の血糖の上昇が穏やかになることが明らかになっていることから，インシュリン分泌負荷が少なく，糖尿病予備軍や患者にとって好ましい米として，その利用範囲の拡大が期待されている。オーストラリアやニュージーランドでは，食後血糖値の指標であるグリセミック・インデックス（GI）に関する活発な取り組みが行われており，国際標準化機構（ISO）に対して食品表示基準の提案を2007年に行い，オーツ麦や大麦，サイリュウム（オオバコの実）の全粒を使った朝食用シリアル食品，果実や野菜，バスマティ米，パスタ，麺，キノアなどを低GI食品として位置づけており，世界的な話題になっている。㈱農研機構では，高アミロース米品種として「ホシユタカ」，「夢十色」，「ホシニシキ」などを既に開発，提供しており，これら高アミロース米の血糖値改善効果などに関するヒト試験を開始している。

(3) 機能性成分生産用の米

一方，米糠部分にはγ-オリザノール（植物ステロールのフェルラ酸エステル），トコトリエノール，フィチン酸（イノシトール6リン酸），セラミド，スクワレン，GABAなどの機能性成分が含有されているが，γ-オリザノールの構成成分である植物ステロールには前述のとおり，血清コレステロール低減作用が，また抗酸化成分のフェルラ酸には認知能改善作用が期待されヒトでの試験も行われ始めている。またフィチン酸やイノシトールについても発がん抑制作用に関するヒト試験が行われ，イノシトールについてはカロテノイドなどとともに摂取することにより，ウイルス性肝炎から生じる肝臓がんの予防効果が確認されている。トコトリエノールについては，がんの増殖に伴う血管新生の抑制作用が確認されている。

機能性成分を高めた品種の開発については，これまでに発芽によってGABAの含有量を特に高める可能性を持つ品種として，普通米の2～4倍もの巨大胚芽を持つ，うるち性巨大胚芽米「はいみのり」，「はいいぶき」やもち性巨大胚芽米「めばえもち」，「恋いあずさ」が㈱農研機構において開発されているが，これらの品種はGABAの生産だけではなく，γ-オリザノールやトコトリエノール等の生産にも向いているものと推定される。今後は，この胚芽成分に注目した米油専用の品種や，γ-オリザノール，トコトリエノールなど機能性成分生産用品種の開発も期待される。現在，我が国で生産される米糠の3割が廃棄あるいは不明となっているが，機能性成分に着目した有効利用を活性化する必要がある。

(4) 抗酸化性に富む有色米

抗酸化性を示すアントシアニンやプロアントシアニジンを含有する有色米品種の開発も㈱農研機構において盛んに行われ，アントシアニンに富む紫黒米の「朝紫」，「おくのむらさき」，プロアントシアニジンに富むうるち性の赤米「ベニロマン」，「紅衣」，もち性の赤米「紅染もち」，「夕やけもち」などが育成されている。アントシアニンとプロアントシアニジンはポリフェノー

ルの仲間であり，消化酵素のα-グルコシダーゼやα-アミラーゼの阻害作用を示すことが既に報告されており，食後血糖の上昇を穏やかにする作用を示すことから，通常の米にブレンドして炊飯するなど，新たな利用が期待されている。

(5)　スギ花粉症緩和米などの開発

スギ花粉の花粉症に対する抗原決定基（エピトープ）の一つを，遺伝子組み換え技術を利用して，米粒中に発現させたスギ花粉症緩和米が㈱農業生物資源研究所で開発された。この米は，スギ花粉に対する減感作療法を目的にしたものであり，マウスを用いた実験により，アレルギー抗体を70％減らす効果が確認されている。平成19年度にこの米は研究所の水田20アールに作付けされ700 kgが収穫されている。

この他，鉄吸収調節作用や免疫機能調整作用を持つ乳成分のヒトラクトフェリン生産米や認知症の抗体療法を目指したβ-アミロイド生産米，さらには栄養成分であるCoQ10やトリプトファンの高度生産米の開発・安全性評価が行われている。

3.1.2　麦類

(1)　フスマや全粒粉

小麦は，パンやうどん，パスタのための素材としてなくてはならないものであるが，最近は健康の維持・向上の視点から，全粒粉の使用が奨励されるようになった。小麦の外皮は製粉工程でフスマとして取り除かれるが，このフスマに含有される不溶性の食物繊維が便通を良くするなどの特性を持つことから，整腸作用を示すトクホの関与成分（コムギフスマ，コムギ由来食物繊維）としても利用されており，全粒粉として取り除くことなく活用することも一つの方向として示されている。また，米国では，穀類や果実，野菜など食物繊維の多い低脂肪食は，がんのリスクを低減する可能性があるとするヘルスクレームが認められている。

(2)　コムギタンパク質とβ-グルカン

コムギにはα-アミラーゼインヒビターの存在が知られており，このインヒビターを多く含有するタンパク質画分は，血糖上昇抑制作用を示すことから，この画分を強化した食品がトクホとして許可されている。一方，一般的に麦は粒色が白いものが良いとされるため，抗酸化性を示す色素類を含有する品種の開発はあまり行われていなかったが，最近になり粒が紫色の裸麦「ダイシモチ」が開発され話題になっている。この品種はモチ性でアミロース含量が低く，β-グルカン含量が高いことから，その特徴をアピールした加工品の開発が行われている。

3.1.3　ソバ，雑穀類

ソバは，10～20 mg/100 g乾物程度のルチンを含有しているが，1998年に開発された品種「サンルチン」は，その3倍のルチンを含有している。一般的に高ルチン系統は，90～100 mg/100 g乾物程度のルチンを含量することが知られている。一方，中国やネパールの高原で栽培さ

第 3 章 機能性食品からみたアグリバイオビジネス

れているダッタンソバは，日本で栽培されているソバ品種に比べはるかに高いルチン含量である。このダッタンソバについては，我が国での栽培化が検討され，北海道においてスプラウト用品種として「北海 T9 号」，「北海 T10 号」が開発された。この「北海 T9 号」，「北海 T10 号」の種子はそれぞれ 1.6 g/100 g 乾物，1.0 g/100 g 乾物のルチンを含有し，スプラウトでは実にそれぞれ 6 g/100 g 乾物，7.4 g/100 g 乾物の含量に達している。ちなみに，普通ソバのスプラウトのルチン含量は，660 mg/100 g 乾物となっている。これら新品種のスプラウトは，ルチン素材としての利用が検討されている。

一方，ソバのタンパク質は，コレステロールとの親和性が高いことが知られており，大豆タンパク質よりもその機能が強いとの報告もあることから，今後はこのソバタンパク質の機能性に着目した利用が行われる可能性もある。

一方，あわ，きび，ひえなどの雑穀については，米や麦に対してアレルギー反応を示す人々のための食材としての利用の他に，発芽に伴う GABA の増加を利用した食品開発などが行われているものの，品種開発は活発ではなく，導入遺伝資源からの推奨品種の選定にとどまっている。はとむぎ，アマランサスについては，短桿多収品種の開発が行われた。

ゴマのリグナンであるセサミンやセサモリンについては，体脂肪の合成抑制や脂質分解活性の促進作用などが動物実験で確認されているため，㈱農研機構はゴマリグナン高含有品種の開発に取り組み，高リグナンでかつ収量の多い「ごまぞう」の開発に成功し，その栽培が可能になっている。

3.2 豆類
3.2.1 大豆の健康機能成分とヘルスクレーム

大豆は世界的には食用油の供給源として用いられているが，日本では重要なタンパク質源として位置付けられた歴史をもっている。国際食料機関（FAO）の 2003 年の資料によると，日本人一人当たり 1 日の大豆消費量は約 107 g で，米国の 1/3 程度である。しかし，大豆からのタンパク質摂取は 8.7 g であり，大豆消費国として知られるインドネシア 7.4 g，韓国 6.2 g，中国 3.4 g より多い。最近の研究によると大豆タンパク質は健康の維持・増進に極めて有効であり，日本では特定保健用食品のコレステロールが気になる方のための食品として，大豆タンパク質を含有する食品が許可されている。一方，米国の FDA では科学的に充分同意できる根拠を持つ疾病リスク低減表示である SSA（Significant Scientific Agreement）として，1993 年に大豆タンパク質が冠状動脈疾患リスクを低減する可能性があるとして，表示の許可を与えている。また，イギリスの食品表示評価団体ジョイントヘルスクレームイニシアティブ（JHCI）も 2002 年に大豆タンパク質の心臓病予防効果に関する英国科学者の助言を受け入れ，大豆タンパク質食品への「コレ

表3 大豆タンパク質に対する各国のヘルスクレーム

国名	表示制度	表示例
日本	特定保健用食品	コレステロールが高めの方に適する食品 （血清コレステロールを低下させる大豆タンパク質を含有した食品です。）
米国	科学的に充分な根拠を持つ健康強調表示（SSA）	大豆タンパク質と冠状動脈性心疾患リスク低減 （大人1日あたり25gの大豆タンパク質を，低飽和脂肪酸・低コレステロール食の一環として摂取することは，心臓病のリスクを低減します。この（製品名）1食分には○○gの大豆たん白が含まれています。）
英国	包括的健康強調表示（JHCI）	1日に少なくとも25g以上の大豆タンパク質を低飽和脂肪酸食の一環として摂取することは，血中のコレステロール値の低下を助けます。

ステロール低下作用を期待できる」というヘルスクレーム（健康強調表示）を承認している（表3）。このように大豆タンパク質の健康機能は世界的に認められ始めているが，大豆にはこの他にイソフラボンやサポニン，フィチン酸，スタキオースなどの成分が存在し，それぞれが生理的な機能性を示すものとして注目されている。

3.2.2 イソフラボンの機能性と安全性

イソフラボンは，女性ホルモン作用を示す成分として古くから注目されてきた。従って，女性ホルモンが不足する閉経後の女性が陥る様々な健康上のトラブルについて，その改善が期待された。骨粗鬆症のリスク低減などはその代表的な例であり，京都大学におられた家森教授らが行った疫学調査によると，骨密度を高く維持するためには，一日に40 mg程度のイソフラボンを摂取することが望ましく，豆腐では約100 g，納豆なら約60 gを毎日食べればよいことになるとの結果が得られている。大豆のイソフラボンは，骨からカルシウムを溶出させる破骨細胞の活動を弱め，カルシウムを沈着させる骨芽細胞を活性化することがその作用メカニズムであるとされている。

一方，厚生労働省が行った最近のコホート研究[6]は，40～59歳の女性21,859人を対象として10年間の追跡調査を行い，閉経後の女性の乳がん発生率の低下が明確であり，閉経前の女性では明確でないとの結果を公表している。

イソフラボンについては，このような有用であるとする報告の他，過剰摂取ではむしろ安全性に問題があるとの見解も出されている。日本の食品安全委員会は，平成14年度国民栄養調査から試算した，大豆食品からの大豆イソフラボン摂取量の95％タイル値70 mg（64～76 mg/日：アグリコン換算値）を食経験に基づく，ヒトの安全な摂取目安量の上限値とし，さらに，イタリアにおける5年間の閉経後女性を対象としたヒト試験によって生じた子宮内膜増殖症の発症原因と

第3章　機能性食品からみたアグリバイオビジネス

なった 150 mg/日の摂取量の 1/2 値である 75 mg/日をヒト臨床試験に基づく，安全な摂取目安量の上限とした。これより，最終的には安全な一日摂取量の目安量の上限値を，大豆イソフラボンアグリコンとして 70〜75 gm/日と決定している。また，サプリメント摂取による大豆イソフラボンの安全な一日上乗せ摂取量の上限値は，ヒト試験により血清エストロジェン濃度に影響を与えるとする報告中の最小値 57.3 mg の 1/2 量を算出し，アグリコンとして 30 mg/日とした。

このイソフラボンの上限値の設定は，ビタミンやミネラルと同様に，私たちが日常摂取する食品成分の過剰摂取に注意を払った上で，その安全性に関し初めて言及したものであるが，今後は多くの機能性成分について，同様のリスクアンドベネフィットの考え方が導入されるものと予想される。

3.2.3　その他の成分の機能性と安全性

大豆には，ガラクトオリゴ糖であるスタキオースが約 4％，ラフィノースが約 1％含まれている。これらのオリゴ糖は難消化性のため無菌マウスでは糞便中に排泄されるが，普通のマウスではビフィズス菌の増殖を助ける作用を持つ，いわゆるプレバイオティクスであることから，トクホの「関与成分」として認められている。これらオリゴ糖は，キナコや豆乳などにも含有されているが，納豆や味噌など発酵食品にはほとんど含まれていない。なお，大豆オリゴ糖の最大無作用量は，男性で 0.64 g/kg，女性で 0.96 g/kg である。これはビフィズス菌増殖促進作用効果が認められる有効量の，それぞれ 4 倍量ならびに 6 倍量となっている。

大豆サポニンは化学構造の上からグループ A，B，E サポニンの 3 つに分類することができる。このうちグループ B と E は，生体内では DDMP が結合したいわゆる DDMP サポニンになっており，加熱により容易に B と E が生じることが分っている。これらの中で，いわゆるサポニンの「不快味」に関与する成分はグループ A であり，特にアセチル体が著しい。また，このグループ A は胆汁酸との結合性が高いために，コレステロールの低下作用を示すとともに抗菌作用も併せ持つことが分っている。なお，このグループ A サポニンは胚軸のみに存在している特徴をもっている。一方，DDMP はエンジオール構造を持つため抗酸化性を示すことから，全ての DDMP サポニンは抗酸化性に優れている特徴を持っている。

大豆胚軸由来の粗サポニンを用いたヒト試験も既に行われており，健常成人男性 3 名および空腹時血糖 111 mg/dL 以上の成人男性 5 名，女性 1 名のボランティアに粗サポニン 100 mg カプセルを 1 日 3 回投与する試験において，粗サポニンは 12 週目以降，高血糖群における血糖の低下作用を示し，糖負荷試験による血糖上昇を抑制することが明らかになっている。動物実験からの類推によって，この作用はグループ B によるものであると推定されている。さらに，四塩化炭素による肝障害の軽減作用も大豆サポニンが持っていることが示されている。

なお，大豆サポニンはヨウ素と結合するため，抗甲状腺作用を示すことがあるので，日本のよ

うに海藻からヨウ素を充分に補給する食生活が行われている地域ではあまり問題にならないが、世界各国で指摘されているヨウ素が不足する地域での摂取については、そのことを充分考慮する必要がある。

この他、ミオイノシトールの光学異性体であるカイロイノシトールのメチルエステル化合物のピニトールが末梢組織のインスリン抵抗性を改善することが明らかにされ、2型糖尿病予防に役立つものとして注目されている。ピニトールは体内で、カイロイノシトールとなり作用するものと推定されており、カイロイノシトールはミオイノシトールに比べて血糖調節能力がはるかに強いと言われている。大豆はピニトールを 2.2 g/kg 程度含有していると言われており、今後注目される成分の一つである。

3.3　イモ類

3.3.1　バレイショ

バレイショは炭水化物に富む食品として重要な位置を占めているが、ビタミンCを含有するため野菜的な側面ももっている。これまでに開発された品種の中では「キタアカリ」のアスコルビン酸が 44.5 mg/100 g 生鮮重と高い。また、GABA を含有することも明らかになっており、「とよしろ」では 28 mg/100 g 生鮮重で、トマトやカボチャ、温州みかんに次いで多い。

最近は、アントシアニンを高度に含有するため、抗酸化性に優れる「インカレッド（ペラニン 2 mg/g 生鮮重）」や「インカパープル（ペタニン 2 mg/g 生鮮重）」が育種され、ポテトチップなどの加工品として市販されるまでになっている。また、高カロテノイド系品種として、ゼアキサンチンを 5 μg/g 生鮮重含有する「インカのめざめ」が開発されている。これは、果肉がやや黄色の普通品種「きたあかり」の7倍の濃度である。ゼアキサンチンは、ルテインとともに網膜に含有されるカロテノイドであるが、野菜類における含量が少ないため、ルテインより摂取量が少ない特徴を持っており、トウモロコシとともにその供給源として期待される。

3.3.2　サツマイモ

サツマイモの世界における生産量は約1億3000万トンで、バレイショの約27％程度となっている。サツマイモはビタミンCに富み、さらに食物繊維が多いため健康的な食材として評価されてきたが、最近は紫色素のアントシアニンがヒト試験により肝機能改善作用や血圧改善作用を示すなど、様々な生理的機能性を示すことが明らかにされたことから高い関心が寄せられている。紫サツマイモのアントシアニンは 9〜13 種類と多いが、主な 8 種類のアントシアニンは、シアニジンアシルグルコシド及びペオニジンアシルグルコシドを主成分とし、紫キャベツのアントシアニンと同程度に安定であるため、食品添加物の着色料「ムラサキイモ色素」として利用されるまでになっている。この食品添加物用の色素は当初は「山川紫」と呼ばれる品種がその素材として

第3章 機能性食品からみたアグリバイオビジネス

利用されていたが，現在はアントシアニンを高度に含有する色素用品種の「アヤムラサキ」が開発され，色素供給体制も確立されたことから，コカコーラ社の「ファンタグレープ」にも利用されるまでになっている。最近は，さらに外観に優れ，ペーストや焼酎にも用いられる「ムラサキマサリ」や，食味に優れ焼き芋にも適する青果用品種「パープルスイートロード」が育成され，その用途も拡大している。

一方，果肉が橙色でβ-カロテンを含有する品種として「ベニハヤト」が育成され，さらにジュース適性の高い「ジェイレッド」，粉末やペーストへの加工適性が高い「サニーレッド」など多様な品種が育成されている。

さらに，サツマイモの大きな特徴として茎葉の食用に向けた品種の開発も行われ，「すいおう」が育成されている。茎葉には，クロロゲン酸などのカフェオイルキナ酸が高度に含有されているため高い抗酸化性を示すことから，高機能食材としての利用が期待されている。

3.4 果実

日本人の果実の消費量は1日当たり120 g程度であり，他の先進諸国に比べ著しく少ないため「健康日本21」などにおいては，1日の果実摂取目標を200 gに設定し活動を行っている。厚生労働省研究班の報告では，果物を280 g程度摂取するグループと158 g程度摂取するグループは，最も少ない35 g程度摂取するグループに比べ，循環器疾患を発症する危険率が17〜19％低く，果実の摂取量を増やすための活動の重要性が指摘されている。以下，果実の機能性成分に着目して記載する。

3.4.1 柑橘果実

柑橘果実にはフラバノン，ポリメトキシフラボン，C-グリコシルフラボンなどのフラボノイド類やオーラプテンなどのクマリン，クロロゲン酸などのフェニルプロパノイド類など多様なポリフェノールが含有されている。このうちフラボノイド類については，42種の柑橘果実に関し，果皮など部位別の詳細な分析結果が野方ら[7]によって報告されている

フラバノンは柑橘果実の苦味成分であり，1936年のノーベル生理学賞受賞者であるセントジョルジがビタミンPと命名したヘスペリジン（ヘスペレチン-7-ルチノシド）もその一つである。ヘスペリジンは温州みかんやバレンシアオレンジ，レモン，ライムなどに含有され，これと並んで含量の多いフラバノンとしてナリンジン（ナリンゲニン-7-ネオヘスペリドシド）がよく知られており，ナリンジンはグレープフルーツやユズに多く含有されている。これら柑橘の代表的なフラバノンであるヘスペリジンとナリンジンには，コレステロール合成の鍵酵素であるHMG-CoAレダクターゼの阻害作用に基づく血清コレステロール低減作用，マスト細胞からのヒスタミン遊離阻害作用に基づく抗アレルギー作用，骨粗鬆症改善作用が動物実験によって明らかにさ

れている。

　この他，ノビレチンやタンジェレチンなどのポリメトキシフラボンは，沖縄の在来柑橘果実であるシークワーサーに高度に含有されることが明らかになっているが，これらの成分は各種炎症や発がんに関与する酵素であるCOX-2を阻害すること，ノビレチンはTNFαの産生も抑制するなどその生理的機能性に対する関心が高まっている。また，果皮に含有されるC-グリコシルフラボンの一部には動物実験により血圧上昇抑制作用を示すものが存在することも明らかになっている。

　一方，ポリフェノールとともに抗酸化性に富む食品成分として注目されるカロテノイドについては，温州みかんに高度に含有されるβ-クリプトキサンチンをジュース抽出残滓から抽出製造することが可能になり，β-クリプトキサンチンの発がんリスク低減作用や骨粗鬆症リスク低減作用などが動物実験により確認されている。また，このβ-クリプトキサンチンを摂食マーカーとする疫学研究が活発に行われ，ミカンの摂取量の多いグループは，糖尿病や高血圧症，痛風などの罹患率が低いこと，血管の柔軟性が維持されていること，骨密度が低い者が少ないこと[8]などが明らかにされ，消費者への積極的な情報提供が行われている。最近は，このβ-クリプトキサンチンを通常品種の2倍以上含有する品種「たまみ」が育成されるとともに，β-クリプトキサンチンを高濃度含有するジュースの開発なども行われている。

3.4.2　リンゴ果実

　リンゴ果実については，未熟果の渋味成分であるプロアントシアニジンに関する研究が活発に行われ，ブドウ種子やカカオと同様，その抽出製造技術が開発され，抗アレルギー作用や発がんリスク低減，育毛作用などが動物実験により明らかになっている。また，完熟果実に含有されるフラボノイドであるフロリジンには腸管からの糖吸収を抑制する作用があり，さらにそのアグリコンであるフロレチンのがん細胞に対するアポトーシス誘導作用も確認されている。

　リンゴにはペクチンが多いため，ビフィズス菌の増殖作用が認められているが，最近のヒト試験では中性脂肪低減作用や血中のヒスタミン低減作用なども確認されている。リンゴの機能性成分を高めた品種は，我が国では現在開発途上であるが，ニュージーランドでは果肉がアントシアニンによって真っ赤な品種が開発され，また米国では，遺伝子組み換えによりポリフェノールのレスベラトロールを生産する品種が開発されるなど多様化が進展している。

3.4.3　ブドウ果実

　ポリフェノールが生活習慣病を予防する可能性があるとして世界的に注目されることになったきっかけは，ワインの消費量の多いフランスでは心疾患が他のヨーロッパ諸国に比べてはるかに少ないという，いわゆるフレンチパラドックスによるものであった[9]。赤ワインには抗酸化性に富むポリフェノールであるアントシアニンが高度に含有されており，それが心疾患を予防する可

第3章 機能性食品からみたアグリバイオビジネス

能性があると推定されたからである。その後，ブドウにはポリフェノールのサブグループであるスチルベノイドに属するレスベラトロールが比較的多く含有されていること，レスベラトロールはブドウが病原細菌の感染を防ぐために，その侵入刺激に反応して生産するファイトアレキシンであることなどが明らかになった。また，一方で，種子には抗酸化性の強いプロアントシアニジンが含有されており，この成分こそフレンチパラドックスの主役ではないかとする報告が出るなど，それら成分の生活習慣病予防作用に関する多くの研究が行われ現在に至っている。これら有望な抗酸化成分の循環器系疾患予防機能は，まだヒト試験で証明されていないが，ポリフェノールを始めとする抗酸化成分に対する期待感は強く残っている。

3.4.4 ベリー類

我が国では1990年に日本ブルーベリー協会が設立され，ブルーベリーに対する組織的な産地形成が行われ，順調に生産量が増加している。ブルーベリーのアントシアニンは，サツマイモに比べやや不安定であるが，含有量が高いため抗酸化性に富むアントシアニン素材として注目され多くの生理的機能性に関する研究が行われた。中でも眼精疲労の緩和に関するヒト試験の成果が注目を集めた。ブルーベリーに次いで，シーバックソーン（sea buckthorn：サジー（中国名），オビルビーハ（ロシア名），チャチャルガン（モンゴル名））の生産を試みるグループも出始めている。シーバックソーンは，ビタミンCやビタミンEなどの抗酸化ビタミンの他にゼアキサンチンとβ-クリプトキサンチンのパルミチン酸誘導体などのカロテノイドやケルセチン配糖体やイソラムネチン配糖体などのフラボノイド，さらにはα-リノレン酸，植物ステロールを含有することからその生理的な機能性に対する関心が高まっているが，果実が小さくて酸が強いため生食には不向きであり，また収穫が容易でないなどの欠点もある。この他，カシスやアセロラのように商品化が進んでいる小果実類，あるいはハスカップ，アロニアなどのように地域特産化の取り組みが行われているもの，ラズベリーやスグリ類のように家庭菜園で栽培されているものなどがある。

3.4.5 その他の果実

柿の色素はカロテノイドのβ-クリプトキサンチンであり，温州みかんと同様にその機能性が期待される。また，渋味に関与する縮合型タンニンは，カテキンの多量体であり，低分子化によるプロアントシアニジンの生産なども検討されている。また，梅の機能性についても多くの関心が寄せられているが，ウメエキス製造過程でクエン酸と糖の反応によって生じるムメフラールは，クエン酸とともに毛細血管モデルを用いた試験によって，血流をスムーズにする作用を示すことが分かっている。この他，プラムやキュウイなどについては多様な品種が導入されており，その機能性も注目されている。

3.5 野菜

野菜は果実と同様に我が国ではその摂取量が不足しており，1日に350gを目標とした摂取が推奨されている。野菜はビタミンCなどのビタミンやミネラルさらには食物繊維の供給源として，われわれの健康維持・向上に深く関わっていることは良く知られているが，最近はポリフェノールやカロテノイドなど非栄養成分に生理的な機能性が認められることから，それらが注目されるようになった。

3.5.1 野菜のポリフェノール

米国では農務省のホームページに277種の野菜・果実のORAC（Oxygen Radical Absorbance Capacity）値を公表している。ORAC法は米国で開発されたラジカル消去機能を評価する一つの方法であるが，いち早くその値を公表したことから，世界的に知られることとなった。一般的に，抗酸化性の強さとポリフェノール含量には相関性があると言われていることから，我が国でも特に野菜類についてはORAC値とともにポリフェノール含量並びにその組成を明らかにすることが重要になっている。

農産物など植物に存在するポリフェノールは表4に示したとおり極めて多様である。野菜には，このうち特にフェニルプロパノイドとフラボノイドが主要なポリフェノールとして分布しており，生合成には光が必要であることから，太陽にさらされる表皮付近に高濃度に蓄積している。葉物では外葉を廃棄する場合が多いが，ポリフェノールはこの外葉に多く存在するので，残留農薬がない場合はその有効利用が可能であろう。

フラボノイドのうちフラボノール類は，その分布範囲が広く多くの野菜に見いだされているが，普段の食生活における摂取源としては，タマネギ（ケルセチン配糖体）やリンゴ（ケルセチン配糖体）が取り上げられる場合が多い。特に，タマネギの外皮はケルセチンを高濃度に含むことから，以前は布生地の染色用素材として用いられたほどである。一方，フラボンについては，パセリやセロリなどのセリ科植物（アピゲニン配糖体，ルテオリン配糖体）やピーマン，シュンギクに含有され，その分布範囲は比較的狭い。また，カルコンはさらに分布範囲は狭く，アシタ葉（キサントアンジェロール）や紅花（カルタミン）がその供給源となる。

野菜に存在するフェニルプロパノイドの多くは，カフェ酸とキナ酸が結合したクロロゲン酸やイソクロロゲン酸であり，コーヒーのポリフェノールと類似した成分である。この成分は，ポリフェノール酸化酵素により酸化されることによって，リンゴやナスに見られるような褐変の原因物質になっている場合が多い。

野菜のポリフェノールに着目した品種開発は，タマネギで行われており，これまでにケルセチン含量の多い「ケルリッチ」が育成されている。

表4 フェノール性成分の分類

基本骨格	クラス	化合物例
1. C_6	単純フェノール ベンゾキノン	カテコール，ピロガロール
2. C_6-C_1	ベンゼンカルボン酸	プロトカテキュ酸，没食子酸
3. C_6-C_2	アセトフェノン フェニール酢酸	
4. C_6-C_3	ヒドロキシ桂皮酸 フェニールプロペン クマリン イソクマリン クロモン	カフェ酸，フェルラ酸 ミリスティシン，オイゲノール ウンベリフェロン，エスクレチン ベルゲニン オイゲニン
5. C_6-C_4	ナフトキノン	ジュグロン，プルンバギン
6. $C_6-C_1-C_6$	キサントン	マンジフェリン
7. $C_6-C_2-C_6$	スチルベン アントラキノン	ルナラリック酸 エモジン
8. $C_6-C_3-C_6$	フラボノイド イソフラボノイド	ケルセチン，シアニジン ゲニステイン，ダイゼイン
9. $(C_6-C_3)_2$	リグナン	ピノエリソール，セサミン
10. $(C_6-C_3-C_6)_2$	ビスフラボノイド	アメントフラボン
11. $(C_6-C_3)_n$	リグニン	
12. $(C_6-C_3-C_6)_{2\sim 十数個}$	プロアントシアニジン	プロシアニジン，プロデルフィニジン
13. $(C_6-C_3-C_6)_n$	縮合型タンニン	カテキンのポリマー
14. $C_6-C_7-C_6$	クルクミノイド	クルクミン

3.5.2 野菜のカロテノイド

野菜はカロテノイドの供給源として重要であり，カロテノイドは肝臓のみならず血中のリポタンパクや各種臓器に分布し抗酸化性などを通じて生体を保護する役割を果たしているものと推定されている。生体組織におけるカロテノイドの分布にはかたよりのあることも知られており，精巣にはリコペンが多く分布し，網膜にはルテインとゼアキサンチンが蓄積している。一方，β-カロテンやリコペンなどのカロチン類はLDLに，ルテインやゼアキサンチンなどのキサントフィルはHDLに多く分布することも明らかになっている。この他，カロテノイドのような脂溶性成分については，単一成分を高濃度に摂取させると他の類似した成分の吸収が阻害されることも知られており，できるだけ多様な成分をまんべんなく摂取することが推奨されている。各種カロテノイドをまんべんなく摂取するためには，野菜類のカロテノイド含量を公表する必要があるが，我が国ではまだ米国のようなカロテノイドデータベースは作成されていない。

各種野菜に含有されるカロテノイドも，実はかたよりがあり，ニンジンやカボチャにはビタミンAの前駆体であるβ-カロテンが多く含有され，ホウレンソウやブロッコリーなど緑黄色野菜にはβ-カロテンの他にルテインとビオラキサンチンが多く含まれている。また，トマトとスイカの赤色色素はリコピンであり，トマトについてはリコピンを従来のトマトの3倍以上含有する品種が開発されている

3.5.3 野菜のイソチオシアネート

アブラナ科の野菜は，グリコシノレートと呼ばれる多様な含硫化合物を含有しており，これが加工や摂食時の傷害に伴いイソチオシアネートに変化することが知られている。イソチオシアネートは，腸管や肝臓において解毒酵素を活性化する性質を持つことが知られており，我々が意識せずに摂取してしまう可能性のある発がん物質の解毒を通じて，発がんのリスクを低減するものと考えられている。特に，ブロッコリーに存在するグルコシノレートのグルコラファニンは，イソチオシアネートのスルフォラファンへと代謝され，機能性を発揮するものとして注目され，スルフォラファンの前駆体を多く含有する品種の開発やその前駆体を高濃度に含有するスプラウト（芽生え）の開発などが行われた。

4 アグリバイオビジネスへの展開

我が国は65歳以上の人口が21％を超え，世界で最も早く超高齢社会になった。超高齢社会におけるキーワードの一つは健康であり，今後は健康的な社会を形成するための努力が強く求められることになる。特定検診制度もその努力の一環であり，メタボリックシンドロームと判定された人への食事指導に当たっては，健康に寄与する食品も活用されることになるであろう。そのためには，これまでに許可されたトクホのみならず，なじみのある生鮮食品や各地域で消費される特産物・加工品の機能性に関する情報も重要になるものと推察される。

食と健康の科学は，医学や生命科学の進歩に伴い，さらに発展するものと予想されており，健康の維持や向上に寄与する農産物や加工食品を提供するための産業はアグリバイオビジネスの一分野として，超高齢化を向かえた我が国で大きく成長するものと期待されている。

文　献

1) 圖師一文ほか，植物環境工学, 17, 128 (2005)

2) Edwards R.L., *et al., J. Nutr.*, **137**, 2405 (2007)
3) 小林恭一,地域農産物の品質・機能性成分総覧, p467, サイエンスフォーラム㈱出版 (2000)
4) Gordon J. *et al., J. Agric. Food Chem.*, **53**, 2760 (2005)
5) Watanabe T. *et al., Biosci. Biotech. Biochm.*, **71**, 694 (2007)
6) Iwasaki M. *et al., J. Clin. Oncol.*, **26** (10), 1677 (2008)
7) Nogata Y. *et al., Biosci. Biotech. Biochm.*, **70** (1), 178 (2006)
8) Sugiura M. *et al., Osteoporos* Int., **19** (2), 211 (2008)
9) Renaud S. *et al., Lancet*, **339**, 523 (1992)

第4章 穀物，大豆の国際価格と市場

大賀圭治*

1 はじめに

　米，小麦，トウモロコシ，大豆など食糧の国際価格が激動している。こうした国際食糧価格の激動の背景には，世界的な食料需給市場の構造的変化がある。

　その第1は，食料がバイオマス燃料の原料として登場し，人間のエネルギー源としての食料と自動車の燃料としてのエネルギーの競合が本格化してきたことである。第2は，世界最大の人口を有する中国，インドやブラジル，ロシアなどの急速な経済成長による食料需要構造の変化がある。第3は1980年代からの世界的な農業軽視政策の継続による食料供給の停滞である。

　現在の，石油を始めとする資源価格の上昇は人類の経済活動の拡大，成長が地球環境と資源の制約に突き当たりつつあることを象徴している。

　世界的な食料と資源需給構造の大変動は，食料・資源を圧倒的に輸入に依存する日本の経済に地殻変動をもたらし，地球温暖化をはじめ地球環境の将来の見方にも再検討を迫るものである。

　この章では，まず穀物，大豆の国際価格と需給について概観する。次に原油価格の上昇に伴う穀物，菜種など油糧種子をめぐる食糧と自動車燃料の競合を，各国のバイオマス燃料推進計画から解説し，その世界的な食料需給に及ぼす影響について考察する。

2 穀物，大豆の国際価格の動向

　図1は穀物・大豆の国際価格の1970年代からの長期的な動向を示している。図1での一番右端の最近時点は2008年の9月である。この図から過去40年間の穀物等の国際価格の推移をみると，7，8年程度のサイクルで上昇と下落を繰り返してきたが，今回の上昇は急激かつ歴史的に見ても最大の上昇であることがわかる。なお，以下では図表を含め，小麦，トウモロコシ，大豆の国際価格はシカゴ商品取引所における期近価格を示し，米の国際価格はタイ国家貿易取引委員会発表のFOB価格を示している。

　小麦，トウモロコシ，大豆の国際価格は2006年秋頃より，また，米の国際価格は昨年秋頃よ

＊　Keiji Ohga　日本大学　生物資源科学部　食品経済学科　教授

第4章　穀物，大豆の国際価格と市場

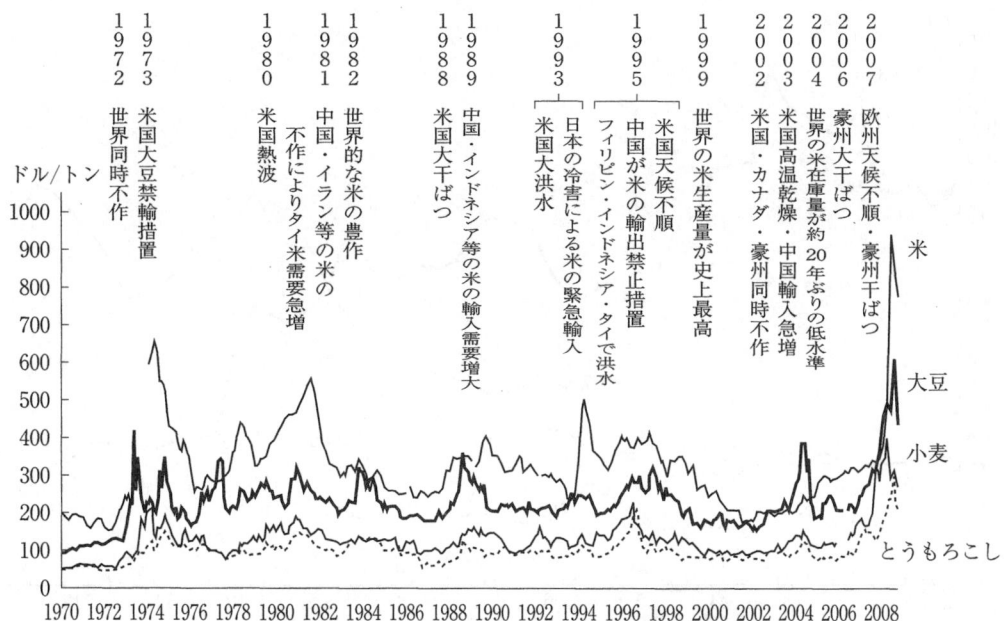

図1　小麦・トウモロコシ・大豆の国際価格の推移
資料：農林水産省ホームページ，食糧，安全保障関係データ集

縦軸ラベル・年次イベント（図中注記）：

- 1972　世界同時不作
- 1973　米国大豆禁輸措置
- 1980　米国熱波
- 1981　世界的な米の豊作
- 1982　中国・イラン等の米の不作によりタイ米需要急増
- 1988　米国大干ばつ
- 1989　中国・インドネシア等の米の輸入需要増大
- 1993　日本の冷害による米の緊急輸入
- 1995　米国天候不順　中国が米の輸出禁止措置　フィリピン・インドネシア・タイで洪水
- 1999　世界の米生産量が史上最高
- 2002　米国・カナダ・豪州同時不作
- 2003　米国高温乾燥・中国輸入急増
- 2004　世界の米在庫量が約20年ぶりの低水準
- 2006　豪州大干ばつ
- 2007　欧州天候不順・豪州干ばつ

り高騰し，それぞれ2008年に入って史上最高値を更新した後，調整局面に入っているが，9月現在でも，歴史的には最高水準にある。その背景には，穀物市場への投機資金流入といった要因もあるが，基本的には，第1に世界的なバイオ燃料の原料という食料以外の需要の増大，第2に中国やインド等の途上国の経済発展による食料需要の増大，第3に地球規模の気候変動の影響といった中長期的に継続する構造的な要因がある。さらに，こうした状況の中で，輸出国による輸出規制が広がっていることも影響している。米については，2007年末から2008年3月にかけて国際価格が急上昇したが，農産物の中でも特に貿易量の割合が低く，輸出を少数かつ特定の国で占めている中で，ベトナム，インド等の主要輸出国で輸出規制が相次いで実施されたことが，大きな要因となっている。

この穀物等の国際価格の動きは，自動車燃料としてのバイオエタノールやバイオディーゼル需要の急増が石油価格の上昇に直接的に影響されているとともに，アメリカの住宅不動産に主導されたバブル景気と中国，インド，ロシア，ブラジルなどの経済の高度成長に対して世界的な資源，環境制約という共通の需給要因が重なったことによるものであり，原油価格の変化とほぼ連動している。

図2により小麦の国際価格の最近3カ年の変化を見てみると，2006年は8月まではブッシェル当たり3ドル代後半で比較的安定していたが，9月以降，オーストラリアの干ばつによる減産懸念等により価格が上昇に転じ，2006年末には5ドル近くまでなった。2007年に入ると前半は

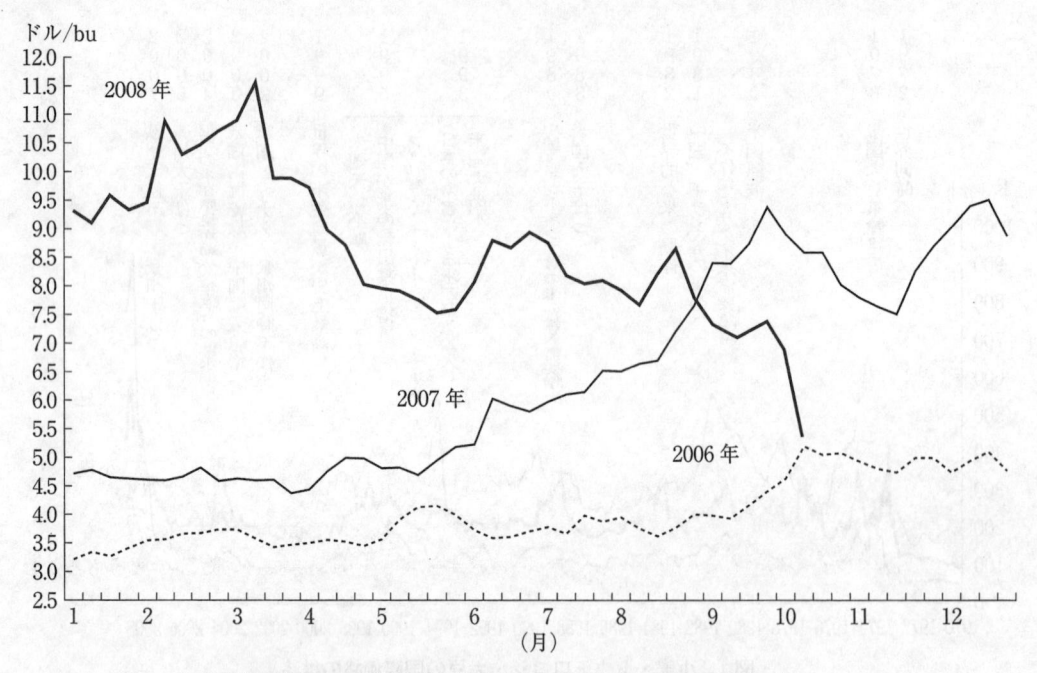

図2 小麦の国際価格の推移 2008年10月30日5.38ドル/bu
資料：農林水産省ホームページ「世界の穀物の価格動向（2008年）」

　ブッシェル当たり4ドル代で安定していが，後半には，アメリカ，カナダや世界的な需要の増加傾向にもかかわらず，ヨーロッパの減産見込み，オーストラリアの干ばつによる減産懸念やトウモロコシの価格上昇等により，2007年末にかけ9ドル台まで値を上げた。2008年に入ると，景気後退懸念のもとで，投機資金の世界的な商品市場への流入の影響も重なって，2月27日にはブッシェル当たり12.8ドルと史上最高値を更新した。その後は，世界の生産量の大幅増加見込みや世界的な景気の減速などにより値を下げ，2008年10月末現在ではブッシェル当たり5ドル台半ばとなっている。

　次に図3により，トウモロコシの国際価格の3年間の動きをみると，2006年には年初はブッシェル当たり3ドル台で安定していたが，5月以降，エタノール生産向けを中心とした需要増加の中で，バイオマス燃料をアメリカのエネルギー戦略の柱にするというアメリカ大統領の一般教書における位置づけを受けて，世界的なバイオマス燃料ブームとも言える状況となり，5月以降上昇傾向に転じ，年末から2007年初めかけて4ドル近くまで値を上げた。2007年の3月になると，作付面積増による大幅な供給増加の見込みから値を下げたが，9月以降は，原油価格の高騰等を背景にエタノール生産向けの需要の増加，アメリカの輸出需要の拡大などにより，上昇基調となり，2008年6月27日に7.5ドル/buと史上最高値を更新した後，世界的な景気後退懸念による国際商品価格の全般的な下落の影響を受けて値を下げ，10月末現在はブッシェル当たり4

第4章 穀物，大豆の国際価格と市場

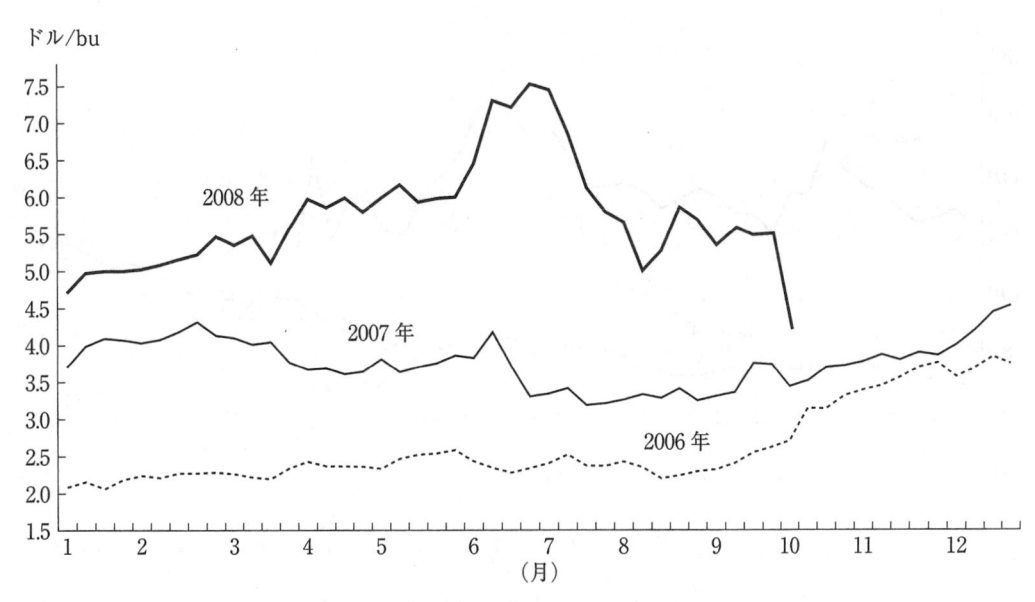

図3 トウモロコシの国際価格 2008年10月30日 4.10ドル/bu
資料：農林水産省ホームページ「世界の穀物の価格動向（2008年）」

ドル近くとなっている。

　図4により大豆の国際価格の変化を見ると，2006年は，比較的低水準で推移したが，9月中旬以降，2007度の米国における作付面積減少懸念等により上昇基調に転じた。2007年3月末にはバイオディーゼル原料需要の増加による植物油価格の上昇等により，徐々に値を上げ，10月に入ると，原油価格の高騰等を背景に上げ足を早めた。2008年は，小麦，トウモロコシの価格上昇による2008年産作付減少への懸念などから7月3日にブッシェル当たり16.6ドルと史上最高値を更新した後，世界的な景気後退，原油価格の下落の影響を受けて下落基調に転じ，10月末現在ではブッシェル当たり9ドル台前半まで値を下げてきている。

　図5は米の国際価格の最近3年間の動きを示している。米の国際価格はタイ国家貿易取引委員会における各月第1水曜日のFOB価格で代表されている。米は世界的に見ても，需要の圧倒的部分が食用であること，生産も需要もアジアモンスーン地域の比重が高いこと，国際貿易で取引される量が供給量の数パーセントと「薄い」国際市場であることなど小麦，トウモロコシ，大豆などと大きく異なっている。こうした事情を反映して米の国際価格は小麦，トウモロコシ，大豆とは異なり，2006年から2007年前半までは，トン当たり300ドル台で安定的に推移していた。ところが2007年後半以降，フィリピン等東アジアでの需要増加に加え，イラク向け輸出の増加などによる世界的な需要の増加に対して，多くの輸出国で生産を抑制してきたため，世界的な需給が逼迫し，10月以降ベトナム，インド，中国などが輸出規制を行ったことから，2008年に入って急激に値を上げ，5月21日には1,038ドル/トンと史上最高値を更新，半年足らずの間に約

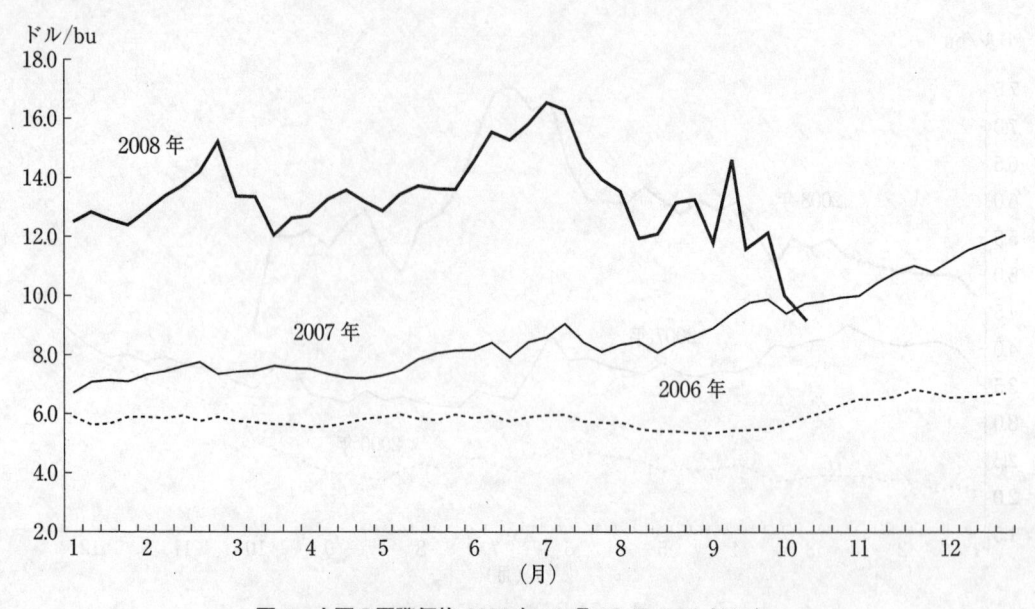

図4 大豆の国際価格 2008年10月30日 9.34ドル/bu
資料：農林水産省ホームページ「世界の穀物の価格動向（2008年）」

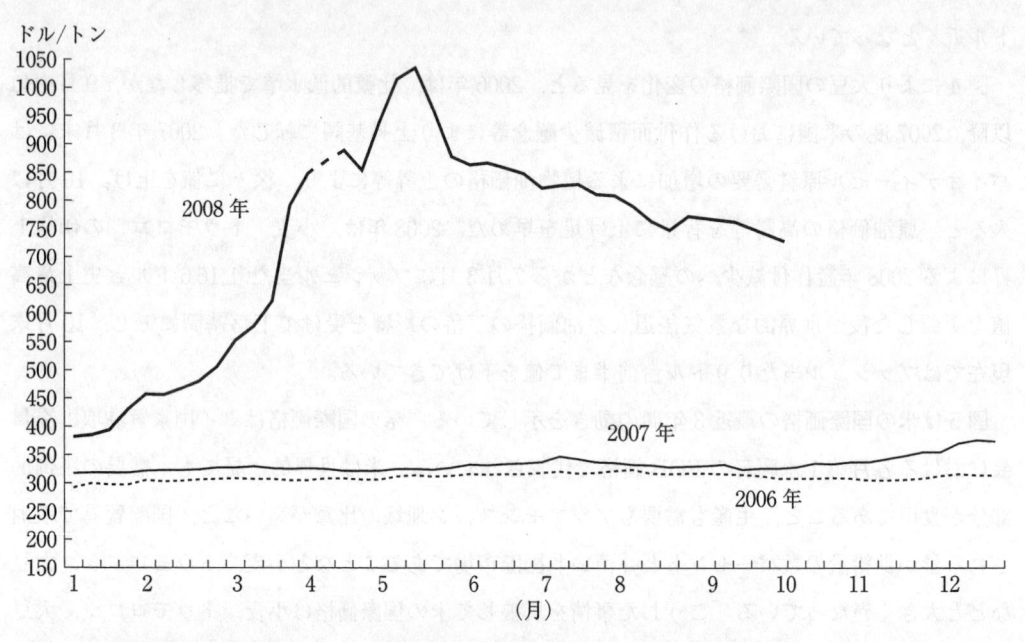

(注) タイ国家貿易取引委員会，うるち精米100％2等のFOB価格（各週水曜日）
2008年4月16日はタイの祝日により休場（点線部分）。

図5 米の国際価格 2008年10月 734ドル/トン
資料：農林水産省ホームページ「世界の穀物の価格動向（2008年）」

第4章　穀物，大豆の国際価格と市場

3倍となった。その後は，ベトナムが6月中旬から輸出を再開したこと等を受けて値を下げ，10月半ば現在では700ドル/トン台で推移している。

3　世界の食糧需給の新局面

　穀物の国際価格が今後どうなるかについては，世界的な食糧の需要と供給についての楽観論と悲観論が深く関わっている。楽観論は自由な市場で，価格が上がれば生産者はそれに応えて供給を増やし，消費者は消費を控えるという価格をシグナルとする市場メカニズムが働くということ信じて，このメカニズムが全面的に働く自由な市場を確保することを政策課題としてきた。このような楽観論の立場からは，近年の石油をはじめとする資源や食糧の価格の持続的な上昇を説明できなくなっている。

　世界の食糧問題についての悲観論は，食糧問題あるいは農業生産は，市場の機能によっては解決できないという「市場の失敗」を強調し，食糧とエネルギー，環境問題が融合し解決が難しくなっていると主張する。

　地球的規模における資源・環境問題と，食糧問題の関連を全面的に明らかにすることは科学者にとっての大きな課題となっている。しかし，現段階でも，2000年まで繰り返されてきた需給変動との大きな違いは，アメリカがすでに食糧のフル生産体制にある状況下での食糧需給の逼迫が起きている点である。1973年の世界的な食糧危機のときには，アメリカは大幅な生産調整を実施していた。1970年代には，アメリカが生産調整を解除することによって，数年間で世界の食料危機から脱出が可能であった。そういう食糧生産の余力が世界的にないことが現在と1970年代との大きな違いである。地球温暖化による食糧生産への影響は，プラス・マイナスのいろいろな要因が関わっているが，人間の英知が地球環境の変化にどこまで柔軟に適応できるかにかかっている。地球温暖化によって，気候の変動が激しくなると懸念されているが，本来的に安定的な気候に依存する食糧生産がこれに対応することは極めて困難と考えられる。

　1990年頃までの東西冷戦時代には，先進工業国は自由貿易を推進しながらも，同時に先進国では国内の食糧増生のためにかなり高い農業保護をおこない，食糧生産の増産に努めていた。開発途上地域では緑の革命も成功し，国際的に食糧を増産しなければいけないというコンセンサスがあった。

　ところが1980年代以降，農産物の過剰で世界中がこぞって農業保護の削減を進めた。1990年代になると，冷戦構造が崩壊し，アメリカの世界一国支配体制ができあがる。各国は，労働者，農民が社会主義を選ぶことを恐れて，国内政治安定のために食糧の増産に励む必要がなくなり，農業保護の削減を大幅に進める。ウルグアイ・ラウンドの合意はこうした世界的なグローバリズ

197

ムの潮流を象徴している。世界中を一つの市場にするためWTOが発足し，グローバルな市場経済が形成された。

21世紀に入り，世界の食糧問題の新しい局面が展開してくる。かつて1960～1970年代には，世界の人口の爆発的な増加といわれたが，その状況は大きく変わってきた。今や，開発途上国の人口増加率でも全体の平均でみれば，1960年代の先進国並みに低下し，世界の人口は，2100年までには90億人台で飽和点に近づくと予測されている。

他方，「BRICs」といわれているブラジル，ロシア，インド，中国といった世界の人口の約半分を占める国々が高度経済成長段階に入り，世界的な経済構造が大変化を遂げつつある。先進国は世界の人口20％を占めるに過ぎないが，世界の過半の人口の国々が経済の高度成長を開始し，世界経済の構造を根底から変化させている。

19世紀末から20世紀前半の「帝国主義」といわれた時代に，帝国主義諸国，現在の先進諸国は石油，鉄鉱石，水，土地などの資源を求めて領土，勢力圏の拡張を争い，戦争の道へ進んだが，今や世界の過半の人々が高い経済レベルを目指し，資源を求めて競争する時代となった。その世界的な経済成長が，閉じられた系としての惑星である地球の限界，地球規模の「成長の限界」に突き当たっている。

食糧問題も地球規模のエネルギー問題および環境問題と一体化した問題となり，これらを切り離しては論ずることができない時代になってきている。その象徴がバイオ燃料需要の急増である。

4 バイオ燃料—食糧・飼料とエネルギーの競合

バイオマス燃料の主なものは石油代替エネルギーとしてのバイオエタノールおよびバイオディーゼルである。以下では，これら両者を総称してバイオマス燃料またはバイオエネルギーということにする。バイオマス燃料の中では，現在のところ，ヨーロッパ諸国でバイオディーゼルに重点を置いていることを例外として，バイオエタノールが圧倒的な比重を占めている（図6）。

エタノールは，人類の誕生とともに古いといわれる酒類のエッセンスであり，周知のように穀物，砂糖などを主原料として生産される。これらは人間のエネルギー源としての食糧の中核となるものであり，バイオディーゼルの原料となる植物油脂も，人間のエネルギー源としての重要な食糧の一部を担っている。

エタノールのガソリンへの混合はエネルギー問題，環境問題，地域開発の目的から，ブラジル，アメリカを中心に導入が進められてきた。これらバイオマス燃料の普及が進んでいた国でもさらにバイオエタノールの普及拡大・増産や輸出の拡大を図っている。近年では，これら諸国の他，ヨーロッパ諸国や中国でもエタノールをガソリンへ混合するバイオエタノールや植物油脂を軽油

第4章 穀物，大豆の国際価格と市場

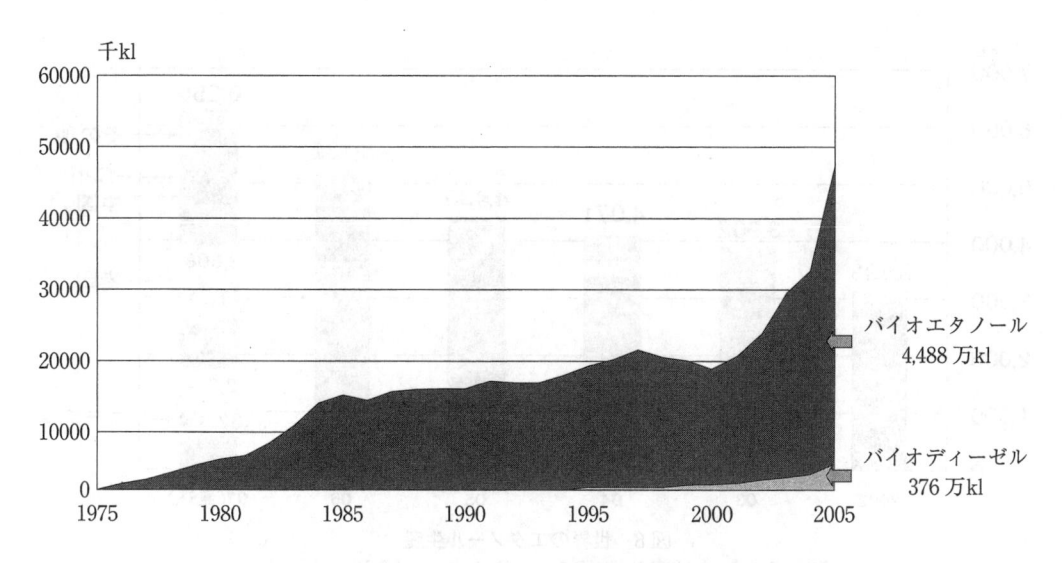

図6 世界のバイオマス燃料生産の推移
出所：農林水産省「世界の食料需給の現状」2007年3月，p.25
原資料：F. O. Licht, World Ethanol & Biofuel Report, May 5, 2007

バイオエタノール 4,488万kl
バイオディーゼル 376万kl

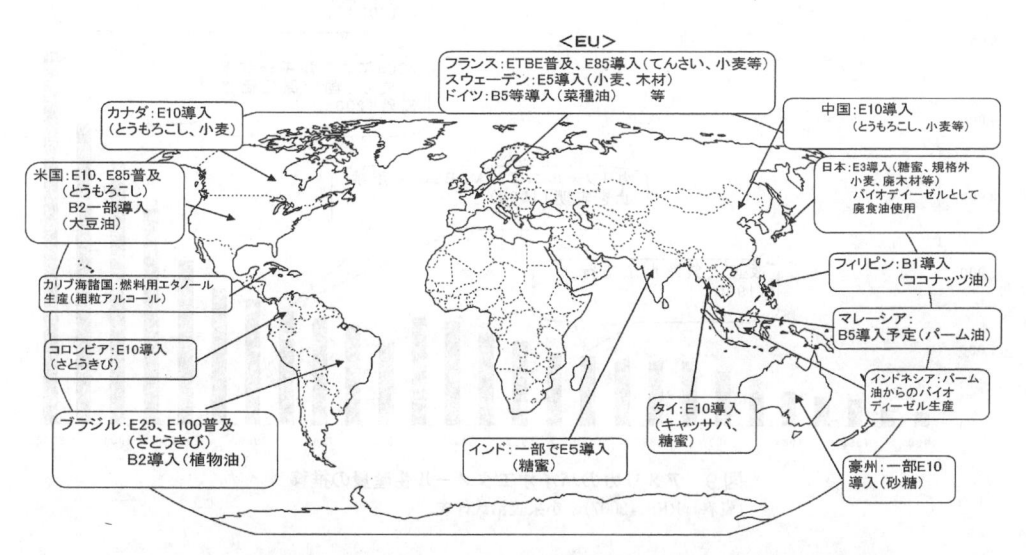

図7 世界各国，地域におけるバイオマス燃料の導入状況（2007年12月現在）
（資料）小泉達治氏作成
（注）E10とはバイオエタノール10％混合ガソリン，E85とはバイオエタノール85％混合ガソリン，B5とはバイオディーゼル混合5％ディーゼルである。（ ）内は原料名。

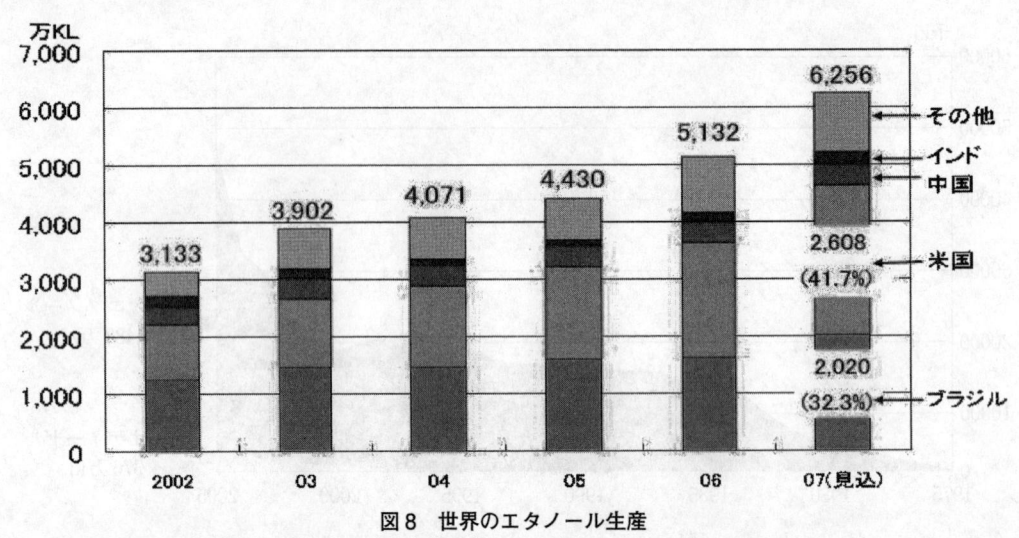

アグリバイオビジネス―その魅力と技術動向―

図8 世界のエタノール生産
(資料) F. O. Locht (2006), "F. O. Licht World Ethanol & Biofuels Report"

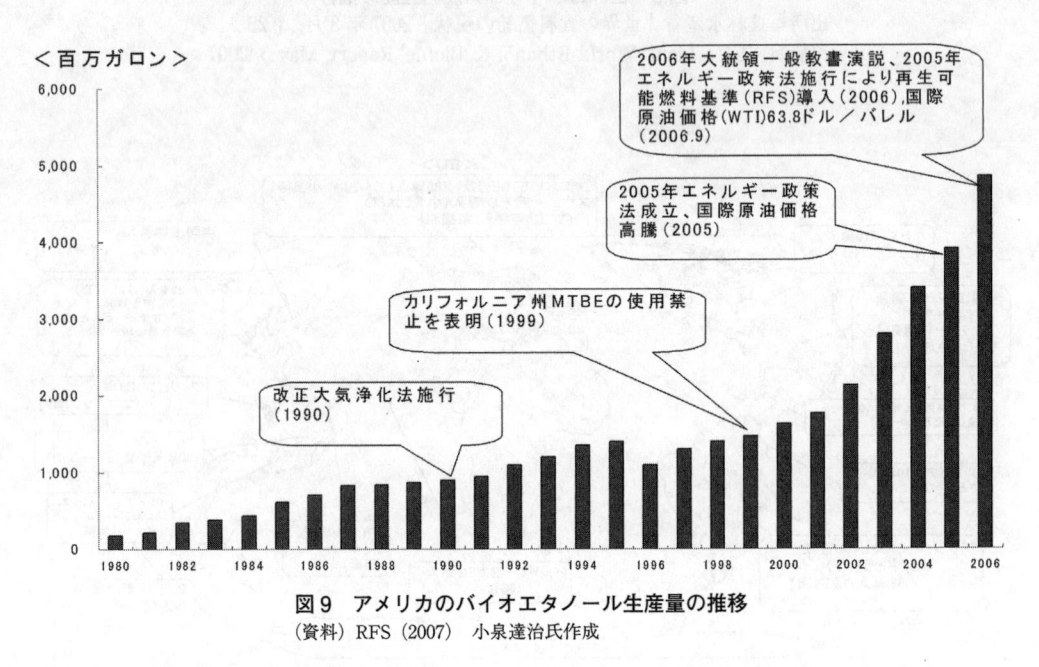

図9 アメリカのバイオエタノール生産量の推移
(資料) RFS (2007) 小泉達治氏作成

に混合して燃料として利用するバイオディーゼルの研究開発や普及が促進されている (図7, 図8)。

5 アメリカのバイオマス燃料推進計画

アメリカのエタノールの生産の推移を図9に示す。アメリカでは1990年に改正大気浄化法が施行され，1990年代の終わりにカリフォルニア州でMTBEの使用が禁止されたことをきっかけ

に，エタノール生産が急増している。2005年から原油価格が高騰し，2006年にはブッシュ大統領が年頭の一般教書において，アメリカのエネルギー安全保障政策の柱にバイオ燃料を位置づけた。

その背景には，イラク政策の失敗がある。中近東の原油を安定的に確保するという見通しをアメリカが失い，環境問題に後ろ向きの共和党政権が，にわかにエネルギーを国家安全保障上の問題から取り上げた理由だと思われる。

バイオエタノール，バイオディーゼルなどバイオマス燃料の石油代替燃料としての利用は，2006年を境に，世界的規模で本格化しつつある。国際エネルギー機関（IEA）は，バイオマス燃料が2030年には現在の約6倍に増加すると見通している。エタノールの国際食糧需給に及ぼす影響に関する研究は，我が国では小泉らによって進められている（小泉2007）。

6　350億ガロンの衝撃：20 in 10

2006年1月の大統領教書では，バイオマス燃料をアメリカのエネルギー政策の重要な柱にすると発表したが，数量目標は示されていない。2007年1月の大統領教書では，「20 in 10」というスローガンにより，20％のガソリン消費量を10年以内に節約ないしは他の原料に置き換えるという目標を掲げた。20％削減したうちの15％，350億ガロンを代替燃料に置き換える。その大部分は現実的にはバイオ燃料にならざるを得ない。

この「350億ガロン」の代替燃料を仮にすべてトウモロコシを原料として生産すると仮定すると，3億3千万トンのトウモロコシが必要となる。これはアメリカの2006年のトウモロコシ生産量の約1.2倍，2007年の総生産量に匹敵し，世界のトウモロコシ生産量の約半分にも達する。世界の穀物全体の生産量の16％にもなり，世界の穀物需給に大変動を引き起こすのに十分な衝撃的な目標量である。エタノールはトウモロコシだけからつくられるわけではないが，現在のところ，バイオマス燃料としてアメリカが生産している原料は，トウモロコシが9割を占めており，その他の穀物を含めて穀物がほぼ100％である。アメリカは国家政策として，エタノール原料として，第2世代のリグノセルロースつまり草本類，木材を原料とする代替え燃料の実用化を目標として，日本円にすると1,000億円近い膨大な額を技術研究開発に投じることを計画している。しかし，それがいつ実現できるのか見通しは立っていない。

さらに，アメリカでは2007年の12月に「2007年エネルギー法」（Energy independent and Security Act of 2007」が成立し，その中で基本的にはバイオマス燃料だと考えられる再生可能燃料の生産目標を14年後の2022年までに350億ガロンをさらに上回る360億ガロンを基準とするという目標を掲げた。これは現行基準の2012年までに75億ガロンを再生可能燃料にするとす

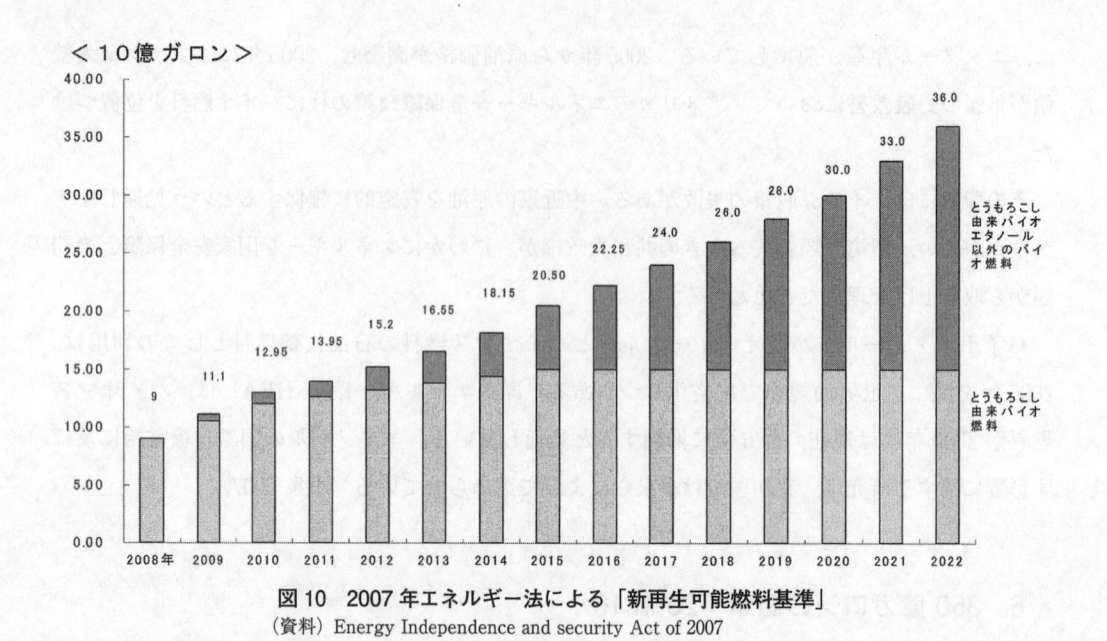

<10億ガロン>

図10 2007年エネルギー法による「新再生可能燃料基準」
(資料) Energy Independence and security Act of 2007

る数字に比べて，5倍の量を15年間で行う目標である。

図10に「2007年エネルギー法」に基づく計画を示した。2022年の再生可能燃料の基準（目標）量が360億ガロンで，うちトウモロコシ由来が150億ガロン，リグノセルロース系が210億ガロンとなっている。2009年はテスト的にセルロース・木質系を原料とするエタノールを見込んでいるが，それ以降2015年頃までは，基本的にはトウモロコシ由来で行かざるを得ない。現状のようにトウモロコシなど穀物のみを原料としてバイオ燃料を生産することはアメリカ農業の最大の部門である畜産を崩壊させるだけでなく，穀物，大豆価格の高騰により，世界的に畜産が大打撃を受けることは明らかである。

この基準は，トウモロコシを主原料とするバイオ燃料の生産は150億ガロンが限度であることを政府として公式に明らかにし，長期的には草本，木質系に依存するバイオ燃料生産の方向を示している。

7 アイオワ州立大学による原油価格高騰の穀物価格への影響予測

2007年5月，アイオワ州立大学の研究所が最初に2006年11月に発表した予測を修正した研究結果をホームページで発表している。2016年までの原油価格高騰の穀物価格への影響の予測のうち価格関係に注目して紹介する。世界の原油価格の指標となっている「ウエスト・テキサス・インターミディエイト（West Texas Intermediate）」が，2006年秋のガロン当たり約54ド

第4章 穀物, 大豆の国際価格と市場

ル程度に対応するトウモロコシの農家の受け取り価格を3ドル16セントと推計し, ガソリン価格, エタノール価格, エタノールのブレンド補助金等のコスト計算をベースとして, 原油がガロン当たり70ドルに高騰して場合に, トウモロコシの農家の受け取りが4ドル43セントになるとの予測している。

この予測結果から, 筆者が試算してみると, WTI（原油価格）がガロン60ドルでトウモロコシの農家の受け取りは3ドル64セントとなり, 65ドルで4ドル4セント, 100ドルで6ドル82セントとなる。2008年10月30日末のトウモロコシの取引価格ブッシェル当たり4.10ドルはWTI原油価格ガロン約65ドルにほぼ見合った価格ということができる。

アイオワ大学の予測では, 需要と供給, 輸出入の予測が明示されている。原油高騰のシナリオの場合で, 2016年での輸出がトウモロコシが63％減, 大豆が33％減, 小麦が53％減と穀物がほぼ半減となり, アメリカはトウモロコシや, 大豆の最大の輸出国としての地位を維持できるかどうか危ぶまれる。アメリカはエタノール生産の原料として穀物を奪われてしまい, 他国のために餌や大豆を供給するゆとりが大幅に縮小する。また, 価格高騰の影響で豚肉の消費, 鶏肉の消費が大幅に減り, 2016年の時点で豚肉の消費が21％減少, 鶏肉の消費が15％減少という予測結果が示されている。

8 ブラジルのエタノール政策と砂糖の需給

ブラジルでは, さとうきびを原料としてバイオエタノールを生産しており, 現在では, さとうきびの生産量の約半分がエタノール生産の原料となっている。ブラジルは世界最大の砂糖生産・輸出国であるとともに, 世界第2位のエタノール生産国であり, 世界最大のエタノール輸出国である。

ブラジルにおけるさとうきび生産量のうち, エタノール生産への仕向け率は50％を超えており, ブラジルにおけるエタノール政策・需給動向は国際砂糖需給に大きな影響を与える。ブラジルにおける砂糖生産とエタノール生産の密接な競合関係から, 国際粗糖価格は国際原油価格とかなり連動して推移してきたが, 2006年以降にはその傾向に変化が出てきている（図11）。その要因としては, ブラジル政府が砂糖とエタノールへの仕向け率の政策誘導をエタノール生産から多少手を引いて砂糖生産に向かう方向に転換したことが影響しているとみられる。

ブラジルのエタノールの国内需要はガソホール車の増加により, 1989年から2003年にかけて年平均10.3％増加, 生産量も同期間中, 年平均12.6％増加したが, 近年は停滞傾向にあり, ブラジル政府は輸出の促進を図っている。ブラジルでは, ガソリンとエタノール比を双方の価格比に応じて柔軟に変えることができる「フレックス車」が2004年には新車販売台数の35％であっ

203

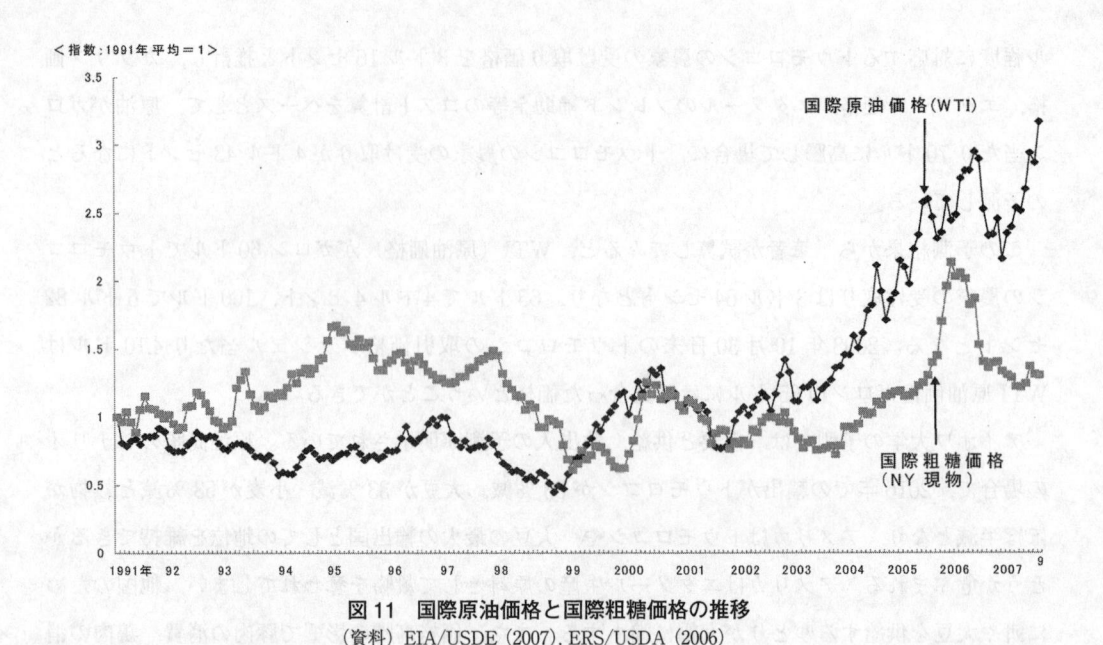

図11 国際原油価格と国際粗糖価格の推移
(資料) EIA/USDE (2007), ERS/USDA (2006)

たが，その後に販売比率を伸ばし，2005年12月には77％を占めている。ブラジルでは，さとうきびから抽出した糖汁をエタノールと砂糖の国内価格比に応じて，砂糖とエタノールのいずれか有利な生産物へ柔軟に配分を選択できる工場が大部分を占める。

他方，ブラジル政府は環境対策及びエネルギー対策及び北東部・北部の農村部における雇用増加等を目的に，ディーゼル燃料の利用，生産も推進している。バイオディーゼル燃料の原料としては，数多くの油糧種子が対象として計画されているが，これら油糧種子生産量の内，大豆が96％と圧倒的な割合を占め，生産コスト，生産量，収益性，搾油能力からも大豆に優位性があり，大豆が主原料になるのは避けられないとみられる。

ブラジル政府は2005年9月に農産物の再生可能エネルギーの利活用促進のための「国家アグリエネルギー計画」を発表し，国内市場向けが主であったエタノールについて輸出拡大政策を明確に打ち出した。ブラジルは今後，日本，中国及び中南米諸国に対して輸出量を拡大していくと見込まれる。一方，砂糖についてもブラジルはEUが伝統的に輸出していた地域を対象に4百万トンの輸出拡大を目指している。

表1に見るように，ブラジルは世界第2位の大豆生産国であり，2005年の世界生産の26％を占め，大豆輸出でも35％と米国の42％に次ぐ世界第2位の大輸出国である。ブラジルはUSDAの予測では2007／08年度には米国を抜いて世界最大の輸出国となると見られている。ブラジル産大豆の世界に占める輸出割合は36.8％，輸出量の変動を通じて，ブラジルにおけるバイオディーゼル計画の推進はブラジル国内にとどまらず世界の大豆，大豆油，大豆粕の需給に大

第4章 穀物，大豆の国際価格と市場

表1 世界の大豆輸出量・生産量の推移

（単位：1,000MT）

	1990/91年度	95/96	2000/01	2001/02	2002/03	2003/04	2004/05	2005/06
世界総生産量	104,245	125,003	175,998	185,094	197,033	186,257	213,339	221,552
うち米国生産量	52,416	59,174	75,055	78,672	75,010	66,778	85,013	82,820
うちブラジル生産量	15,750	24,150	39,500	43,500	52,000	50,500	51,000	58,500
米国の占めるシェア（対世界）	50.3 %	47.3 %	42.6 %	42.5 %	38.1 %	35.9 %	39.8 %	37.4 %
ブラジルの占めるシェア（対世界）	15.1 %	19.3 %	22.4 %	23.5 %	26.4 %	27.1 %	23.9 %	26.4 %
世界総輸出量	25,387	31,627	53,762	53,406	61,177	55,861	65,249	68,475
うち米国	15,161	23,108	27,103	28,948	28,423	24,128	30,011	29,257
うちブラジル	2,478	3,458	15,469	15,000	19,734	19,816	20,538	24,000
米国の占めるシェア（対世界）	59.7 %	73.1 %	50.3 %	54.2 %	46.5 %	43.2 %	46.0 %	42.7 %
ブラジルの占めるシェア（対世界）	9.8 %	10.9 %	28.7 %	28.1 %	32.3 %	35.5 %	31.5 %	35.0 %

出所：FAS, USDA, "PS&D"

きな影響を与える。

ブラジルからの大豆の最大の輸入国は中国である。ブラジルは中国の原油や大豆など資源輸入の急増に注目し，エタノールの輸出でも中国を有望と見て急接近している。

9 世界のバイオディーゼル生産

バイオディーゼルは，植物油脂を燃料用へ転換したもので，バイオマス燃料の約1割を占め，ヨーロッパ諸国で主に生産されている（図12）。ドイツが第1位，そしてフランス，イタリア，スペインと続く。世界の生産の7割はヨーロッパ諸国で，ヨーロッパ以外ではマレーシアがパームオイルから生産している。

10 中国，EU，開発途上国のバイオマス燃料政策

中国では，1990年代以降の高い経済成長を背景とした自動車の普及に伴うガソリン需要量の増大による石油輸入依存度の軽減および都市の環境汚染の抑制を目的として，2002年からガソリンにバイオエタノール10 %を混合したガスオールの普及とトウモロコシを主たる原料として

(単位：1,000トン)

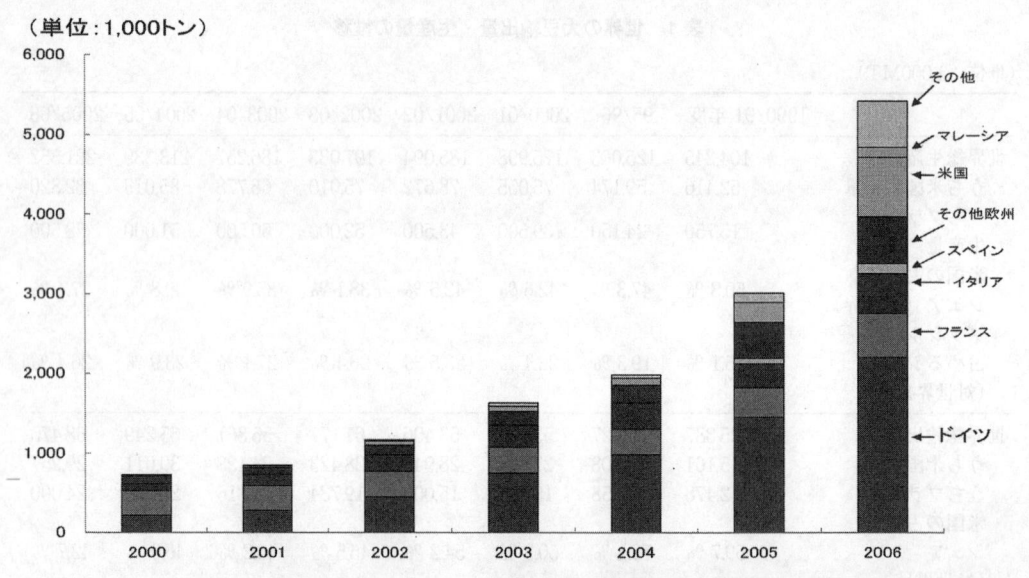

図12 主要国のバイオディーゼル生産量：植物油脂の燃料用への転換
(資料) F.O.Licht (2007), "F.O.Licht World Ethanol & Biofuels Report"

バイオエタノールを生産する政策を推進している。現在のところ，このバイオエタノール政策は5省で実施されているが，トウモロコシのバイオマス燃料向けと飼料用との間の競合関係が深刻化している。

EUでは2010年までに全輸送燃料の5.7％をバイオマス由来とする目標を2003年に決定したが，2020年までに10％以上とする動きもあり，今後，バイオ燃料の需要が拡大することが見込まれている。EUは2006年2月には，「バイオマス燃料戦略」を発表し，2010年に向けてのバイオマス燃料使用のアクションプランに基づき，EUと開発途上国におけるバイオマス燃料の普及，利用規模の拡大や第2世代技術開発推進による競争力の強化をめざして，各国がバイオマス燃料の導入計画を立案することになっている。

EUにおけるバイオマス燃料としては，バイオエタノール，バイオディーゼルが含まれているが，バイオディーゼルのウエイトが高い。EUでは，バイオ燃料の利用促進のための主要な政策手段としては燃料税の税控除が採られており，バイオマス燃料の原料となるバイオマス生産に対する支援も行っている。具体的には共通農業政策に基づき，休耕地でエネルギー作物を栽培する場合には1ヘクタール当たり46ユーロの補助金がEU全体で160万haを上限にして支払われる。

その他，インド，タイ，マレーシア，インドネシア等でも，トウモロコシ，キャッサバ，サトウキビなどを原料とするバイオマス燃料の導入が進められている。バイオマスエネルギーの普及という点で現在のところ日本は後進国と言っても過言ではない状況にある。

第4章 穀物,大豆の国際価格と市場

11　おわりに

　本稿では今世紀に入って,石油エネルギー資源の制約として構造的な価格上昇という形で発現し,それが食糧という人類の本源的なエネルギーと競合するという世界の食糧需給構造の大変動が起きていることを明らかにした。

　穀物,大豆の国際価格が石油価格に連動して高騰する状況になり,現在まで世界最大の飼料穀物輸出国であったアメリカがエタノール生産のためその輸出余力を失うという国際穀物需給構造の大変動に,世界の穀物・大豆の輸入国はどう対応するかという困難な課題に直面している。圧倒的に輸入飼料に依存する日本の畜産はこの地殻変動の影響を最も深刻な形で受けている。

　バイオマス燃料の食糧需給に及ぼす影響の本格的な計量予測,シナリオ分析などは,FAO,OECDなどの国際機関,アメリカの政府研究機関などが取り組み始めた段階にあり,日本でも独自な組織的な取り組みが期待されている。

　穀物,サトウキビなどを原料とする糖質や澱粉質から生産されるバイオエタノールは第1世代型バイオマス燃料と言われ,木材などを原料とするリグノセルロースから生産されるバイオエタノールは2世代のバイオマス燃料と言われている。第2世代のバイオマス燃料の生産には,政府からの補助・税制控除など政策的誘導が行われているがいまだ実用技術として確立していない。第2世代型バイオマス燃料は現在のところ生産コストが第1世代の数倍にもなっており,研究開発への期待が高まっている。

　技術的な課題としては,第1に,遺伝子組み換えなどによる既存作物の品種改良や新エネルギー作物の発見と利用による高収量エネルギー作物の作出,生産がある。第2に,発酵,浸透膜技術等によるセルロースの効率的なエタノールへの転換,リグニンを含む木質系原料の効率的な燃料への転換や植物油,廃油の効率的なバイオディーゼルへの転換など第2世代バイオマス燃料の技術開発,第3に,森林保全,自然再生技術や生物多様性の保全など森林,草地のエネルギー資源としての評価,利用など生物資源を新たなエネルギー資源として研究することである。

謝辞

　本稿の資料の作成にあたって,農林水産政策研究所主任研究員小泉達治氏にお世話になった。記して謝意を表したい。

文　献

1) 農林水産省ホームページ，「世界の農産物価格の動向」および「世界の穀物，大豆の需給動向」，http://www.maff.go.jp/j/zyukyu/jki/j_zyukyu_kakaku/pdf/kakaku.pdf, http://www.maff.go.jp/j/zyukyu/jki/j_usda/index.html
2) Allen Baker & Edward Allen (2005),「Feed Situation and Outlook Yearbook」, Electronic Outlook Report from Economic Research Service, USDA (April 2005), http://www.usda.gov
3) Amani Elobeid (2006),「Long-Run Impact of Corn-Based Ethanol on the Grain, Oilseed, and Livestock Sectors」, CARD Home Page, Iowa State University (November, 2006), http://www.card.iastate.edu/publications/synopsis.aspx?id=1029
4) 大賀圭治，「中国の「食糧爆食」は本当か」，エコノミスト，2006年11月21日
5) 小泉達治，「バイオエタノールと世界の食料需給」，筑波書房，2007年9月
6) 服部信司他，「世界の穀物需給とバイオエネルギー」，農林統計教会，2008年1月
7) 坂内久，大江徹男，「燃料か食料か」，日本経済評論社，2008年7月

アグリバイオビジネス
―その魅力と技術動向―《普及版》　　　(B1088)

2008年12月25日　初　版　第1刷発行
2014年7月8日　普及版　第1刷発行

監　修	美濃部侑三	Printed in Japan
発行者	辻　賢司	
発行所	株式会社シーエムシー出版	

東京都千代田区神田錦町 1-17-1
電話 03 (3293) 7066
大阪市中央区内平野町 1-3-12
電話 06 (4794) 8234
http://www.cmcbooks.co.jp/

〔印刷　株式会社遊文舎〕　　　　　　　　© Y. Minobe, 2014

落丁・乱丁本はお取替えいたします。

本書の内容の一部あるいは全部を無断で複写（コピー）することは，法律で認められた場合を除き，著作者および出版社の権利の侵害になります。

ISBN978-4-7813-0891-3　C3045　¥3400E